L'ART DE LA CAVALERIE,

OU LA MANIERE DE DEVENIR

BON ECUYER

Par des règles aisées & propres à dresser les Chevaux à tous les usages, que l'utilité & le plaisir de l'Homme exigent;

TANT POUR LE MANEGE, QUE POUR LA GUERRE, LA CHASSE, LA PROMENADE, L'ATTELAGE, LA COURSE, LE TOURNOIS, OU CAROUSEL, &c.

Accompagné de principes certains pour le choix des Chevaux, la connoissance que l'on doit avoir de leurs dispositions naturelles, pour les plier, avec plus de succès, aux exercices qu'on en attend, &c.

AVEC UNE IDE'E GENERALE DE LEURS MALADIES,

Des Remarques curieuses sur les HARAS, l'explication de toutes les pièces qui composent les différentes sortes d'EQUIPAGES, & des observations sur tout ce qui peut blesser ou gêner les CHEVAUX.

PAR MR. GASPARD DE SAUNIER,

De son vivant Ecuyer de l'Académie de l'Illustre Université de Leyde.

AVEC FIGURES.

A AMSTERDAM & à BERLIN,

Chez JEAN NEAULME, Libraire.

M. D. CC. LVI.

PREFACE.

Tout contribue à donner une idée avantageuse des Ouvrages de Monsieur Saunier, & sur-tout de celui que nous publions aujourdhui. Il aimoit passionnément l'Art de la Cavalerie, il s'y étoit appliqué dès l'enfance, & il l'a cultivé sans relâche pendant le cours d'une très longue vie, avec un zèle & une ardeur, dont il y a très peu d'exemples. Pour juger de ses connoissances & de l'expérience qu'il a aquises, il suffit presque de jetter un coup d'œil sur les emplois par lesquels il a passé.

Né le 1 Janvier 1663 d'un Père qui étoit très habile Ecuyer, les Chevaux devinrent l'objet de sa passion dominante, dès qu'il fut en état de les monter. A l'âge de 18 ans il fut mis à l'Académie de Versailles, sous Messieurs de Bournonville & du Plessis, qui en étoient alors les Ecuyers. Ses progrès furent d'autant plus rapides, que les exercices se faisoient sous les yeux de toute la Cour.

En 1688 il fut fait Ecuyer du Duc de Bourbon, & suivit ce Prince à l'Armée que commandoit le Dauphin dans le Palatinat. Après deux Campagnes, où il joignit la pratique à la théorie, il fut nommé Inspecteur du Haras que Louis XIV avoit établi à St. Léger, dans le Duché de Montfort l'Amaury. Au bout de quelques années il quitta ce poste pour s'attacher au Comte de Montchevreuil, dont il fut Ecuyer jusqu'à la bataille de Nerwinde, où ce Général fut tué. Il passa en la même qualité au service du Comte de Guiscar, Gouverneur de Namur, qui l'envoya en Frise pour acheter des Chevaux.

La passion qu'il avoit d'augmenter ses connoissances, lui fit prendre le parti de se mettre dans les Vivres, où il trouva l'occasion de faire sur les Chevaux malades quantité d'expériences, qui lui donnèrent de nouvelles lumières. Après la

Paix de Ryswic, qui fut conclue en 1697, *Monsieur* de Courtenvaux, *Fils aîné du Marquis* de Louvois, *le chargea de former un Haras à Montmirel dans la Brie. Dès qu'il eut mis cet établissement sur un bon pied, il revint travailler sous son Père dans la Grande Ecurie de Versailles.*

En 1702 *il suivit en Italie le Comte* de Médavi, *Lieutenant-Général, qui le prit pour son Ecuyer. Trois Campagnes qu'il fit à la suite de ce Seigneur, l'enrichirent de quantité de Recettes, dont il n'apprit la juste valeur que par les expériences qu'il en fit lui-même. Pour se rendre encore plus habile, il se remit dans les Vivres, où en qualité d'Inspecteur, il eut sous sa direction près de deux mille cinq cens Chevaux, qui essuièrent, tant en Italie qu'en Allemagne, toutes sortes de maladies. Il faisoit chaque jour de nouvelles épreuves, & chaque jour il se perfectionnoit dans son Art.*

Mr. Saunier *étoit naturellement doux, humain, compatissant; mais il étoit bouillant, & avoit dans sa manière de parler quelque chose de brusque, qu'il ne devoit peut-être qu'à sa profession. Ayant été forcé de tirer l'épée, il ne sauva sa vie qu'en l'otant à celui qui avoit voulu la lui ravir. Obligé de sortir de France, il se retira à Cologne. Mais bientôt après sa Famille lui obtint sa grace, & la liberté de revenir dans sa Patrie. Une autre avanture ne lui permit pas d'y rester longtems. Il avoit prêté de l'argent à un Officier, parent de Madame* de Maintenon, *qui ne le paya que d'ingratitude. Il y eut de part & d'autre des paroles fort vives, & la querelle finit par tirer l'épée. L'Officier fut tué; Mr.* Saunier *prit la fuite, & se retira encore à Cologne.*

Arraché une sconde fois à sa Patrie, il trouva d'abord une ressource dans plusieurs Recettes qu'il avoit amassées pour les maladies des Soldats. Quelques succès lui attirèrent la confiance

fiance des Troupes, & le mirent bientôt en vogue, parce qu'en Médecine l'opinion fait presque tout : on attribue à l'efficace d'un remède, donné souvent très mal à propos, ce qui n'est que l'effet des forces de la Nature. D'un autre côté divers Seigneurs, qui se piquoient d'avoir d'excellens Chevaux, furent bien aises de profiter de ses lumières, & l'attirèrent dans leurs Châteaux.

Dans un voyage qu'il fit à La Haye en 1710, *il trouva les commencemens d'une Académie qui s'y formoit par l'entremise d'un certain* Gabert, *qui l'avoit servi en Italie en qualité de Domestique, & qui ensuite s'étoit donné pour Ecuyer. Cet Homme invita Mr.* Saunier *à venir se mettre à la tête de cet établissement, & leur Societé commença vers la fin de* 1711. *L'année suivante Mr.* Saunier *fit un voyage à Cologne, où il s'arrangea avec ses anciens amis qui avoient des Chevaux à revendre.*

Une Societé si mal assortie ne pouvoit être de longue durée. Mr. Saunier *étoit plein d'honneur & de probité.* Gabert *étoit un Homme sans principes, toujours prêt à sacrifier à son intérêt particulier, son devoir, sa réputation, & celle d'autrui. Il trompa, il trahit, il calomnia son Associé. Il fallut plaider. Mr.* Saunier, *accusé d'avoir voulu assassiner* Gabert, *fut mis en prison. Le procès dura longtems, mais enfin l'innocence triompha. Mr.* Saunier *sortit avec honneur de cette affaire, &* Gabert, *qui avoit voulu le perdre, fut reconnu de tout le monde pour un perfide & un calomniateur.*

Après cette rude tempête, Mr. Saunier *s'établit à Leyde, où son mérite l'avoit déja fait connoître. Il y dressa un Manège, & dans la suite l'Académie lui fit une pension fixe, que le Conseil d'Etat augmenta d'une pareille. Il forma à*

Leyde un très-grand nombre de Disciples, parmi lesquels il s'est trouvé des Seigneurs du premier rang, tant d'Allemagne, que d'Angleterre & des Provinces-Unies.

En 1734 *Mr.* Saunier *publia son grand Ouvrage de* la parfaite connoissance des Chevaux, *composé tant sur les Leçons qu'il avoit reçues de son Père, que sur ce qu'une longue expérience lui avoit apris à lui-même.* Voilà, *dit-il, dans la Préface*, le travail de la Vie entière de deux Hommes, le fruit de leur application & de leur étude continuelle.

En 1749 *on vit paroître* les vrais Principes de la Cavalerie, *petit Ouvrage* in 12, *fait par demandes & par réponses, & qui contient deux cens & quelques pages. Le but que l'Auteur s'y propose, est, comme il nous l'apprend lui-même*, de former d'excellens Ecuyers. *Il le dédia au* Sérénissime Prince Stadhouder, *qu'il avoit eu l'honneur d'enseigner. Il ne put donner ses derniers soins à cet Ouvrage, étant mort le* 10 *Aout* 1748, *laissant une réputation immortelle, & emportant dans le tombeau les regrets de tous ceux qui connoissoient son mérite & sa capacité.*

En parcourant les diverses époques de la Vie de Mr Saunier, *on est d'abord porté à juger favorablement du dernier fruit de ses travaux, de son* Art de la Cavalerie, *qui est l'Ouvrage que nous donnons aujourdhui au Public. Il en avoit remis lui-même le Manuscrit à un Libraire de La Haye; mais les desordres arrivés dans le commerce de la Librairie le firent passer en plusieurs mains, & le privèrent de la satisfaction de le voir imprimer avant sa mort.*

Il y a dans cet Ouvrage d'excellens Préceptes, des Remarques curieuses, importantes, que l'on chercheroit inutilement

ment dans les Auteurs qui ont traité le même sujet. On a tâché d'exprimer dans le Titre tout ce qu'il contient de plus essentiel; mais, pour s'en former une idée plus étendue, il suffit de jetter les yeux sur la Table des Chapitres, où l'on voit tout le plan de l'Ouvrage, avec un détail exact & bien circonstancié des matières qu'il contient.

Les Planches dont cet Ouvrage est accompagné, ont toutes été gravées sous les yeux & sous la direction de l'Auteur. Il n'y en a aucune qui n'ait son mérite particulier, parce qu'il n'y en a aucune qui n'ait son utilité. Elles sont d'autant plus instructives, qu'elles fixent les idées, & font voir au naturel les différens exercices du Cheval & du Cavalier.

Il y en a d'autres qui représentent les Mors, les Branches & les Embouchures qui conviennent aux Chevaux, selon les différentes conformations de leurs bouches. Il n'y a point de Mors de bride, quelque parfait qu'il soit d'ailleurs, qui puisse être propre pour toutes sortes de Chevaux, parce qu'ils n'ont pas tous la bouche faite de la même manière: les uns l'ont plus fendue, les autres l'ont moins: quelques-uns ont les barbes de la bouche plus hautes, d'autres les ont plus basses: il s'en trouve qui ont la langue fort épaisse, tandis que d'autres l'ont mince: enfin, elle est courte aux uns, longue & pendante aux autres. Toutes ces diversités demandent des Embouchures qui réparent chaque défaut.

A toutes ces Planches l'Auteur a ajouté trois représentations de Carrousels, avec divers desseins de Caveçons, suivant la nature & la différence des Chevaux. Toutes ces Planches sont accompagnées d'explications, qui servent à guider le Lecteur, & à lui donner une idée claire de ce qu'on veut lui apprendre. L'Art de la Cavallerie *est une de ces Sciences où il faut parler aux yeux pour les faire comprendre.*

PREFACE.

Le Stile de cet Ouvrage demande peut-être quelque indulgence, il a des défauts, & l'Auteur en convient lui-même. Pour le justifier, il suffit de transcrire ce qu'il allègue à ce sujet dans la Préface de son premier Ouvrage (a). „ Il me suffit, dit-il, de faire remarquer à mes Lecteurs, „ que je n'écris ni en Bel-esprit, ni pour les Beaux-esprits. „ Elevé dans l'Ecurie, dans les Haras, dans le Manège, „ au milieu des Chevaux dans l'Armée, je n'ai point „ fréquenté l'Académie Françoise; j'écris pour ceux qui, „ comme moi, font profession d'être autour des Chevaux, il „ me suffit de me faire entendre d'eux, en me servant des „ termes de l'Art, & c'est en quoi je crois avoir réussi ". Les ornemens du Stile deviennent assez inutiles dans un Ouvrage où l'Auteur ne cherche qu'à instruire.

(a) De *la parfaite connoissance des Chevaux.*

TABLE

TABLE DES CHAPITRES ET DES PLANCHES.

*** CHA-

PLAN-

ET DES PLANCHES.

AVIS

Sur l'emplacement des

PLANCHES.

Comme toutes [illegible] Planches [illegible] [illegible] de les indiquer [illegible] [illegible] la tête des Articles [illegible] l'explication, [illegible] du Texte auquel elles se rapportent. Nous [illegible] que [illegible] ne [illegible] proprement qu'à la page [illegible] n'a pas [illegible] de renvoyer aux [illegible] les Chapitres qui précèdent cette page, parce qu'il y traite de plusieurs pièces [illegible] dans ces Planches. [illegible] au Relieur l'embarras de chercher l'endroit où chaque Planche doit être placée, nous l'avertissons qu'il n'a qu'à se conformer à l'arrangement qui suit:

Planche I.	Page 141	[illegible]
—— II.	[illegible]	[illegible]
—— III.	15[illegible]	[illegible]
—— IV.	[illegible]	[illegible]
—— V.	[illegible]	[illegible]
—— VI.	[illegible]	[illegible]
—— VII.	[illegible]	[illegible]
—— VIII.	[illegible]	[illegible]
[illegible]	[illegible]	[illegible]
[illegible]	[illegible]	[illegible]
[illegible]	[illegible]	[illegible]
[illegible]	[illegible]	[illegible]
[illegible]	[illegible]	[illegible]

L'ART DE LA CAVALERIE.

CHAPITRE I.

Manière d'entrer dans le Manège. Comment il faut monter à cheval, s'y tenir, & en deſcendre. Poſture du Cavalier à cheval. Manière de mettre le pied à l'étrier, & de ſe ſervir des Rênes & de la Gaule. Manège à droite, à gauche, &c.

Manière dont le Cavalier doit entrer dans le Manège.

PREMIEREMENT, avant que de commencer à faire monter un Cavalier à cheval, lorſqu'il entre dans le Manège, il faut qu'il commence par ſaluer l'Ecuyer & toute la Compagnie; ſalut qui doit lui être rendu par l'Ecuyer qui le prie de remettre ſon chapeau, pour voir s'il le met de bonne grace, comme il peut l'avoir apris dans les Sales d'Armes & de Dances. Il faut que le chapeau ſoit bien ferme ſur ſa tête, afin que, par le mouvement du Cheval, il ne puiſſe point tomber à terre.

Comment il doit monter à cheval.

Après cela l'Ecuyer le doit conduire à côté de l'épaule du Cheval, qu'il doit monter, & enſuite après lui avoir montré à prendre la bride de la main gauche, en prenant le bout des Rênes de la main droite pour les ajuſter égales dans la main gauche, ſans branler de place, il faut qu'il prenne une poignée de crin de l'Encolure, de la main gauche, & en même tems qu'il quitte le bout des Rênes, de la main droite, pour prendre l'Etrier, afin d'y pouvoir mettre le pied gauche, & en même tems avancer le pied droit vis-à-vis les Sangles de la Selle, en ſe ſoulevant adroitement pour s'enlever droit dans la Selle, ſans baiſſer la tête, ni le corps.

Cela se fait, après lui avoir montré si le Mors de la bride du Cheval est bien placé, s'il n'est pas trop haut ou trop bas dans la bouche; si la Gourmette est bien placée, si la Selle l'est aussi comme il faut, & si les Sangles sont bien fermes, parce que ce sont les articles essentiels qu'un Cavalier doit savoir, tant pour la commodité du Cheval, que pour la sureté du Cavalier.

Comment il doit se tenir à cheval.

Le Cavalier étant à cheval, il faut que sa main soit placée, deux à trois doigts au-dessus du pommeau de la Selle, & non plus haut ni plus bas, à moins que la nécessité ne le requiere. Il ne doit pas aussi tenir les Rênes trop longues ou trop courtes, car de cela dépend la science de bien conduire un Cheval, autrement, si elles sont trop longues, le Cheval peut s'en aller, & le Disciple qui ne sait rien, ne pourra pas le retenir; &, si elles sont trop courtes, le Cheval se mettra à reculer, d'une façon capable de le renverser: par conséquent, il pourroit quelquefois blesser ou tuer un Cavalier.

Manière de mettre le pied à l'étrier.

Il est bon de remarquer, qu'avant d'avoir monté à cheval, le Cavalier mettant le pied à l'Etrier, ne doit pas être trop sur la pointe du pied, ni trop sur le derrière près du talon, mais qu'il doit se poser sur le milieu du pied.

Comment il faut descendre de cheval.

De plus lorsque le Cavalier descendra, il faut qu'il descende vis-à-vis l'épaule gauche du Cheval, qui est le côté montoir, parce que le Cheval pourroit quelquefois, en se tournant, blesser le Cavalier, s'il descendoit, comme la plupart font, presque derrière les Sangles. On dit alors, qu'*il est descendu comme il a monté*.

Nécessité de savoir bien monter & descendre.

Avant que de faire travailler le Disciple, il faut lui avoir bien montré à monter & à descendre: soit dans l'un comme dans l'autre, il est nécessaire que l'épaule gauche du Cavalier soit toujours à côté de l'épaule du montoir. Cela doit être pratiqué plusieurs fois: il en est d'un Cavalier qui ne sait pas bien monter & descendre, comme d'une Personne qui voudroit aprendre à danser sans savoir faire la révérence.

Comment on doit tenir les jambes.

Lorsqu'il saura bien prendre le tems de bien monter & descendre, il faudra lui ôter l'Etrier qui lui a servi pour monter, & ensuite le bien placer dans la Selle, lui faire bien tourner les jambes, de même que les cuisses en dedans, en-sorte que la pointe du pied regarde l'oreille du Che-

Cheval, les talons la croupe, & que la plante du pied ne ſoit pas plus haute ni plus baſſe que le talon; de plus que les jambes pendent le long des Sangles, qu'elles ne ſoient point en avant ni en arrière, qu'elles ſoient ſouples, ſans roideur, & ſans les écarter du Cheval.

Il ne faut pas écouter tous ces Meſſieurs les Ecuyers, qui recommandent de bien ſerrer les cuiſſes & les genoux, & qui, tant qu'ils donnent leçon, crient ſans ceſſe, *ſerrez bien vos jarrêts , ſerrez bien vos genoux :* car comment veulent-ils qu'un Cavalier puiſſe ſe tenir ferme dans le beſoin, ſi les jarrêts & les genoux ſont fatigués. Pour moi, je dis qu'il ne faut point de force pour bien monter à cheval & être ferme, mais que l'on doit ſeulement bien garder l'équilibre dans le fond de la Selle.

Poſture du Cavalier à cheval.

Lorſque le Cavalier ſera bien placé à cheval, dans le fond de la Selle, le plus près du pommeau qu'il ſera poſſible, & qu'il aura par devant un eſtomac bien ouvert, c'eſt-à-dire, les épaules en arrière, ce qui fait paroître une eſpèce de creux au milieu des Reins, il faut qu'il ait la tête droite au-deſſus des épaules, regardant bien directement entre les deux oreilles du Cheval. Cela ſe doit faire naturellement ſans contrainte, & ſans paroître gêné.

Comment il doit commencer à conduire ſon Cheval.

Le Cavalier étant placé de cette manière, il faudra faire attacher une Longe ſur le nés du Cheval, ſoit à la Muſerole de la Bride ou à un Caveçon ; après quoi on le fera marcher au pas, ſe tenant à côté de lui, afin d'être prêt à lui dire ce qu'il faut faire pour conduire ſon Cheval, juſqu'à ce qu'il le puiſſe bien mener, & peu à peu : de cette manière, l'on s'en écartera à meſure que l'on verra qu'il peut conduire ſon Cheval , ſoit au pas , ſoit au trot. J'entens que le Cavalier n'aura pas oublié de tenir de la main gauche les Rênes de la Bride.

Manière de tenir les Rênes.

Ceci conſiſte à ſavoir que c'eſt de la main gauche qu'il doit tenir les Rênes à pleine main; que le petit doigt doit entrer entre les deux Rênes, & que le pouce étant pardeſſus il faut que le poignet ſoit un peu renverſé , pour que les ongles ſoient plus en l'air qu'en-bas , & que le bout des Rênes tombe ſur l'épaule hors le montoir.

Avantage de ſavoir mener un Cheval quarrément.

Le Cavalier commençant à pouvoir conduire ſon Cheval, en tenant toujours ſa main juſte & légerement, vis-à-vis ſes boutons, on lui ôtera la Longe pour qu'il puiſſe con-

conduire ſeul ſon Cheval, après quoi on lui montrera à le mener bien quarrément, ſoit au pas ou au trot, parce que tout Cavalier qui ſaura bien conduire ſon Cheval dans les quatre coins du Manège, ſera en état de faire toute autre choſe; mais je recommande ſur-tout que l'on faſſe troter longtems les Cavaliers, parce que rien ne les place mieux dans le fond de la Selle, outre que cela leur fournit de la fermeté, & leur fait prendre l'équilibre.

Je ne deſaprouve pas que l'on faſſe troter les Cavaliers en rond, dans le Manège, cela leur donnant encore une eſpèce d'équilibre; mais de toutes les ſortes de Manèges que l'on peut faire, je préfère ceux qui ſe font par le droit & quarrément, car les Chevaux cherchent toujours à dérober le terrain, parce qu'il leur eſt plus facile d'aller en rond qu'en quarré.

Manège par le droit.

Tout Cavalier qui conduit bien ſon Cheval droit devant lui, le conduira bien dans les coins, afin que le Cheval puiſſe plier un peu le cou & le corps, pour y entrer, car tout Homme qui dance bien un Menuet, peut facilement aprendre les autres Dances: il en de même pour le Cavalier en ce que je viens de dire.

Manière de tenir la Gaule ou le Fouet, lorſque le Cheval travaille à droite.

Il faut auſſi que le Cavalier ſache bien tenir ſa Gaule ou ſon Fouet, la pointe en haut, un peu panchée du côté gauche, lorſqu'il conduit ſon Cheval à droite: de plus, le poignet droit qui tient la Gaule, doit être placé au-deſſous du poignet gauche, pour lui donner la facilité de prendre la Rêne droite dans le beſoin, afin que le Cheval regarde un peu à droite, ſans plier le cou, & que le Cavalier voie ſeulement l'œil droit du Cheval. Cela ſe doit faire délicatement, ſans que perſonne s'en aperçoive, afin d'aprendre avec le tems, qu'un Cheval étant à droite, ſoit au pas, ſoit au trot, ou au galop, on puiſſe le conduire avec le poignet gauche ſeulement, en acourciſſant tant ſoit peu la Rêne droite plus que la gauche dans la main dont on les tient.

Et lorſque le Cheval travaille à gauche.

Lorſque le Cheval travaillera à gauche, le Cavalier baiſſera la Gaule ſur l'épaule droite, la pointe en-bas, & il prendra les Rênes de la main droite à pleine main, le doigt de près le pouce étant entre les deux Rênes & le pouce par deſſus, & la main gauche étant auſſi placée plus bas que

que la droite, pour que, de la main gauche, il puiſſe prendre un peu la Rêne gauche, afin de faire regarder le Cheval à gauche, comme il a fait à la droite.

Il eſt néceſſaire que le Cheval regarde du côté qu'il va, pour être ferme ſur ſes pieds & ſur ſes jambes : or avec le tems le Cavalier aprendra à conduire ſon Cheval d'une ſeule main, en acourciſſant très-peu la Rêne gauche dans la main avec laquelle il conduit ſon Cheval: car tout Cheval qui ne regardera pas à droite, lorſqu'il galope à droite; & lorſqu'il travaille à gauche, s'il ne regarde pas à gauche en galopant, fût-il le meilleur Cheval du monde, il eſt en danger de tomber ou de faire la culbute. Pourquoi le Cheval doit regarder du côté qu'il va.

CHAPITRE II.

Manières de galoper, d'accorder les Aides & de s'en ſervir. Paſſades à droite & à gauche. Demi-voltes.

Lorſque le Cavalier ſaura bien exécuter ce qui eſt marqué ci-devant, il faudra commencer le Manège qu'il a fait au *pas* & au *trot*, en le lui faiſant faire au petit *galop*, pour qu'il puiſſe ſentir dans ſon *galop* ſur quel pied il eſt, je veux dire que lorſqu'il galope à droite, les deux pieds droits du Cheval, qui ſont les deux hors-le-montoir, vont les premiers, & que les deux du Montoir ſuivent, c'eſt-à-dire, que, le pied de devant du hors-le-montoir, poſe à terre devant celui du Montoir, & que le train de derrière ſuit de même, parce qu'un Cheval, en galopant, a tout un côté en l'air, tandis que l'autre côté eſt à terre. De même lorſque le Cheval galope à gauche, les deux pieds du Montoir vont les premiers. C'eſt ce que l'on appelle *galoper uniment :* & il faut qu'un Cavalier aprenne à ſentir ſous lui ſur quel pied le Cheval galope; car tout Cavalier qui ne le pourra pas ſentir, n'eſt pas capable de mener un Cheval ſur aucun air de Manège, & il pourra encore moins lui donner leçon. Différentes manières de galoper.

Pour ſavoir faire galoper un Cheval ſur le pied droit, en cas qu'il ne s'y préſente pas de lui-même, il faut ſe ſervir de la Gaule & de l'Eperon, ſi en aprochant la jam- Manière de faire galoper un Cheval ſur le pied droit.

be elle ne ſuffit pas. De cette manière il faudra donner de la Gaule ſur l'épaule gauche, & de l'Eperon gauche derrière les Sangles du Cheval; &, s'il n'y répond point, on redoublera plus ferme, en lui donnant plus fort du Fouet de même que de l'Eperon. Cela eſt bon pour les Chevaux qui n'entendent pas encore bien les Aides; car un Cheval dreſſé, qui eſt bien juſte, pour peu que l'on peſe ſur un Etrier plus que ſur l'autre, doit changer de pied, ſoit de la droite pour aller à gauche, ſoit de la gauche pour donner à droite.

Je crois parler ici à un Cavalier qui a déjà travaillé quelque tems, & à qui l'on a déja donné des Etriers; car plus longtems un Cavalier monte ſans Etriers, plus il ſe ſentira mieux placé à cheval, & plus il ſera ferme. C'eſt ce que la plupart des Jeunes-gens ne veulent ou ne peuvent pas comprendre, croyant que c'eſt-pour les amuſer & les retenir plus longtems pour aprendre à monter à cheval, que l'on en agit ainſi. Il eſt pardonnable de douter des choſes que l'on ignore, c'eſt-pourquoi il faut laiſſer à penſer & à dire à la Jeuneſſe, & faire ni plus ni moins ſon devoir.

Comme j'ai dit qu'il falloit ſe ſervir de la Gaule & de l'Eperon, pour faire galoper un Cheval & le faire changer de pied, il faut auſſi que cela ſe faſſe délicatement, & que les jambes du Cavalier reſtent toujours également placées, afin que les mouvemens en ſoient plus délicats, les grands mouvemens rendant les Chevaux groſſiers. Il y en a, qui, lorſqu'ils donnent un coup d'éperon, le donnent d'une jambe juſques derrière les flancs du Cheval, tandis que l'autre jambe ſe trouve près de l'épaule, ce qui fait un fort mauvais effet, car outre qu'ils endurciſſent le Cheval, il le font le plus ſouvent ruer, au-lieu de l'obliger à obéir.

Auſſitôt qu'un Cavalier pourra comprendre ce qui eſt marqué ci-deſſus, il dira ſans doute qu'il commence à ſavoir quelque choſe; pour lors il pourra ſe ſervir de ſes Aides en toute occaſion, ainſi qu'il ſera expliqué ci-après. Je veux dire ici, en paſſant, que lorſque l'on travaille un Cheval à droite, comme je le viens de donner à entendre, il faut que le Cheval regarde à droite, & que lorſqu'il travaille à gauche, il regarde à gauche.

Un

Un Cheval travaillant de cette manière, l'on dit ordinairement : *Voilà un Cheval bien plié & bien souple.* Tout cela se fait lorsqu'on commence à bien accorder ses Aides, ce qui n'est autre chose que de bien accorder sa pensée avec ses mains & ses jambes, & c'est le tout d'un Ecuyer. Ce qui fait qu'il y en a de meilleurs les uns que les autres, n'est qu'autant que les uns savent mieux que les autres accorder ces trois articles ensemble. Ce que c'est que bien accorder ses Aides.

Lorsque l'on verra qu'un Disciple commence à bien accorder ses Aides, aussi bien dans le *Galop*, que dans le *Trot* & le *Pas*, il faudra commencer à lui montrer à s'en servir, en lui faisant faire premierement fuir les talons au Cheval, la tête au Pilier à droite & à gauche. C'est ce que l'on appelle *Pirouette renversée ;* & lorsque le Cheval la saura faire, il lui fera mettre les deux pieds de devant près du Pilier, & les deux pieds de derrière tout-à-fait en dehors, ce qui oblige le train de derrière à faire beaucoup plus de chemin, que ceux de devant, aussi-bien à droite qu'à gauche. Mais s'il fait la *Pirouette renversée* à droite, il faut lui faire baisser la pointe de son fouet en-bas, le long de l'épaule droite du Cheval, pour l'assister en cas de besoin, & aprocher la jambe délicatement du même côté, pour qu'il puisse bien obéir. Lorsqu'au contraire il fait la *Pirouette* à gauche, il faut qu'il se serve de l'éperon & de la gaule du côté gauche, pour que le Cheval jette la croupe en dehors ainsi qu'il aura déjà fait à droite. Manière de se servir de ses Aides.

Le Cavalier ayant travaillé sur ces sortes de *Pirouettes*, il faudra lui enseigner à faire fuir au Cheval les talons, la tête à la muraille, de la même manière qu'il a fait la tête au Pilier, à l'exception qu'il devra observer que, si on lui fait fuir les talons à droite, il doit les avoir pliés & regarder à droite, & qu'au Pilier à droite, il aura la tête à gauche. Mais lorsqu'il fuit les talons à gauche, la tête à la muraille, il faut qu'il regarde à gauche, au-lieu qu'au Pilier il regardera à droite. Et de fuir les talons, la tête à la muraille.

Je ne parle pas ici pour les Ecuyers qui savent les termes de l'Art du Manège, mais comme tous les Hommes ne les ont pas apris, je n'en fais mention que pour mieux mettre au fait tous ceux qui n'entendent pas les termes de la Cavalerie. Car de demander à une Person- Ce que signifie cette expression.

ne qui n'entend point les termes du Manège ce que c'est que faire fuir les talons à un Cheval, ce feroit, je crois, lui parler Hébreux ou autre Langue qu'il n'entend pas. Mais auffi comme je ne compte point parler ici à un Ecuyer, ou à tout autre qui auroit apris tous les termes dont je me fers pour m'expliquer, je dirai que *faire fuir les talons à la muraille*, fignifie que le Cheval doit avoir la tête à la muraille, le corps en dedans du Manège; qu'il doit marcher de côté d'un bout du Manège à l'autre, foit à droite ou à gauche : &, ainfi que je l'ai dit, il faut que le Cheval regarde du côté qu'il va. Or fi c'eft à droite, il doit donc regarder à droite; &, au contraire, fi c'eft à gauche, il regardera par conféquent à gauche.

Paffades à droite & à gauche. Demi-voltes.

Le Cavalier fachant bien faire fuir les talons à fon Cheval, il lui faudra apprendre les *Paffades* à droite & à gauche, de même qu'il eft marqué dans une *Planche* de cet Ouvrage; & après on lui doit faire faire des *Demi-voltes*, qui font prefque la même chofe, excepté que les *Paffades* font plus faciles que les *Demi-voltes*. La raifon en eft que les *Paffades* étant plus longues, le Cavalier a plus de tems pour faire changer de pied à fon Cheval, que dans la *Demi-volte*, qui doit fe faire en moins de tems.

Pour parler en terme de Manège, les deux jambes hors-le-montoir doivent aller devant; &, après le changement de la droite à la gauche, les jambes du Montoir doivent reprendre, & aller devant celles de hors-le-montoir.

Après avoir fait le tour de la *Demi-volte*, & être arrivé à la muraille, la tête & les hanches étant également proche de la muraille; & avant que de vouloir continuer pour aller reprendre fon autre *Demi-volte* de la droite à la gauche, & de la gauche à la droite, l'intervale qui fe trouve plus long dans la *Paffade* que dans les *Demivoltes*, donne plus de tems au Cavalier de reprendre l'autre *Demi-volte*, au-lieu que dans les Demi-voltes, il faut dans l'inftant même qu'il change de pied de la droite à la gauche, & de la gauche à la droite, ainfi qu'il eft marqué à la Planche des *Paffades & Demi-voltes*.

CHA-

CHAPITRE III.

Des Voltes & des Pirouettes. Combien il est utile de dresser les Chevaux. Diverses manières de les exercer suivant le besoin.

LOrsque le Cavalier saura bien conduire son Cheval suivant les Leçons données ci-devant, qu'il placera bien son fouet ou sa gaule, soit à droite ou à gauche, il sera bon de lui faire faire des *Voltes au Pas*, afin qu'il puisse mieux conserver le terrain que le Cheval doit parcourir; car autrement le Cheval seroit en danger de tomber, s'il venoit à s'aculer, c'est-à-dire, s'il racourcissoit trop son terrain, & que les jambes de derrière marchassent avant celles de devant. Voltes au Pas,

Il faut aussi avoir soin que le Cheval regarde en dedans de la *Volte*, car autrement il seroit aussi en danger de tomber, comme je l'ai vu arriver à plusieurs Ecuyers ignorans, qui n'entendant pas ce Manège, mettoient la faute sur le Cheval pour couvrir leur ignorance. Car si un Cheval, en maniant sur les Voltes à droite, regarde à gauche ou s'acule, il passe infailliblement ses jambes l'une par dessus l'autre, ce que l'on appelle *s'entrelacer*. De cette manière le Cheval doit nécessairement tomber, valût-il mille pistoles. Soin qu'on doit prendre que le Cheval regarde en dedans de la Volte.

Lorsque le Cavalier saura bien conduire son Cheval sur les *Voltes*, ainsi qu'il est expliqué ci-dessus & marqué à la *Planche* des *Voltes*, il apprendra à faire les *Voltes renversées*, qui contiennent à peu-près la grandeur du même terrain, excepté que les pieds de devant marchent où les pieds de derrière alloient, quand ils étoient sur les *Voltes*, & que par conséquent les pieds de derrière sur les *Voltes renversées*, marchent où étoient les pieds de devant en faisant les *Voltes*. Voltes renversées.

Plusieurs Demi-Ecuyers croient faire de grandes merveilles, en faisant faire quelques Pirouettes; & ceux qui n'entendent pas la Cavalerie, s'imaginent que cela est beau, en disant : *Voilà un Cheval bien souple & bien dressé :* mais je prétends que tout Cheval qui peut faire de belles *Voltes* fera encore mieux des *Pirouettes*, & que ceux qui s'amusent à ne leur faire faire que des Pirouettes leur feront Différence entre les Voltes & les Pirouettes.

 ront

ront faire rarement de belles *Voltes*. Mais comme tout le monde n'eſt pas obligé d'entendre tous les termes du Manège, il eſt bon de dire que la différence des *Voltes* aux *Pirouettes*, c'eſt que les Voltes ſont plus grandes que les Pirouettes, ainſi que nous le démontrerons ci-après.

Utilité des différentes ſortes de Manèges.

Pluſieurs Perſonnes, qui ne ſavent pas que le Manège eſt néceſſaire à la Cavalerie, diſent : *Qu'ai-je à faire de toutes ces ſortes de Manèges, je ne demande autre choſe, ſinon que mon Cheval me ſerve bien, qu'il marche & qu'il galope de manière que je ſois à mon aiſe.* Mais ces bonnes Perſonnes, qui n'entendent rien à la Cavalerie, ignorent que lorſqu'un Cheval eſt bien dreſſé, & qu'il entend bien la main de la Bride & les Aides, il en eſt bien plus commode en tout ce que l'on peut exiger de lui. C'eſt à quoi un Cavalier devroit s'employer.

Diverſes manières de dreſſer les Chevaux.

Cependant je veux bien convenir que tous les Ecuyers ne ſont pas propres à dreſſer des Chevaux pour toutes ſortes d'uſages & de gens : car quant au Manège, ils doivent être menés autrement que pour la Campagne & pour la Guerre ; & je ſai qu'un Cheval pour la Campagne & pour la Guerre doit être dreſſé différemment. Il en eſt des Chevaux deſtinés à la Chaſſe, comme des Chiens courans ou des Chevaux d'Arquebuſe ; car ceux-ci doivent auſſi être dreſſés autrement que pour le Manège, & ainſi de tous les autres, que l'on dreſſe pour la Promenade, &c.

Quant à ce qui regarde les Chevaux d'Arquebuſe, la patience fait beaucoup plus que le ſavoir, quoiqu'en général il faut en avoir beaucoup : car tout Cavalier promt & impatient, qui ſe fâche contre ſon Cheval, ne viendra jamais à bout d'en dreſſer aucun, & ne ſera jamais bon Ecuyer, le Cheval n'ayant de la raiſon qu'autant qu'on peut lui en donner avec adreſſe & patience.

CHA-

CHAPITRE IV.

Usages du Caveçon. Ce que c'est qu'être ferme à cheval. Manière de conduire un Cheval & de lui faire goûter le Mord de la Bride. Si le Caveçon est préférable à la Bride. Manière d'emboucher les Chevaux, & pourquoi ils prennent le Mord-aux-dents, &c.

AUssitôt que le Cavalier a aquis assez de fermeté, & qu'il sait bien conduire son Cheval, soit dans la *Galopade*, soit sur les *Talons*, comme sur les *Passades*, les *Demi-Voltes* & les *Pirouettes*, & qu'il aura monté des Sauteurs, afin d'avoir assez de fermeté pour monter de jeunes Chevaux, supposé qu'il ait la main bien placée & douce, c'est-à-dire fléxible; alors on pourra lui donner de jeunes Chevaux à monter. Or comme il est nécessaire de mettre un Caveçon sur le nez des jeunes Chevaux pour leur montrer à se conduire, il faut pour cet effet que le Cavalier ait la main assûrée avant que de lui montrer à se servir du Caveçon, autrement ce seroit gâter la délicatesse de sa main. Le Cheval ne connoissant point encore la Bride, & le Caveçon étant moins sensible, & par conséquent dur à la main, si le Cavalier ne s'est pas rendu la main délicate auparavant, ce sera lui gâter entierement la main, ainsi que je viens de le dire. Nécessité de savoir se servir du Caveçon.

J'ai vu des Cavaliers fort âgés, qui ayant travaillé toute leur vie, n'avoient pas encore la main bonne, & j'ose même dire qu'ils l'avoient fort rude à cheval, & cela pour avoir monté de jeunes Chevaux avec le Caveçon, de trop bonne heure, c'est-à-dire, avant que d'avoir la main bien placée & délicate. Mais comme ils étoient un peu fermes à cheval, les Ecuyers, sous qui ils travailloient, leur donnoient de jeunes Chevaux avec des Caveçons sur le nez; de cette sorte ils ne pouvoient plus avoir la main délicate, comme ils l'auroient eue, s'ils n'avoient pas fait usage du Caveçon.

Je ne nomme pas Bon-homme de Cheval, celui qui n'est que ferme à Cheval. Parmi les Valets de *Maquignons*, il s'en trouve d'assez fermes à cheval, mais qui ne sont pas néanmoins Ecuyers pour cela. On peut aussi aquerir de la fermeté dans peu de tems, lorsqu'on aime à mon- En quoi consiste la vraie fermeté à cheval.

ter des Sauteurs : mais, comme je le repète, ce n'eſt pas la fermeté qui fait l'Ecuyer, j'appelle demi-fermeté, lorſqu'un Cheval ſaute malgré celui qui eſt deſſus; mais je nomme véritable fermeté la ſcience de bien enfermer ſon Cheval dans ſes Aides, c'eſt-à-dire, de pouvoir accorder ſa tête, ſes mains & ſes jambes, afin que le Cheval ne puiſſe s'échaper pour ſauter, & voila ce que j'appelle un *Homme de Cheval.*

Le Cavalier étant donc en état de monter de jeunes Chevaux, il faudra commencer à faire conduire le Cheval par la Longe, le Caveçon ſur le nez, comme ſi le Cavalier commençoit à aprendre à monter à cheval; aulieu que, dans le commencement, le Cheval contribue, ou doit contribuer à ce que doit aprendre le Cavalier, tandis qu'ici il faut que le Cavalier contribue à dreſſer le Cheval.

Comment on doit d'abord conduire un Cheval.

Je me contenterai de faire obſerver dans ce Chapitre, qu'il faut au commencement conduire le Cheval au *petit-pas*, & enſuite au *grand pas*, s'il a de la diſpoſition d'en avoir, ou au *petit trot* : après quoi le Cavalier le conduira peu à peu au point de lui montrer à faire ce qu'il a apris lui-même, au commencement de ſes premières inſtructions. J'entens que le Cavalier, qui eſt ſur le jeune Cheval que l'on veut dreſſer, doit avoir dans les deux mains les deux Rênes du Caveçon attachées ſur le nez, & les deux Rênes de la Bride, toutes ces quatre Rênes étant ſéparées, ſavoir, deux dans chaque main, une du Caveçon & l'autre de la Bride, mais que celles de la Bride ſoient plus lâches que celles du Caveçon, parce que le Cheval ne connoit pas encore le mord de la Bride.

Par quels degrés il faut lui faire goûter le Mord de la Bride.

A meſure que le Cheval commencera à ſe laiſſer conduire ſans la Longe, que l'Ecuyer a dû tenir à pied, on lui ôtera entierement cette Longe, afin que le Cavalier le conduiſe ſeul avec le Caveçon & la Bride ſeulement, & lui faſſe goûter peu à peu le Mord de la Bride, ſans cependant abandonner les Rênes du Caveçon, de peur de lui gâter la bouche, n'étant pas encore accoutumé à la Bride. Or, comme je l'ai déja dit, le Cavalier doit avoir la main délicate, & lorſqu'il commencera à s'apercevoir que le Cheval obéit à la Bride ſeule, il doit s'en ſervir.

J'en-

J'entens parler tous les Demi-prétendus Savans, & me dire, qu'ils préfèrent le Caveçon à la Bride, pour bien plier un Cheval. Je ſuppoſe qu'un Cheval ſoit bien dreſſé avec le Caveçon, ſans l'aſſiſtance de la Bride, & qu'un autre Cheval ſoit de même bien dreſſé & plié avec la Bride ſeule, & qu'un combat ſe préſente entre deux Cavaliers : l'un ſera monté ſur celui qui a été dreſſé avec le Caveçon, & l'autre ſur celui qui ne l'a été qu'avec la Bride, il ſera facile de décider lequel des deux l'emportera ; car celui qui eſt dreſſé avec le Caveçon, ne ſera jamais ſi ſouple avec la Bride, que celui qui l'a été avec la Bride ſans le Caveçon. Si l'on doit préférer le Caveçon à la Bride.

Il en eſt de même à l'égard des Armes. Deux Perſonnes, par exemple, font très-bien des armes, le fleuret à la main, mais à la pointe ce n'eſt plus la même choſe. Ainſi deux Perſonnes qui ſe battent à cheval, le piſtolet à la main, gardent chacun la moitié de la peur, de même que ceux qui ſe ſont battus l'épée à la main. Par conſéquent celui qui eſt à cheval en combattant, fait quelquefois des mouvemens de la main, ſans y penſer.

Je conclus donc de-là que le Cheval qui entend mieux le mouvement du Caveçon que celui de Bride, ſa bouche étant trop délicate, n'obéira pas ſi bien que celui qui eſt dreſſé à la Bride. De même je n'ai jamais vu à l'Armée, un jour de bataille, le Caveçon ſur le nez d'un Cheval, on ſe ſert toujours de la Bride, pourquoi donc préférer le Caveçon à la Bride pour dreſſer un Cheval ?

J'avoue qu'autrefois, il y a environ ſoixante & quelques années, que je commençai à aprendre à monter à cheval, dans le Manège du Roi établi à Verſailles, où il y avoit depuis deux cens ſoixante & dix juſqu'à quatre-vingt Chevaux de Manège. Il y en avoit pour le moins plus de la moitié, pour ne pas dire les deux tiers de ce grand nombre, qui avoient le Caveçon ſur le nez : mais depuis ce tems-là, on eſt revenu peu à peu de cette erreur, & on ne ſe ſert à préſent du Caveçon que pour les jeunes Chevaux ; car de faire commencer un Diſciple par monter à cheval, avec le Caveçon, c'eſt lui gâter entierement la main & la lui rendre rude pour toute ſa vie. Uſage établi à Verſailles à l'égard du Caveçon.

Ce qui fait qu'aujourdhui peu de bons Ecuyers veuillent ſuivre cette vieille routine de préférer le Caveçon à Pourquoi il y a peu de bons Ecuyers.

la Bride, c'eſt qu'ils ont trouvé cela dans de vieux Auteurs qui ne ſavoient pas mieux. Ce qui fait encore qu'il ne ſe trouve preſque plus de bons Ecuyers, c'eſt que la Jeuneſſe de nos jours ne veut pas ſe donner la peine de travailler longtems, pour aprendre ce noble exercice, ſe contentant ſeulement de s'en raporter à quelques vieux Livres, qui ne font mention que de Caveçons, de Mords-de-bride, comme d'Embouchures, de Pignatelles, Pas-d'Anes, Gorges-de-Pigeons, Canons à olive, & de quantité d'autres Mords ſemblables, qui rempliſſent la bouche du Cheval, & la lui gâtent entièrement.

Quels ſont les meilleurs Mords.

De tous ces Mords rudes les Canons-montans ſont ceux dont on ſe ſert encore à préſent, comme étant les moins rudes de ceux dont on a parlé ci-deſſus : mais on commence auſſi à en perdre l'uſage, à moins que ce ne ſoit pour de certains Chevaux, qui ont la langue fort épaiſſe; car le Canon-montant donne une liberté de langue, & fait que les côtés de l'embouchure portent ſur la Barre, ce qui leur rend la bouche plus légère. Mais ces Mords ne ſont pas propres pour toutes ſortes de Chevaux, parce que ſi un Cavalier n'a pas la main légère, il ne manquera pas de gâter la bouche du Cheval; c'eſt-pourquoi moins le Cheval a de fer dans la bouche, plus il eſt à ſon aiſe.

Manière ancienne d'emboucher les Chevaux.

Comme préſentement on ne ſe ſert que de Canons ſimples, pour emboucher les Chevaux, il faut renvoyer Meſſieurs les prétendus Ecuyers feuilleter les vieux Livres ou l'Antiquité, comme *Jean Taquet*, qui eſt un des premiers Ecuyers qui ait écrit de ſon tems. On y verra qu'on arrachoit alors quatre dents mâchelières de la bouche du Cheval, afin d'y placer tout le fer qu'on mettoit dans ſa bouche, ne trouvant pas aſſez de place entre les crochets & les groſſes dents.

Pourquoi les Chevaux prennent le Mord-aux-dents.

Et pourquoi voit-on encore aujourdhui tant de Chevaux de Caroſſe forcer les mains du Cocher, & s'en aller à toute bride ſans qu'il puiſſe les retenir? Ce qui fait dire à un chacun, quoique très-improprement, que les Chevaux ont pris le Mord-aux-dents; c'eſt qu'ils croient que les Chevaux prennent le Canon de la Bride avec les dents: mais pure erreur! car ce ſont les Barres de la bouche ſur qui repoſe le Canon, leſquelles ont été gâtées par des

des Mords & des mains trop rudes, qui ont tellement échauffé les Chevaux, qu'ils ne ſentent plus qu'une douleur ſourde, qui les force à s'en aller, croyant pouvoir ſe ſoulager. Or plus le Cocher tire, plus ils courent. Delà je conclus que ſi le Cocher avoit la main bonne, je ſuis ſûr que ces malheurs n'arriveroient jamais, du moins rarement. Mais parlez à toutes ces ſortes de Gens groſſiers en tout, ſoit d'eſprit, ſoit de corps, ſur-tout des mains, ils prétendent ſavoir tout, à l'exception de ce qui leur arrive, encore ne veulent-ils pas avouer que c'eſt leur faute.

Pourquoi on repréſentoit autrefois les Chevaux, dans un jour de bataille, avec la bouche ouverte.

Pour en revenir à ce que j'ai avancé touchant le Sieur *Jean Taquet*, & les autres Ecuyers ſes Prédéceſſeurs, auſſi bien que quelques autres qui ſont venus après lui, pour faire voir que ce que j'avance eſt véritable, il n'y a qu'à jetter ſeulement la vue ſur de vieilles peintures ou de vieux Tableaux, qui repréſentent dans les Batailles de l'Antiquité, des Chevaux la bouche ouverte, comme s'ils étoient enragés : tout cela ne provenoit que de la quantité de fer que l'on mettoit dans la bouche des Chevaux, qui n'étoient pas dans la ſoupleſſe ni dans l'obéiſſance; au-lieu qu'à préſent le Cheval doit avoir la bouche fermée & gracieuſe, ce qui en marque l'obéiſſance, en portant auſſi la tête haute & droite, le bout du nez enbas & à plomb, d'une manière telle, que, ſi l'on attachoit une balle de plomb à un petit bout de corde, qui ſeroit auſſi attaché au toupet, qui eſt le poil d'entre les deux oreilles, lequel tombe ſur le front du Cheval, la balle tomberoit en droite ligne entre les deux narines du Cheval; & voilà ce qu'on appelle une tête bien placée. De même lorſqu'un Cheval travaille à droite, & qu'il regarde à droite; & quand il travaille à gauche, & qu'il regarde à gauche, cela fait dire auſſi que c'eſt un Cheval bien placé & bien plié.

CHAPITRE V.

Pour tous ceux qui n'ont jamais approché des Chevaux ſauvages.

Comment on doit prendre les Chevaux ſauvages qui ſont dans les Bois.

PRemierement, pour prendre dans les Bois des Chevaux ſauvages, il faut faire une grande enceinte de toiles, de même que l'on feroit s'il s'agiſſoit de prendre des Cerfs. On fait aller peu à peu ces Chevaux dans une certaine place, & cela par le moyen de beaucoup de monde, afin de les reſſerrer dans une petite enceinte d'environ un Arpent de terrain, dont une partie ſera de Bois taillis, & l'autre une raſe campagne. Après cela on fera un petit Echafaut contigu à la toile, en dehors. On fera placer ſur cet Echafaut, un Homme qui tiendra une longue corde, attachée par un bout à un gros arbre; l'autre bout de la corde doit avoir une eſpèce de colet, à peu-près comme l'on fait ceux qui ſervent à prendre les petits Oiſeaux. Le colet doit être de la même corde, avec un nœud coulant & une autre eſpèce de nœud, afin que le colet ne ſe ſerre pas entierement, car autrement le Cheval qu'on y voudroit prendre, pourroit s'étrangler. Or comme cet Homme eſt ſeul ſur l'Echafaut, en tenant le Colet au bout d'un grand bâton pardeſſus la toile, tout le monde que l'on a dans l'Enclos va dans ce petit Bois taillis, pour en faire ſortir toutes les Cavales & les Poulins, afin de les chaſſer vers le coin où eſt l'Echafaut. Lorſqu'ils ſe preſſent les uns les autres, l'Homme qui eſt ſur l'Echafaut deſcend le Colet, ou pour mieux dire la corde faite en Colet, & le paſſe par deſſus la tête du Cheval qu'il veut prendre.

Cette corde étant paſſée, l'Homme crie aux autres qu'ils aient à ſe retirer. En même tems tous les Chevaux ſauvages ſe mettent à courir pour retourner dans le petit Bois taillis, & celui qui a la corde paſſée dans le cou, étant retenu par cette corde, tombe à terre, comme s'il étoit étranglé: mais le nœud auxilaire, ainſi que je l'ai dit, empêche que la corde ne le ſerre trop, autrement il s'étrangleroit infailliblement. Le monde étant tout prêt, chacun alors ſe jette deſſus, pour lui mettre un gros Licou de cuir, en forme de Caveçon de Manège, ge, dont on se sert lorsque l'on met le Cheval entre deux Piliers. Ils ajoutent aussi une longue corde faite en manière de Colet, laquelle ils lui mettent autour du cou: elle est faite à peu-près comme celle avec laquelle l'Animal a été pris, & n'a pas besoin d'être si grosse ni si forte. Ensuite on laisse relever ce Poulin ou ce Cheval. Or comme le Caveçon de cuir a une grande corde de chaque côté, deux ou trois Hommes se tiennent à chaque Longe, & deux ou trois autres, qui tiennent celle qui est passée autour du cou du Cheval, pour le tenir en respect lorsqu'il veut se débattre, aident à le conduire de cette manière dans une place qui lui est préparée, où on l'attache très-court, afin qu'il ne puisse pas sauter dans la mangeoire. On l'attache aussi très-près du Ratelier, pour qu'il n'ait pas la liberté de se coucher, ne lui laissant seulement que celle de pouvoir manger au fond de la mangeoire & au bas du Ratelier. On lui laisse la valeur de deux places vuides de chaque côté, pour en approcher lorsque l'on voudra. On le laisse ainsi sans lui donner à boire, & lorsqu'on croit, ou qu'on remarque qu'il a bien soif, ou qu'il cherche à boire, alors n'en pouvant point trouver, cela l'empêche de manger; en ce moment on prend un sceau plein d'eau, laquelle eau on bat avec la main afin qu'il la puisse voir, & ensuite aprochant doucement pour lui en laisser boire un peu, on se retire aussi peu à peu. Quelque tems après on lui en doit encore présenter, & s'il en a peur il faut encore se retirer, jusqu'à ce qu'il mette le nez dans le sceau sans crainte. Après cela, si l'on voit qu'il s'accoutume à boire hardiment dans le sceau, il faut le flater d'une main, tandis qu'il boit: on le flatte peu à peu, tant à la tête qu'au cou, avec patience, & lorsqu'il se laissera bien toucher par toute la tête & le cou en buvant, l'on pourra avec le tems lui mettre un Caveçon sur le nez, & un Bridon, s'il est possible, afin d'essayer de le faire troter doucement, sans le brutaliser, car il faut toujours le flater, jusqu'à ce qu'il soit familier.

Comme tous les Hommes n'ont pas assez de patience, quelques-uns prétendent faire seller ces Chevaux, tout sauvages qu'ils sont, sans savoir comment s'y prendre, ni ordonner ce qu'il faut faire. Ces Personnes com- *Si l'on doit d'abord seller les Chevaux sauvages.*

mandent ſeulement à un Valet de mettre la Selle ſur le Corps de ces Chevaux. Or comme ces Animaux ſont encore ſauvages & ont peur de tout, ſitôt que le Valet veut en approcher pour leur mettre la Selle ſur le corps, & que ces Animaux ſentent la moindre choſe ſur leurs reins, ils s'épouvantent & ſautent, en faiſant tomber la Selle à terre, ſoit devant eux, à côté, ou ſous eux, ce qui fait qu'ils en ont encore d'autant plus de peur. De cette manière on eſt toujours à recommencer, puiſqu'on rend ces Animaux encore plus ſauvages.

Précaution dont on doit alors ſe ſervir.

Pour éviter tout cela, & le malheur qui en pourroit arriver au Valet, il faut attacher une Poulie au plancher de l'Ecurie, préciſément au milieu & vis-à-vis les reins du Cheval, afin d'y attacher une Selle, & la faire lever en-haut par le moyen de ladite poulie, qui en facilite la deſcente ſur les reins du Cheval. Si l'Animal, en ſentant la Selle ſur ſon dos, ſe met à ſauter, elle reſte ni plus ni moins en l'air, & ne tombant point par terre, elle ne lui fait par conſéquent point peur.

Manière d'exercer ces Chevaux.

Lorſque le Cheval ſera accoutumé de ſentir la Selle ſur ſon dos, on tâchera de la lui remuer doucement avec la main, & lorſqu'il pourra la ſouffrir, on y ajoutera des Sangles pour le pouvoir ſangler, après quoi on tâchera de le faire troter avec cette Selle; & enfin l'y voyant accoutumé, il faudra, avant que d'entreprendre de le monter, avoir une grande Beſace fermée par les deux bouts, & ſeulement ouverte par le milieu, afin d'y pouvoir mettre du Sable dans chaque bout, d'environ la peſanteur de 70 à 80 livres chacun, ce qui ſera à peu près la peſanteur d'un Homme. Il faut d'ailleurs que chaque bout de la Beſace deſcende auſſi bas que les pieds d'un Homme s'il étoit deſſus, que le milieu de la Beſace ſoit bien attaché à celui de la Selle, & que chaque bout ne deſcende pas plus d'un côté que de l'autre. Enſuite en le faiſant troter pendant quelque tems, cette Beſace l'accoutumera à porter le poids d'un Homme.

Avantages de cette méthode.

Suivant cette méthode l'on évite bien des malheurs, car ſouvent, ſans cette précaution, la première fois qu'un Cheval ſent quelque choſe de peſant ſur lui, il ſe met à ſauter, ce qui n'eſt rien d'ailleurs, pour un Homme qui a de la fermeté; mais ſouvent il ſe cabre, ne connoisnoiſſant point encore les mains ni les jambes du Cavalier. Souvent même il s'abat à terre, ou ſe renverſe, avec danger de bleſſer, ou même de tuer celui qui le monteroit la première fois. Il ſe renverſe auſſi quelquefois, pour ne point ſouffrir d'être trop ſanglé. Cela même arrive ſouvent à d'autres Chevaux, quand ils ſe trouvent un peu trop ſanglés, faute de ſe ſervir de la précaution dont je parlerai en ſon lieu.

Après toutes les meſures priſes pour adoucir le naturel de ces Animaux, comme je l'ai marqué ci-deſſus, lorſqu'ils ſeront enfin devenus doux & traitables, il faudra commencer à les dreſſer, pour l'uſage que l'on jugera leur être propre, ſoit pour le Manège ou pour la Campagne.

Premièrement, il eſt abſolument néceſſaire de les faire troter longtems pour connoître leur diſpoſition, & ſavoir ce que l'on en veut faire, avant que de rien entreprendre, parce que le *trot* denoue les jambes & aſſouplit les épaules: car un Cheval ne peut rien faire de bonne grace, ſi les jambes & les épaules ne ſont pas bien denoués & aſſouplies. Néceſſité de faire troter les Chevaux ſauvages.

Secondement, cela étant fait, comme je l'ai dit, il faut commencer à le paſſager au *pas* pour tâcher de le bien plier à toutes les deux mains, & par ce moyen lui faire *entendre* les deux jambes, c'eſt-à-dire, lui faire connoître les Aides, la tête au Pilier à toutes les deux mains, ſavoir, à droite & à gauche, afin de tâcher de lui bien faire fuir les talons la tête à la muraille, ainſi que je l'ai dit ci-devant, après quoi il faut continuer de le conduire autour du Manège à toutes les deux mains. Et de les paſſager au pas.

Troiſièmement, lorſque le Cheval commencera à bien entendre les deux mains, la tête à la muraille & autour du Manège, on le fera paſſager tant au *pas* qu'au *petit trot*, lui faiſant toujours fuir les talons, tantôt larges, tantôt étroits, mais plus ſouvent larges qu'étroits, parce que le Cheval profite plus ſur le large que ſur l'étroit. Et au petit trot.

Quatrièmement, le Cheval étant bien aſſoupli à toutes les deux mains ſur les talons, pour peu qu'il ait de la legereté & de la force, le Cavalier pourra entreprendre tout ce qu'il voudra; car la baſe de toute la Cavalerie & du Manège conſiſte dans un Cheval qui entend bien les Ai- Baſe de toute la Cavalerie & du Manège.

des, & cela principalement pour la Guerre ; car pour ce qui regarde les Courbettes & toutes ſortes de Sauts, comme Croupades, Balotades ou Cabrioles, elles ne ſervent de rien, ſuivant ce que j'en ai dit, pour un Cheval de Guerre, mais elles ſeront utiles pour donner de la fermeté & de la légereté à un Cavalier dans le Manège.

Quelqu'un me dira, peut-être, que je veux que mon Cheval ſoit ſur les hanches, & que ſans les Courbettes on l'y peut bien mettre. Mais c'eſt une erreur & une grande ignorance, de croire qu'il ſoit néceſſaire de mettre un Cheval à Courbettes pour le placer ſur les hanches. Je ferai voir le contraire ci-après.

Différentes ſortes de Sauts.

D'autres me diront ſans doute, qu'un bon Cheval de Guerre doit ſavoir bien ſauter ; mais j'ajoute que les Sauts que doit faire un Cheval de Guerre, ſont bien différens de ceux du Manège, parce que les Sauts d'un Cheval de Guerre ne doivent être faits qu'en avant, ſoit par deſſus une Haie, ſoit par deſſus un Foſſé ou une Barrière. Cela doit arriver ſuivant le beſoin où ſe trouve un Cavalier. Car à l'égard d'un Manège, il ſuffit que le Cheval ſaute quelquefois dans la même place, principalement entre deux Piliers, où il ne peut agir autrement ; au-lieu qu'entre ceux qui ſautent en liberté au Manège, ſoit en Croupades, ſoit en Balotades ou en Cabrioles, le Cheval n'avance pas plus à chaque ſaut qu'il fait, que de deux ou trois pieds par ſaut ; ceci ne ſerviroit donc de rien à un Cheval de Guerre. Il en eſt de même de ceux qui ne ſautent que le pas & le ſaut, ne faiſant à chaque ſaut pas plus de terrain que les autres.

Les Chevaux dreſſés pour le Manège doivent l'être auſſi pour la Campagne.

Pour confirmer ce que j'avance, je dirai que *Louis XIV* devant faire la Campagne de Mons, l'on choiſit une quarantaine de Chevaux bien dreſſés dans le Manège de Verſailles ; c'étoient des Chevaux Turcs, des Barbes & des Chevaux d'Eſpagne. Comme on voulut les accoutumer à la Campagne, & que ces ſortes de Chevaux étoient dreſſés pour le ſeul travail du Manège, on fut obligé de les accoutumer à la Campagne, où ne trouvant plus le terrain uni comme dans le Manège, on les vit dès les commencemens faire des bronchades, & paroître avoir à peine la force de ſe ſoutenir ; car ils tomboient quelquefois, & même ſouvent ſur leurs genoux.

Dès

Dès qu'on vouloit les présenter à quelques fossés pour sauter, ce qu'ils ne connoissoient point, ils refusoient non seulement de franchir le fossé, quelque petit qu'il fût, mais même d'en approcher. On fut alors obligé de leur attacher une Longe sur le nez, au Caveçon, ou à la Muserolle de la Bride, & en descendant de cheval on les laissoit libres, en faisant passer un Homme de l'autre côté du fossé, qui tenoit la Longe, après quoi deux ou trois Hommes derrière le Cheval, ayant de grands fouets ou Chambrières à la main, les forçoient de franchir le fossé, & c'est ce que l'on réïtéroit plusieurs fois, jusqu'à ce que l'on fût sûr qu'ils le sauteroient toujours librement, sans tomber dedans, ainsi qu'il arrivoit souvent dans les commencemens.

Quoique les Chevaux dont je parle fussent les meilleurs que l'on eût trouvés dans les Ecuries de Versailles, on ne risqua de les monter, pour leur faire faire les mêmes sauts, que lorsqu'ils y furent accoutumés, & l'on vit, quelque tems après, qu'ils surpassoient tous les meilleurs Chevaux de Chasse, tant par leur vitesse, que par la fermeté de leurs jambes, sur toutes sortes de terrains inégaux, aussi bien que dans le franchissement des haies & des fossés.

Ceci fait voir clairement que les sauts, pour un Cheval de Chasse ou de Guerre, sont différens de ceux du Manège. Car, sortez du Manège, un Cheval bien dressé, & présentez-lui un fossé, il tombera dedans les premières fois, s'il ne refuse pas l'entreprise : il ne réussira pas mieux à l'égard d'une haie ou d'une barrière; ou s'il est forcé de sauter par dessus avant que de savoir en prendre le tems, il pourra y tomber, & se trouvera en danger de se créver le ventre, ou de blesser son Cavalier. Tout cela démontre donc la différence d'un Cheval dressé pour la Campagne, d'avec celui qui est dressé pour le Manège, les Sauts du Manège ne servant à autre chose qu'à donner de la fermeté au Disciple; car s'il n'a pas de fermeté, il n'est pas capable d'entreprendre de dresser un Cheval, pour quelque usage que ce soit.

Pour commencer un jeune Cheval, il faut que le Cavalier ait une fermeté qui lui soit presque naturelle, parce qu'en commençant un Cheval qui a peur de tout, il faut le mener doucement, comme je l'ai déja dit plu- *Comment on doit dresser un jeune Cheval.*

F sieurs

ſieurs fois; cette fermeté doit lui ſervir pour réſiſter aux défenſes que le Cheval pourroit faire. Elle lui ſervira auſſi pour faire connoître au Cheval le Pilier qui eſt au milieu du Manège, afin qu'il ne le craigne pas, en le flatant lorſqu'il eſt auprès, ſoit doucement avec la main, ſoit en lui faiſant donner un peu d'avoine dans le creux de la main, ou un petit morceau de pain, ou quelques brins d'herbes, chaque fois qu'il remuera les pieds, ſans s'écarter du Pilier, pour qu'il n'en ait point peur.

Ce que je viens de dire ſe pratique auſſi lorſqu'on met un jeune Cheval entre les deux Piliers, pour qu'il n'en ait point peur, & qu'il ne force point les deux Longes du Caveçon de cuir qu'il a ſur la tête, en forçant les Longes en avant ou en arrière. Chaque fois que l'Ecuyer, qui ſera derrière, la Chambrière à la main, le fera changer de place de la droite à la gauche & de la gauche à la droite, on lui donnera de la main quelque choſe à manger, comme je viens de le dire.

Uſage qu'on doit faire de la Chambrière.

Il faut auſſi que l'Ecuyer agiſſe prudemment, ſans maltraiter le Cheval, & qu'il ne le touche point de la Chambrière, que dans un grand beſoin. Il ſuffira ſeulement de fraper de la Chambrière à terre, du côté droit, lorſqu'on voudra qu'il aille à gauche, & qu'il paſſe enſuite de l'autre côté pour fraper à terre, du côté gauche, afin qu'il aille à droite, je veux dire pour la croupe; car le Cheval étant attaché avec le Caveçon de cuir, qui eſt une eſpèce de Licou, la tête reſte toujours dans la même place, mais les deux pieds de devant remuent chaque fois que le derrière change de place: les deux pieds de devant reſtent néanmoins dans leur même place, quoique les pieds de derrière aient changé de la droite à la gauche, & de la gauche à la droite.

Néceſſité de traiter les Chevaux avec douceur.

Chaque fois que le Cheval changera le derrière de place, de bonne grace & ſans ſe défendre, il faudra le flater, & lui donner quelque choſe à manger; car avec la douceur on voit qu'un Cheval fait tout ce qu'on veut, même avec plaiſir & ſans contrainte: mais s'il ne fait rien que par force & par contrainte, il ne ſera jamais agréable dans ce qu'il fera; au contraire, on le trouvera toujours difficile, au-lieu que par la douceur on verra faire aux Chevaux tout ce que l'on voudra, & même aux plus ſauvages.

CHA-

CHAPITRE VI.

Diverses manières de bien dresser les Chevaux. Exemples qu'on donne de leur intelligence & de leur sagacité.

LOrsque le Cheval commencera à s'acoutumer à se tenir tranquille entre deux Piliers, sans vouloir se défendre, en se rangeant de la droite à la gauche, & de la gauche à la droite tranquilement, il faut que deux Personnes l'assistent à propos au commandement de l'Ecuyer qui est derrière le Cheval, la Chambrière à la main, pour le faire ranger de-çà & de-là, & le faire avancer dans les cordes du Caveçon, en levant la Chambrière haute, pour faire semblant de le fraper sur les reins, afin de l'obliger à porter ses jarrêts sous lui, de manière qu'il se dispose à lever son devant. Les deux Personnes qui seront alors placées aux côtés de chaque Pilier, toucheront délicatement de leurs gaules sur le bas du poitrail du Cheval, & sitôt qu'il levera tant soit peu le devant, ils doivent être prêts à le flater pour lui faire connoître ce que l'on demande de lui. Si par hazard en levant le devant, il portoit ses deux jambes droit en avant, il faudroit sur le champ lui donner de la gaule sur les boulets, afin de l'obliger à plier ses jambes; & lorsqu'il aura levé seulement un tems ou deux les genoux pliés, il faudra encore le flater & le laisser un moment tranquille: ensuite on réïtérera pour lui faire faire encore la même chose.

Exercice qu'on doit faire faire aux Chevaux entre deux Piliers.

Quand il aura fait ce que je viens de dire, trois ou quatre fois, on le fera sortir des Piliers, pour le faire un peu troter; car il ne faut pas rebuter les Chevaux. Après donc l'avoir fait troter sans l'avoir fatigué, on le remettra de nouveau entre les Piliers, pour tâcher de tirer encore une ou deux Courbettes, comme l'on a fait ci-devant, & chaque fois qu'il fera bien on doit avoir soin de le flater. Les Chevaux ne doivent point être dressés par de longues leçons, ni par de rudes châtimens, afin qu'ils rentrent au Manège avec gayeté & non par crainte; car ils ont beaucoup de mémoire, & se souviennent ordinairement de l'endroit où ils ont été maltraités.

Ce qu'on doit leur faire faire après être sortis des Piliers.

Avantages des courtes leçons accompagnées de la douceur.

Les Chevaux profitent toujours davantage par la douceur que par les grands châtimens, ce qui a fait dire à tous les plus habiles Ecuyers que j'ai connus, que les courtes leçons avec la douceur formoient les Chevaux, au-lieu que les grandes leçons données rudement, les gâtoient. C'eſt ce que j'ai entendu dire à Mrs. *Dupleſſis*, & de *la Vallée de Guiſe* ſon Frère, tous deux Ecuyers du Roi, de même qu'à Mr. *de Bournonville*, auſſi Ecuyer du Roi du tems de Mrs. Dupleſſis & de la Vallée, ſans oublier Mr. *Dainaut* auſſi Ecuyer du Roi, & Mrs. *Duvernet* & *Roquefort*, Ecuyers à Paris, frères de Mrs. Dupleſſis & de la Vallée de Guiſe & de Mr. de la Vallée, autrefois Ecuyers à la Haye, leſquels ont été ſans contredit les premiers Ecuyers de leur tems. Je me ſouviens d'avoir auſſi entendu dire à ces Meſſieurs, que tout Homme capable de s'emporter contre les Chevaux, ne pourroit jamais parvenir à devenir bon Ecuyer.

Comment on doit monter un Cheval après qu'il eſt ſorti des Piliers.

Pour en revenir à notre Cheval entre les deux Piliers, j'ajoute que par la méthode que je donne, l'on verra dans peu de tems le Cheval ſe mettre à Courbettes avec facilité & plaiſir ; &, lorſqu'il les ſaura bien faire entre les Piliers, ſans avoir perſonne ſur le dos, il faudra alors commencer à le faire monter par quelqu'un, qui ne ſoit pas tout-à-fait novice, car il doit aſſiſter, tenant doucement la gaule à la main ſur l'épaule du Cheval, tandis que les deux autres Hommes qui ſe tiennent à chaque côté de l'Animal, font la même choſe ſur le bas du poitrail avec leur gaule. Si le Cheval étend les jambes, il faut qu'ils ſoient prêts à lui donner ſur les boulets, pour lui faire plier les genoux, afin que les Courbettes ſoient faites de bonne grace.

Comment il faut manier la Chambrière derrière un Cheval qui eſt entre les deux Piliers.

Il eſt bon de ſavoir que ce n'eſt pas peu de choſe que de pouvoir bien manier la Chambrière derrière un Cheval qui eſt entre les deux Piliers ; car il faut la tenir quelquefois haute & quelquefois baſſe. Lorſqu'on la tient haute, on fait mettre au Cheval les hanches ſous lui : en la tenant baſſe, on donne au Cheval la liberté de ruer ; &, par cette manière de tenir la Chambrière baſſe, les Chevaux s'accoutument tellement à ruer, qu'il eſt preſque impoſſible de leur faire perdre cette coutume.

Et lorſqu'on en

La même choſe arrive lorſque l'Ecuyer veut faire faire

re au Cheval quelque chose, soit en frapant à terre avec sa Chambrière, soit en lui parlant haut; car comme les Chevaux ont de la mémoire, le ton de la voix leur fait souvent comprendre ce que l'on veut avoir d'eux. De même, dans le tems qu'on les caresse, la voix doit être plus douce, ce qui leur donne à concevoir qu'on est content d'eux. exige quelque service.

Plusieurs Personnes, qui n'entendent rien à la Cavalerie, se mettent quelquefois à rire, lorsqu'ils entendent dire que les Chevaux ont de la conception. Il en est presque de même d'un Cheval comme d'un Chien; &, pour prouver que les Chevaux ont de l'entendement & du sentiment, je dirai, combien a-t-on vu de Chevaux faire les mêmes tours que des Chiens, & qui surpassoient l'entendement même des Personnes qui les voyoient travailler? On en a mené de Ville en Ville aux Foires, que l'on faisoit voir pour de l'argent, & tous les tours se faisoient à la parole & au signal du Maître. On les a vus raporter comme un Chien, contrefaire les Boiteux, du pied même que le Maître leur disoit, & contrefaire le Mort. Tout cela ne se fait point sans entendement. Exemples qui prouvent l'intelligence & la sagacité des Chevaux.

J'omets ici quantité d'autres gentillesses qu'on leur fait faire. Je dirai seulement que si l'Ecuyer entend bien son art, il n'y a point de Chevaux qu'il ne puisse dresser à faire quelque chose pour le service de l'Homme, soit d'une manière ou d'une autre, suivant leur disposition. Il en est de même des Hommes, les uns étant propres à une chose, & les autres à une autre. Un Homme, par exemple, sera propre à un exercice, & ne sera pas propre à autre chose: l'un est propre pour la Guerre, & l'autre pour la Finance; l'un pour le Droit, & un autre pour la Médecine; l'un pour le Négoce, & l'autre pour la Fabrique; en un mot, chacun a son talent. De même, chaque Cheval ayant sa disposition particulière, c'est à l'Ecuyer à la connoître pour le bien dresser, & s'il ne la connoit pas, il ne pourra savoir la force & la légereté de son Cheval; il sera par conséquent toujours incapable de le dresser. Car comment pourra-t-il entreprendre de mettre un Cheval sur les Courbettes, si les hanches sont foibles? Comment le mettra-t-il sur les différens airs du Manège, par exemple sur le *Terre-à-terre*, Leurs talens particuliers.

 ou

ou ſur le *Méſair*, qui ſont deux airs différens l'un de l'autre? Car il faut pour le Méſair, plus de légereté que pour le Terre-à-terre. Comment pourra-t-il auſſi mettre ſur les *Voltes* un Cheval propre à la *Courſe*? Puiſque pour la Courſe, il faut que le Cheval ſoit étendu, & que pour les Voltes il ſoit ſur ſes hanches bien enſemble. J'avoue qu'à l'aide d'un long travail, l'Ecuyer pourra faire faire quelques Voltes à un Cheval de courſe; mais il ne les lui fera jamais faire de bonne grace. De même ne voit-on pas qu'un Jeune-homme, qui a apris un métier pour complaire à ſes Parens, mais contre ſon génie & ſon inclination, n'eſt jamais que Demi-ſavant dans ce qu'il a apris: encore eſt-ce beaucoup s'il le devient à demi.

CHAPITRE VII.

Des Courbettes. De la manière de dreſſer les Chevaux de Guerre & de Chaſſe. Des différentes ſortes de Sauts. De la différence qu'on remarque dans le caractère des Chevaux, ſuivant les Climats où ils naiſſent.

Courbettes le long de la muraille.

APrès que le Cheval ſaura bien faire des Courbettes entre les Piliers ſous un Cavalier, il faudra tâcher de lui en faire faire quelques-unes le long de la muraille, mais peu à peu, de crainte de le rebuter. On avancera beaucoup plus par ce moyen. Lorſque le Cheval ſera bien reglé à Courbettes, ce qui le mettra ſur ſes hanches dans ſon Galop, il ne faudra pas oublier de lui faire faire un droit à Courbettes à la fin de ſa Galopade le long de la muraille, afin de l'entretenir dans ſes Courbettes, en lui marquant ſeulement les tems avec la pointe de la gaule, ſans même la lui faire ſentir, ſi ce n'eſt qu'on y ſoit contraint, car on doit ſeulement lui faire ſentir les Aides du gras des jambes.

Pourquoi les Courbettes de bonne grace ne conviennent point à un Cheval dreſſé pour la Guerre.

Le Manège paroit beau quand le Cheval fait des Courbettes de bonne grace, mais cela ne vaudroit rien à un Cheval dreſſé pour la Guerre, parce que comme dans une Bataille le Cavalier ne ſonge qu'à bien combattre ſon Ennemi, il ne fait pas toujours refléxion à toutes les Aides qu'il doit donner à ſon Cheval, puiſque ſouvent la chaleur

leur du combat lui fait donner des Aides contraires, ce qui peut lui faire faire quelques mouvemens de Courbettes, & tandis que le Cheval se leve pour faire une Courbette, l'Ennemi profiteroit de l'occasion, en lui gagnant la croupe pour se rendre maître du Cavalier, ou le tuer, sans rien risquer. Cet accident arrive souvent de ce qu'on a dressé un Cheval de Guerre à bien faire des Courbettes, ce qui n'appartient qu'au Cheval de Manège.

Je puis bien assurer aussi qu'il faut qu'un Cheval dressé pour la Guerre entende bien les jambes du Cavalier, c'est-à-dire, les Aides à toutes les deux mains, aussi bien que les Chevaux destinés à la Chasse ou à tout autre usage. Il est inutile de les faire manier sur les *Voltes*, sur *les Passades* & *Demi-Voltes*, en leur faisant garder les hanches à chaque *Demi-Volte*, de la droite à la gauche & de la gauche à la droite, mais en les faisant seulement bien galoper également à toutes les deux mains, d'une seule piste à droite & à gauche. Or pour que le Cheval change bien de pied, il ne pourra donc pas bien s'en acquitter sans connoître les Aides, parce que souvent on peut tromper son Ennemi lorsque le Cheval entend bien les Aides, car alors on lui peut faire faire une Pirouette pour gagner par ce moyen la croupe de son Ennemi, ce qui ne s'apprend qu'au Manège, ou par quelque Homme qui l'auroit fréquenté longtems.

Manière de dresser les Chevaux de Guerre & de Chasse.

Dans un Combat particulier, cette Pirouette, qui peut bien aussi se pratiquer à l'Armée, peut être nommée la Botte secrette du Combat à cheval, puisque par son moyen on peut tuer son Ennemi, en évitant de l'être soi-même, & que l'on peut se retirer avec honneur.

Je sai que ce n'est pas tout-à-fait l'adresse du Cheval qui rend le Cavalier victorieux dans les Combats, s'il n'a ni cœur ni courage: mais je sai aussi que l'adresse du Cavalier & du Cheval, étant secondée du courage, fera remporter l'avantage sur un autre Cavalier qui n'aura de ressource que dans son courage, & que l'adresse du Cheval fera le Cavalier vainqueur à armes égales. A l'égard d'un Homme à cheval de la même force, ce sera l'adresse du Cheval qui sauvera le Cavalier.

Avantages de l'adresse d'un Cheval de Guerre.

Je suis surpris que tant de braves Gens, qui ont embrassé le parti des armes, principalement dans la Cava-

Combien la Cavalerie est aujourdhui

négligée par la Jeunesse. lerie, je suis étonné, dis-je, que tant de braves Cavaliers ne soient pas plus curieux d'aprendre à se servir d'un Cheval. Cela doit faire honte, puisque l'honneur & la gloire ne se font distinguer que par les armes. Je ne blâme aucune Nation en particulier, car la paresse & la molesse sont à présent si fortement attachées à la Jeunesse, que si elle avoit de l'honneur, je veux dire cet honneur qu'un Militaire doit avoir, on la verroit s'y attacher plus qu'elle ne fait.

Ce mal est présentement si fort invétéré, qu'il n'y a qu'une bonne & longue Guerre qui puisse y remédier, en donnant de l'émulation aux Jeunes-gens. C'est une chose honteuse de voir comment tous les Officiers sont aujourdhui montés. Pourvu qu'ils aient à bon marché un Cheval, qui ait une tête, quatre pieds & une queue, il sont contens. S'ils considéroient que dans les jours d'Actions, le plus souvent les bons Chevaux sauvent la vie à leur Maître, il changeroient bien de sentiment par leur reflexion : mais parlez de cela à Gens qui ne se sont jamais trouvés dans l'action, ce sera leur parler Hébreux. Ces Mrs. sont tout blancs de leurs sabres, de leurs épées, & de leurs pistolets, dont ils n'entendent pas plus le maniment que celui d'un bon Cheval bien dressé : au contraire un Cheval bien dressé les embarrasseroit plus que la conduite de leurs Rosses, parce qu'ils ne les savent faire agir qu'à grands coups de fouets & d'éperons donnés mal à propos, ce qu'un beau Cheval vigoureux & bien dressé ne souffriroit pas.

Inconvéniens de cette indolence dans un jour d'Action. Je ne suis nullement d'accord avec plusieurs Ecuyers, qui ont écrit que les Courbettes n'empêchent pas un Cheval de faire son devoir un jour d'Action & de Combat, & je n'en conviendrai point qu'autant que le Cheval aura eu le tems d'oublier d'en faire, parce qu'autrement, ainsi que je l'ai déjà dit, si en combattant le Cavalier vient à faire quelques mouvemens de son sabre, de l'épée ou de son pistolet, le Cheval croit alors ce mouvement fait à contre-tems : si on lui demande quelques Courbettes, au-lieu d'avancer sur l'Ennemi, il peut s'arrêter sur le cu, pour faire quelques Courbettes ; par ce moyen le Cavalier qui est dessus perd du tems, & son Ennemi profitant de l'occasion s'en rend maître. C'est ce

que

que j'ai vu moi-même arriver plusieurs fois, soit en Batailles rangées ou Combats particuliers. Je me souviens de six grandes Batailles que j'ai vues, tant en Flandres, qu'en Allemagne & en Italie, sans compter plusieurs Sièges dans les mêmes Païs. On me dira peut-être qu'il faut nécessairement mettre un Cheval à Courbettes, pour qu'il soit bien sur ses hanches, mais je soutiens qu'un bon Ecuyer l'y mettra sans Courbettes, & cela par le moyen de ses Aides, en accordant bien sa tête, qui est sa pensée, avec ses mains & ses jambes, & c'est-là le tout de l'Art.

Des différentes sortes de Sauts.

Présentement que je crois avoir assez parlé des Courbettes, je pense qu'il est à propos de faire ici mention des Sauteurs : en disant que les Chevaux pouvant faire à peu près les mêmes Courbettes, il y en a cependant qui les font de meilleure grace les uns que les autres; cela dépend de la bonté & de la souplesse des hanches d'un Cheval. A l'égard des Sauts de Manège ils se font suivant la disposition, la force & la légereté que le Cheval peut avoir, ce qui est le principal : car quoiqu'il faille de la force à un Sauteur, la légereté l'emportera toujours sur la force. Par exemple, ces gros Chevaux de Bât & de Chariots, de même que les Chevaux de Brasseurs, doivent avoir beaucoup de force ; on ne réussira cependant pas à en faire des Sauteurs dans un Manège, car ils ne sauteront jamais si bien que les Chevaux de légère taille. Il en est de même dans les différens Sauts qu'ils font, car tel Cheval fera de belles Croupades, & ne fera pas de belles Balotades : tel qui fera de belles Balotades, ne fera pas de belles Cabrioles, & celui qui fera de belles Cabrioles, ne sautera pas si bien, que celui qui fera un Saut & un Pas autour du Manège. Quoique celui qui saute le Pas & le Saut, saute ordinairement plus haut que les autres, ce n'est pas à dire pour cela qu'il a plus de force & de légereté, car ceci provient de la disposition qu'il a lorsqu'il prend son tems; puisqu'en faisant un Pas, il fait par ce moyen le Saut plus haut & plus long.

Il en est à peu près de même d'une Personne qui voudroit sauter à pieds joints, contre un autre de sa même force & légereté, qui prendroit un peu de course avant que de faire son Saut : c'est cela même que produit celui

lui qui fait le Pas & le Saut, le Pas lui donnant la force de s'enlever plus haut. Il faut cependant que celui qui ſaute le Pas & le Saut ait beaucoup de force dans les reins; car pour ce qui regarde les autres Sauteurs, j'en ai vu qui avoient de la peine à ſe ſoutenir ſur leurs pieds & ſur leurs jambes, mais qui néanmoins ſautoient fort bien entre les piliers, parce qu'ils étoient bien ſoutenus par le Caveçon qui leur ſoutient le devant en l'air. Or de tous les Sauteurs, il n'y en a pas un ſur lequel le Cavalier riſque le plus que ſur celui qui ſaute le Pas & le Saut, à moins qu'on ne ſoit ſûr de la fidélité de ſes jambes & de ſes pieds ; parce que lorſqu'il vient à faire un grand Saut, il fait un Pas pour en refaire un autre en retombant à terre ſur ſes quatre pieds, ceux de devant tombent les premiers à terre, tandis que ceux de derrière ſont encore en l'air. Alors ſi le Cavalier, en lui rendant la main, ne le ſoutient pas d'abord avant que de lui laiſſer reprendre un autre Saut, le Cheval peut faire la culbute le derrière par deſſus ſa tête.

Après avoir fait voir les quatre différentes manières dont les Chevaux peuvent ſauter, il eſt bon d'expliquer la manière dont ils ſautent, & comment ils ſont enleyés en l'air dans le tems de leurs Sauts.

Des Croupades. Premièrement, pour les *Croupades*, le Cheval s'enlève les quatre jambes ſous lui lorſqu'il eſt en l'air, ſans qu'on puiſſe voir les fers des pieds de derrière, ou du moins on ne les voit qu'avec difficulté.

Des Balotades. Quant aux *Balotades*, qui ſont preſque les mêmes Sauts, on voit les fers des pieds de derrière, ce que l'on n'apperçoit point, comme je le viens de dire, à ceux des *Croupades*, parce que, dans les *Balotades*, le Cheval plie ſes jarêts, & cependant les pieds vont en arrière, au-lieu qu'aux *Croupades*, il porte les pieds ſous lui.

Des Cabrioles. Les Sauts de *Cabrioles*, diffèrent des deux précédens, qui ſont cependant des Sauts quelquefois plus hauts, quelquefois plus bas ; mais les Chevaux étendent leurs jambes de derrière ſans plier les jarrêts, & ſautant en l'air on voit, étant derrière, non ſeulement le ventre du Cheval, mais même les fers des deux pieds de devant. On appelle Sauts de *Cabrioles*, ceux que fait le Cheval lorſqu'il ſe trouve en l'air comme un Oiſeau, les deux jambes de de-

devant étant pliées ſous lui de même que fait l'Oiſeau pour cacher ſes pieds; & les deux jambes de derrière étendues droites derrière lui, comme ſi elles lui ſervoient d'aîles & de queue pour le ſoutenir en l'air. Néanmoins, ainſi que je l'ai dit de toutes ſortes de Sauteurs, de quelque manière que ce ſoit, il y en a qui ſautent les uns plus haut que les autres, ſans qu'il y ait aucune différence dans les Sauts. C'eſt-pourquoi ſi l'Ecuyer ne prend pas le naturel dans toutes ſortes de Sauts, il ne pourra dreſſer le Cheval, à moins que de ſavoir premièrement quelle eſt ſa diſpoſition.

Néceſſité de bien connoître la diſpoſition particulière des Chevaux.

De toutes ces ſortes de Sauts, il n'y en a point qui paroiſſent plus à la vue du Public, que les *Cabrioles*. Ainſi, comme je l'ai dit, il faut connoître la diſpoſition particulière du Cheval, à peu près de même que ſi l'on vouloit diſcerner le génie d'un Homme, avant que de le deſtiner à quelque art ou métier, l'un étant propre à une choſe, & l'autre n'y étant point propre. Ce qui fait que pluſieurs ne réuſſiſſent pas ſouvent dans ce qu'on leur fait faire, c'eſt que leur génie & leur penchant ne s'accordent pas avec ce qu'on leur fait entreprendre. Il en eſt de même de tout Ecuyer qui ne pourra pas connoître la diſpoſition du Cheval qu'il entreprend de dreſſer : car ſans cela ce ſera un pur hazard, s'il en fait quelque choſe. Je ne regarde pas comme bon Ecuyer, celui qui auroit dreſſé un Cheval de bonne volonté ; mais j'apelle bon Ecuyer celui qui en a dreſſé pluſieurs de différens Païs, & qui aura fait d'ailleurs de bons Diſciples.

Différence qu'on remarque dans le caractère des Chevaux, ſuivant les païs où ils naiſſent.

On remarque que, chez toutes les Nations, les Chevaux aprochent du tempérament des Perſonnes. Il y a, par exemple, des Climats où les Chevaux ſont plus vifs, dans d'autres ils ſont plus dociles, il s'en trouve auſſi où ils ſont plus colériques, d'autres où il ſont plus traitres, d'autres où on les rencontre plus légers, d'autres où on les a plus peſans; il faut par conſéquent les bien connoître pour parvenir à leur faire faire ce que l'on veut qu'ils exécutent de bon cœur; car tout Homme qui ne connoîtra pas le tempérament & l'humeur des Chevaux, le Climat d'où ils ſont, s'il les veut mener les uns comme les autres, il réuſſira pour quelques-uns, & ſera obligé d'abandonner les autres. Il y a des Nations dont on peut tout tirer par la douceur, & d'autres par la sévérité; c'est-pourquoi il faut s'étudier à enseigner à un Cheval un travail qu'il puisse faire de bon cœur & de bonne grace, autrement, si on le prend contre son tempérament, & sans voir à quoi il est propre, les uns se trouveront bons pour les airs relevés, tandis qu'ils ne le seront pas pour les airs bas, qui conviendront à d'autres. Le Trot sera aussi bon pour les uns, & le Galop pour d'autres.

Les Sauts les moins utiles.

Pour en revenir aux quatre manières de sauter, je dirai que des trois premières sortes mentionnées ci-dessus, il n'y en a point de moins utiles, que celles des Chevaux qui sautent le Pas & le Saut, car rarement sont-ils propres à faire d'autres manèges, ou tout au plus ils ne sont bons que pour troter, puisqu'il est très difficile de les mettre sur les hanches, & que quand ils n'y sont pas, ils ne font rien de bonne grace. Quant aux trois autres sortes de Sauts, il peut se trouver des Chevaux qui y soient propres. J'en ai monté & dressé de ceux qui sautoient à Croupades, Balotades & Cabrioles, qui alloient parfaitement bien sur les Voltes, à Mésair, & Terre-à-terre.

En quoi les Chevaux de Guerre doivent être exercés au Manège.

Ces sortes de Chevaux peuvent parvenir à faire la Croix, exercice qui n'est plus en usage, ni connu parmi les Ecuyers d'aujourdhui; j'expliquerai ce que c'est ci-après. Comme j'ai déja dit que les *Courbettes* n'étoient pas bonnes pour un Cheval de Guerre, je crois en avoir donné d'assez bonnes raisons, pour qu'elles soient entièrement bannies des exercices d'un Cheval de Guerre. Je ne prétends point pour cela bannir les Chevaux de Guerre du Manège: au contraire, je trouve qu'il est très nécessaire qu'ils y soient dressés, afin qu'ils entendent bien la main de la Bride, & les secondes Aides qui sont les Jambes, & qu'ils puissent bien obéir dans un jour d'Action.

CHA-

CHAPITRE VIII.

Combien il est nécessaire à tout Officier qui sert dans les Troupes d'être Bon-homme de Cheval.

Ceux qui prennent le parti des Armes doivent nécessairement être habiles dans l'Art de la Cavalerie.

IL est nécessaire qu'un Cheval de Guerre & de Combat entende bien les Aides; car plus il les entendra, plus le Cavalier, qui sera dessus, aura l'avantage sur son Ennemi, soit dans une Bataille, soit dans un Combat particulier. Mais aujourdhui la molesse règne parmi les Jeunes-gens, ils pensent que pour peu qu'ils puissent se tenir sur un Cheval qui va droit son chemin sans tomber; que cela, dis-je, leur doit suffire. Mais je voudrois bien voir comment tous ces Mrs. les Petits-Maîtres, dans un jour d'Action, se tireroient d'afaire. Je laisse à part leur bravoure, & même leur intrépidité contre la mort, je parle même de ceux qui seroient prêts à sacrifier leur vie, tant pour leur honneur que pour leur Patrie: je dirai qu'il ne suffit pas de la sacrifier imprudemment, mais qu'il faut sur-tout la conserver dans des rencontres pour se trouver en état d'être utile à son Souverain ou à sa Patrie. Cela peut arriver souvent, lorsqu'on est Bon-homme de Cheval. Je parle ici pour avoir vu que de braves Gens se sont fait tuer, faute de savoir gouverner leur Cheval. Ce n'étoit point certainement alors faute de courage, ainsi il seroit absolument nécessaire que tout Homme qui prend le parti des Armes, ne s'y mît jamais sans avoir auparavant apris à monter à cheval, ou qu'il sçût du moins bien mener & conduire le Cheval sur lequel il est, un jour d'Action ou de Bataille. Et quand même ils seroient presque tous Ecuyers, il n'en seroit que mieux; car je prétend qu'à courage égal, dix mille Hommes bien exercés remporteroient assurément la victoire, sur vingt mille, pour ne pas dire trente mille, qui ne sauroient pas manier leurs Chevaux comme les dix mille.

Que l'on juge donc de la perte que fait un Officier à la tête d'une Troupe, lorsqu'il ne peut pas bien conduire son Cheval. Outre sa vie qu'il risque, il expose aussi au même danger toute sa Troupe par plusieurs raisons que je donne ci-après. Cet Officier, par exemple, a reçu le jour de l'action des Ordres d'un Officier au-dessus de lui, & cet Officier qui les lui avoit donnés, après les avoir reçus d'un autre Officier au-dessus de lui, ce qui lui venoit de main en main du Général en Chef, & cela pour faire les mouvemens nécessaires suivant l'occasion & les occurrences du gain ou de la perte de la Bataille. Or comme tous les Soldats & les Cavaliers ignorent ces ordres, ce ne sont donc que les Officiers qui les savent; & si par hazard cet Officier vient à être tué, faute d'avoir sçu gouverner son Cheval, voilà une Troupe dans l'embaras, & qui fort souvent tombe entre les mains de son Ennemi.

Outre ce malheur, si l'Officier n'est pas Bon-homme de Cheval, comment pourra-t-il enseigner à ses Cavaliers la manière de conduire leurs Chevaux? D'un autre côté si ceux-ci ne le savent pas mieux que leur Officier, comment pourront-ils parer les coups, tandis qu'ils seront occupés de leurs deux mains à conduire leur Cheval? De quelle main pourront-ils combattre leurs Ennemis, & se défendre?

Il me semble ici entendre parler un Officier d'Infanterie, qui me dit: *Qu'ai-je besoin de savoir bien monter à cheval, je ne suis pas dans la Cavalerie, je sers dans l'Infanterie!* Cet Homme me fait, en vérité, pitié. Il faut qu'il ait l'esprit & l'ambition bien bornés; car tout Officier qui n'ambitionne point de parvenir par son mérite jusqu'à tâcher même de devenir Général, je dis qu'il ne mérite point de servir dans les Troupes. Il en est de même de tout Homme qui n'aime point les Chevaux, car il ne sera jamais Bon-homme de Cheval. Quand même un Officier ne parviendroit qu'au grade de Major, il faut que son commandement soit, un jour d'Action, donné à Cheval pour faire faire promptement tous les mouvemens & les évolutions nécessaires du Régiment. Or s'il ne sait pas bien mener son Cheval, qu'il se trouve échauffé du bruit & du feu tant de la Mousquetterie que du Canon, il se voit hors d'état de pouvoir bien commander le Régiment dans tous les mouvemens à faire. Souvent même le Régiment se trouve perdu par une faute de cette nature, étant hors d'état de soutenir le choc de son Ennemi.

Il y a plus. Si cet Officier devient Général, & qu'il doive commander l'Infanterie, s'il ne ſait pas bien conduire ſon Cheval, il ne pourra pas auſſi commander comme il devroit faire.

Cet Officier répondra ſans doute : *Eh bien! j'acheterai des Chevaux tout dreſſés, leſquels ſeront accoutumés au bruit & au feu.* Mais je lui réponds que s'il ne ſait pas donner les Aides à ſon Cheval, ainſi qu'il a été dreſſé, le Cheval fera ſouvent le contraire de ce qu'il voudra lui faire faire.

Un autre dira : *J'aurai un Ecuyer qui dreſſera mes Chevaux comme je les veux avoir;* alors ſi l'Ecuyer eſt bon, & qu'il les dreſſe ſelon les règles, cet Officier ne pourra plus s'en ſervir. Je ſuppoſe même qu'on en ait dreſſé un, dont un Général peu expert dans l'art de monter à cheval, peut s'être ſervi dans une occaſion, ce Cheval ne peut-il pas venir à mourir ou être tué? Ce Général ſe trouvera donc à pied, & par ce moyen hors d'état de commander. Ce ſera encore pis ſi l'Ecuyer a ſuivi les vieilles routines des anciens Ecuyers, en ajuſtant ſon Cheval avec le Caveçon ſur le nez, ainſi qu'il ſe pratiquoit autrefois dans les Manèges, & qu'on leur laiſſoit toujours le Caveçon, lors même qu'ils faiſoient travailler dans les Manèges leurs Chevaux, ſoit jeunes, ſoit vieux : car ces ſortes de Chevaux dreſſés avec le Caveçon ne ſont pas propres ni pour la Guerre, ni pour les Diſciples qui commencent à apprendre, quoique ceux qui tiennent cette vieille méthode, diſent que c'eſt pour conſerver la bouche de leurs Chevaux.

CHAPITRE IX.

Des inconvéniens du Caveçon. De la manière de conſerver la bouche des Chevaux. D'une eſpèce d'embouchure pour les Chevaux qui tirent la Langue. De la pratique des Italiens & des anciens Ecuyers.

TOut Diſciple qui commence par monter avec le Caveçon, ſe gâte la main, ſans conſerver la bouche des Chevaux. Le nez du Cheval eſt moins ſenſible, com- Le Caveçon gâte la main du Cavalier.

me je l'ai déja fait remarquer, par conséquent il faut que le Disciple tienne les rênes du Caveçon plus fortement que celles de la Bride; il s'endurcira donc la main : au-lieu que lorsqu'il monte un Cheval qui n'a plus de Caveçon sur le nez, & qu'il est obligé de se servir des rênes de la Bride, étant accoutumé à tirer les rênes du Caveçon avec force, il ne pourra jamais avoir la main légère avec les rênes de la Bride, auxquelles il n'est pas accoutumé.

Je pardonne aux Anciens de s'être accoutumé plus au Caveçon qu'à la Bride, par raport à la fabrique des Mors de ce tems-là & de leur dureté, aussi-bien qu'à cause de la quantité de fer qu'ils mettoient dans la bouche des Chevaux, comme les Mors à la Genette, Gorge de Pigeons, Pas-d'ânes, Pignatelles, & toutes autres embouchures à peu près de la même sorte, lesquelles ne font que tourmenter & gâter inutilement la bouche des Chevaux.

Espèce de Canon pour conserver la bouche du Cheval.

Présentement les plus habiles Ecuyers se servent à peine d'un petit Canon montant, qui n'est néanmoins qu'une petite liberté de Langue : or le moins que l'on peut mettre de fer dans la bouche d'un Cheval, c'est à présent le meilleur. D'ailleurs, s'il est possible, je conseille de ne se servir que de Canons simples, pour conserver la bouche du Cheval, à moins qu'il n'ait la Langue fort épaisse, car pour lors on est obligé de lui mettre un Canon montant pour lui donner une espèce de liberté de Langue.

Chevaux qui tirent la Langue, ou qui la laissent pendre.

Il y a encore une autre sorte d'embouchure pour ceux qui tirent la Langue, tantôt d'un côté, tantôt de l'autre. Il s'en trouve aussi qui la laissent pendre en-bas, défaut qui arrive plus souvent aux Chevaux de carosse qu'à d'autres, quoique cela arrive aussi aux Chevaux de Selle, mais plus rarement. De quelque manière que les Chevaux tirent la Langue, cela ne leur vient que par habitude, & le manque de soin de ceux qui s'en sont servis, ne les ayant pas corrigés dès le commencement pour leur faire perdre cette méchante coutume.

Quoique je méprise les anciens Mors, & ceux qui les ont inventés, cela n'empêche pas que je n'avoue que nous sommes redevables aux Anciens qui ont commencé cé à traiter la matière présente, puisque nous avons reçu d'eux les premières lumières, en nous procurant la facilité de rafiner sur leurs Ecrits. On a donc aujourdhui rafiné sur les Sieurs *Jean Taquet*, *La Broue*, *Pignatelle*, & autres qui les ont suivis. Les premiers ont été corrigés par leurs Successeurs, comme nous faisons présentement à l'égard de ceux que nous corrigeons.

Pour en revenir à l'utilité du Caveçon, je l'aprouve aussi bien que tous ceux qui s'en sont servis les premiers, avec cette différence que les Anciens s'en servoient aussi bien pour les vieux Chevaux que pour les jeunes. Je sai qu'ils commençoient à faire monter leurs Disciples sur toutes sortes de Chevaux, le Caveçon sur le nez, ce qui faisoit qu'ils ne pouvoient plus s'en passer, car leurs mains étant devenues rudes, lorsqu'ils vouloient monter un Cheval sans Caveçon, ils lui gâtoient infailliblement la bouche. C'est pour cela donc que je dis, qu'il faut qu'un Disciple ait la main douce, souple & bien placée, avant que d'entreprendre à vouloir se servir du Caveçon, qui n'est bon que pour de jeunes Chevaux, en leur apprenant seulement à se conduire. Jugement qu'on doit porter de l'usage du Caveçon.

Je ne doute pas que Milord Duc de *Newcastel*, comme Général, n'ait vu quelques Batailles, mais je doute qu'il dise qu'un jour d'Action ou de Combat, il ait vu un Cavalier avec un Caveçon sur le nez de son Cheval, quoique cependant ce Général prétende qu'il dressera plus de Chevaux avec le Caveçon seul qu'avec la Bride seule. Passons-lui cela, mais comment ce Seigneur menera-t-il un Cheval dressé avec le Caveçon, un jour d'Action ou de Bataille, puisque personne, ni lui, n'ont vu ces jours-là aucun Cheval le Caveçon sur le nez. Ce que ce Lord avance touchant le Caveçon, sera donc bon pour le Manège, où l'on fait voir ce qu'un habile Homme peut faire avec le Caveçon dans un Manège renfermé. Il est donc constant que cette manière de dresser un Cheval, devient inutile, puisqu'il en faudra revenir à la Bride un jour d'Action. Sentiment du Duc de Newcastel.

S'il s'agissoit de plier un Cheval, comme du tems passé, je conviendrois d'abord que le Caveçon seroit encore le meilleur pour plier le cou du Cheval, & faire venir la tête jusqu'à la botte du Cavalier, ce qui pouvoit autre- Si l'on doit beaucoup plier le cou du Cheval.

trefois être plus difficile à faire avec la Bride. Mais aujourdhui, pour qu'un Cheval ſoit bien ſur ſes jambes, il ne faut pas que le cou ſe trouve plié, mais le bout du nez le doit être tant ſoit peu à chaque main que le Cheval travaille, c'eſt-à-dire, que s'il travaille à droite il doit regarder à droite, & que s'il travaille à gauche il faut qu'il regarde à gauche, ſans avoir le cou plié comme un arc, ainſi que les Anciens l'ont prétendu; en un mot, pour trouver un Cheval ferme ſur ſes jambes, il ne faut pas qu'il ait le cou trop plié, afin de ne pas l'expoſer à faire la culbute.

Pour moi, je ſuis bien content lorſque travaillant un Cheval à droite, je le vois regarder ſeulement à droite, & que je le vois regarder un peu à gauche, lorſque je le travaille à gauche. Cela me ſuffit encore quand je vois ſeulement ſon œil à chaque main que je le fais travailler; car de cette manière je trouve toujours le Cheval ferme ſur ſes jambes, à moins que je n'aye à faire avec une véritable Roſſe.

Si, au contraire, un bon Cheval a le cou trop plié, & que ſa tête aproche de ſon épaule, il ſera toujours en danger de tomber, de quelque main qu'il travaille, ſoit à droite, ſoit à gauche. De plus, en faiſant la culbute, il mettra ſon Cavalier en riſque d'être tué ou bleſſé. Ceci démontre le bon fruit que l'on retire en voulant trop plier les Chevaux, ſoit avec le Caveçon ou avec la Bride.

Avantages de la nouvelle méthode enſeignée par l'Auteur.

Lorſque j'apprenois à monter à Cheval, l'on ſuivoit encore cette vieille méthode, parce que les anciens Ecuyers l'avoient pratiquée; je parle de ſoixante ſix à ſoixante-ſept années, mais depuis ce tems on eſt bien revenu de cette pratique, de ſorte que l'on s'en trouve beaucoup mieux. Aujourdhui, ſi un Cavalier veut s'apliquer quelque tems, pour peu qu'il ait d'émulation, il pourra faire plus de progrès dans trois ou quatre années, que dans les tems paſſés où il en auroit employé dix ou douze, pourvu que toutes les Leçons qu'il prendra, ſoient données par un bon Maître. Je pourrois dire même que ſi ce Maître eſt bon, & que le Diſciple ait de la diſpoſition, il pourra ſe flater de devenir bon Ecuyer dans l'eſpace de ſix à ſept années. Je m'explique encore, en diſant que ce Diſciple doit s'apliquer ſans relache à ce travail.

vail. Ce n'eſt pas le tout de ſavoir bien dreſſer un Cheval dans un Manège pour achever de ſe perfectionner, il eſt bon qu'un Cavalier faſſe quelques campagnes à l'Armée, afin de bien remarquer les qualités néceſſaires à un véritable Cheval de Combat. Alors un tel Homme, devenant Officier dans la Cavalerie, fera lui ſeul plus de bien dans un Régiment que dix autres, quelque bravoure ou quelque mérite qu'ils aient d'ailleurs, s'ils ignorent la ſcience de bien monter à cheval. J'oſe même dire que cet Officier ſera un tréſor dans une Armée, par raport à cent occaſions qui ſe préſentent tous les jours, où les Généraux ſe trouvent être dans le beſoin.

Néceſſité de dreſſer les Chevaux pour la Guerre.

L'expérience m'a apris, qu'il ne ſuffit pas d'avoir fréquenté des Manèges pour être bon Ecuyer. Je ne diſconviens pas que ce commencement ne puiſſe être bon, au contraire je le juge très néceſſaire. Je veux dire ſimplement que la perfection d'un bon Ecuyer ſe doit chercher à l'Armée, principalement s'il s'agit de bien dreſſer un Cheval pour la Guerre.

Tous ceux qui ſe croient bons Ecuyers ne ſont pas toujours au fait de cette perfection : car le plus ſouvent ils s'imaginent tout ſavoir, quand ils peuvent manier un Cheval ſur les Voltes, ſur les Pirouettes, ſur de belles Demi-Voltes ou Paſſades, & à la fin d'une Galopade faire un beau droit de Courbettes, ou de ſavoir bien ſe tenir ſur un Sauteur. Mais je voudrois bien voir comment ces Meſſieurs ſe tireroient d'afaire dans leurs premières Campagnes; je crois qu'ils avoueroient bientôt leur ignorance : leur Campagne finie, ils verroient l'utilité qu'il y a de ſavoir dreſſer un Cheval de Guerre. Je ſoutiens donc que tout Cheval qui n'eſt pas ſouple, ne peut être propre pour la Guerre, à moins que ce ne ſoit pour tirer la charette des Bagages, porter le Bât, ou traîner le Canon, ce qui ne demande que de la force, & non de la ſoupleſſe ou de l'adreſſe. Des Bœufs, des Buffles, ou autres Animaux qui peuvent avoir de la force, feroient la même choſe; mais quant aux Chevaux d'Officiers & de Cavaliers, qui ont beſoin de bien combattre, il faut qu'ils entendent bien la main de la Bride & les Aides des jambes. Pour lors, l'Officier ou le Cavalier, qui aura un Cheval bien dreſſé, & ſaura bien le conduire, fera certainement plus d'effet lui seul que deux ou trois ignorans ne pourroient faire un jour d'Action.

Quoique j'avance ceci pour l'avoir vu & pratiqué plusieurs fois, la nécessité où je vois que l'on est de savoir bien conduire son Cheval, me fait de la peine aujourdhui, à cause de la paresse que je vois régner si fortement parmi les Jeunes-gens.

Le Caveçon employé mal-à-propos par les Italiens.

La première partie de l'Ouvrage de Milord Duc de *Newcastel* confirme que les premiers Ecuyers viennent d'Italie, principalement de Naples, & ensuite de Rome: mais tout cela est bien changé depuis ces tems-là; car présentement les Italiens sont les moindres Ecuyers, parce qu'ils gardent encore les vieilles Méthodes, & que par de bonnes règles & de nouvelles Méthodes, plus sûres, plus courtes & plus faciles à entendre, ceux qui veulent s'adonner à cette Science, peuvent faire de meilleurs & de plus prompts progrès. L'on voit encore aujourdhui dans les Manèges d'Italie, des Chevaux de quinze à vingt ans qui ont le Caveçon sur le nez, & trois à quatre doigts de poil emporté, de sorte qu'ils paroissent fort ridés à l'endroit où a touché le Caveçon, ce qui est aussi précisément la place du dessus de la Muserolle de la Bride du Cheval, & défigure beaucoup l'avant-main d'un Cheval, qui doit en être la plus belle partie.

Remarques sur leur Méthode.

Quoique l'on ait quitté cette ancienne Méthode de dresser les Chevaux, il faut pourtant leur avoir obligation pour leurs premiers préceptes, & principalement à feu *Signor Frédéric Grison*, Napolitain, un des premiers qui ait écrit sur l'Art de la Cavalerie. De son tems, il est vrai, on auroit dû passer une partie de sa vie pour commencer à comprendre la manière de dresser un Cheval, tant il y avoit de mistère, soit pour les premières Selles qui devoient servir aux jeunes Chevaux, lesquelles ils appelloient *Bardelles*, & qui n'étoient autre chose que des morceaux de toiles cousus ensemble, rembourrés de paille: je ne compte point d'ailleurs toutes les Longes qui étoient attachées au Caveçon sur le nez, & par les autres bouts aux Sangles des Bardelles; deux autres Longes attachées de même au Caveçon, & les deux autres bouts au-dessus du Garrot tenant à la Bardelle avec deux anneaux.

Ou-

Outtre cela ces Caveçons étoient creux comme une goutière en dedans, avec de petites pointes pour tâcher de faire placer la tête des Chevaux, & qui leur mettoient le nez tout en ſang. Les Anciens croyoient donc avoir fait des merveilles lorſque le Cheval revenoit à l'écurie le nez tout enſanglanté, au-lieu qu'à préſent, lorſque l'on eſt obligé de ſe ſervir de Caveçon pour les jeunes Chevaux, ils doivent être ronds, & même un peu plus plats du côté qui porte ſur le nez, & de plus il faut qu'ils ſoient rembourrés, afin que le nez du Cheval reſte net, ſans qu'il lui en tombe aucun poil. Enfin tout étoit autrefois miſtère, on n'employoit que de vaines paroles, qui n'aboutiſſoient à rien. Cela n'empêchoit pas que chacun ne ſuivît l'opinion de ces anciens Ecuyers, & celui-là paſſoit pour le plus habile Homme, qui avoit le plus de talens pour en impoſer à ſes Diſciples. Mauvaiſe pratique des anciens Ecuyers.

CHAPITRE X.

Du degré de perfection où l'Art de la Cavalerie eſt parvenu en France ſous Louis XIV. Eloge de quelques habiles Ecuyers François. Manœuvres des Anglois. De la Chaſſe à Cheval. Si l'on peut juger de la qualité des Chevaux par la couleur de leurs poils.

Depuis que les François ont rafiné ſur les anciens Ecuyers, le tout ſe fait ſimplement, & les Chevaux s'en trouvent mieux dreſſés. C'eſt ce que l'on a éprouvé très longtems par les longues Guerres qu'a eues *Louis XIV* contre la plus grande partie de l'Europe. On a connu alors l'erreur des Anciens. Or comme j'ai vu pluſieurs Ecuyers de mon tems qui ſuivoient à peu-près les anciennes coutumes, c'eſt ce qui me fait dire auſſi que je les ai vus abandonner ces vieilles Méthodes qui ne ſervoient qu'à prolonger le tems, auſſi bien pour inſtruire les Diſciples, que pour dreſſer les Chevaux. L'Art de la Cavalerie perfectionné en France ſous le règne de Louis XIV.

Ce changement s'eſt fait par Meſſieurs *de Bournonville*, *du Pleſſis*, & *la Vallée-de-Guiſe*, auſſi bien que par l'Ecuyer qui a tenu Manège à la Haye dans le tems Et par quels Ecuyers.

 du

du Prince *Guillaume*, devenu ensuite Roi d'Angleterre, & par Messieurs *d'Ainaut*, *de Neuville*, neveu de Mrs. *du Plessis* & de *la Vallée-de-Guise*. J'en ai vu faire autant à Mr. *Dugas*, Ecuyer de *Louis XIV*, & dont le Fils tient encore Manège à Paris, Rue de l'Université, Faubourg *St. Germain* : il tient aussi cette nouvelle Méthode, de même que Mr. *de Maimont*, dont le Fils est encore à présent Ecuyer de la Grande Ecurie à Versailles.

J'ai eu l'honneur de travailler l'espace de quatorze années sous les premiers Ecuyers que je viens de nommer. Je ne fais pas mention de tous les Ecuyers, qui vivent encore aujourdhui, mais seulement de ceux du tems desquels il y avoit à Paris plusieurs Manèges. Tels étoient, par exemple, Mrs. *Coulon*, *Bernardi*, Italien; Mrs. *Vandeuil*, *de Long-Pré*, *Roquefort*, *Duvernet*, qui ont toujours passé pour de très habiles Ecuyers, comme aussi Mr. *Delcamp*. Ils avoient néanmoins tous commencé par cette vieille routine; mais, comme je le repète, ils s'en sont tous bien désabusés de mon tems.

Habileté de quelques Ecuyers François.

Il est dommage que ces Mrs. n'ayent point écrit, parce qu'il y auroit eu beaucoup à profiter, principalement de Mrs. *du Plessis* & de *la Vallé-de-Guise*. Je crains certainement qu'il soit difficile de trouver leurs semblables, vu l'adresse avec laquelle ils travailloient, & les termes dont ils se servoient, pour bien faire comprendre tout l'Art de la Cavalerie à leurs Disciples. J'en puis parler savamment, puisque j'ai eu l'honneur de recevoir plusieurs années de leurs leçons. On ne pouvoit certainement se lasser de les voir à cheval, & d'admirer la délicatesse avec laquelle ils menoient leurs Chevaux. Les leçons qu'ils donnoient à leurs Disciples n'étoient pas moins dignes d'attention. On pouvoit dire pour lors qu'un Cheval dressé de leurs mains, n'avoit point de prix : car quelques Chevaux qu'ils entreprissent, soit qu'ils eussent de la disposition ou non, ils en tiroient toujours parti. Je leur ai vu dresser des Chevaux abandonnés par des Ecuyers, qui passoient pour habiles Gens, & qui n'en avoient cependant rien pu tirer; mais ces Chevaux ayant été mis entre les mains de l'un ou de l'autre de ces Messieurs, je puis dire les avoir vus quelque tems après de braves Chevaux, tant pour le Manège que pour la Guerre, quoiqu'ils n'eussent point de Caveçon sur le nez, & qu'on ne se fût servi que de la Bride seule.

Avantages des courtes Leçons.

Je ne me souviens point d'avoir jamais vu ces Mrs. perdre patience avec aucun Cheval, de quelque mauvais naturel qu'il fût. Je n'ai aussi jamais pu remarquer qu'ils lui donnassent aucun rude châtiment, ni de longues leçons; mais je me souviens parfaitement qu'ils m'ont dit plusieurs fois à cette occasion, que les longues leçons crévoient les Chevaux, & que les courtes leçons au contraire les dressoient. *Aprenez de nous*, me disoient-ils, que *tant vaut l'Homme*, *tant vaut sa Terre ;* voulant dire par-là qu'un Cheval ne vaut que ce que l'Ecuyer le fait valoir.

Ecuyers qui tenoient Académie à Paris du tems que l'Auteur y étoit.

Les autres Ecuyers qui tenoient Académie de mon tems à Paris, étoient Mrs. *de Bernardi*, Italien de Nation, *de Long-Pré*, duquel Mrs. les fils ont tenu Académie après sa mort, & ont passé aussi pour de très habiles Gens. J'ai vu encore du vivant de Mr. *de Long-Pré* leur Père, Mrs. *Duvernet* & *Roquefort* frères de Mrs. *du Plessis* & *de la Vallée*. Ils étoient par conséquent cinq Frères, tous Ecuyers, & très habiles. Il est à souhaiter pour la Cavalerie, qu'il en paroisse encore de semblables; car si ceux que je cite revenoient au monde, ils mourroient, je crois, de chagrin, en voyant la Cavalerie si abandonnée présentement dans l'Europe.

Je ne dois point oublier ici Mr. *de Vandeuil*, dont le Fils tient encore Manège à Paris, car il a toujours passé aussi pour très célèbre. Quant à ce qui regarde Mrs. les Ecuyers d'aujourdhui, je n'en puis parler savamment, n'ayant l'honneur de les connoître que de réputation, & n'en pouvant juger que sur le rapport d'autrui qui n'est pas toujours fidèle; car la jalousie fait souvent louer ce qui est condamnable, & mépriser ce qui est admiré par les personnes expérimentées.

Les Ecuyers les plus ignorans sont souvent les plus estimés, & pourquoi.

Je pourrois néanmoins citer certains Ecuyers que je ne connois que de nom, lesquels ayant apris tant en France qu'en Allemagne, se croyoient fort habiles, mais à qui je n'aurois pas voulu confier un Cheval à dresser, sans plaindre le pauvre Animal qui tomberoit dans de pareilles mains. Il faut donc, selon moi, avoir vu avant que de décider & de bien juger. Or comme le nombre des ignorans, qui ſe croient les plus habiles, eſt toujours plus grand que celui des bons connoiſſeurs, on voit ſouvent que le plus ſavant dans l'Art dont je traite, eſt très mépriſé. Cela arrive aſſez fréquemment, ſur-tout lorſqu'on ſe laiſſe prévenir par la belle taille ou preſtance d'un Homme bien-fait, d'un air agréable, joint à une voix gracieuſe & inſinuante, lequel ayant lu pluſieurs Auteurs, s'aviſe d'en décider ſavamment en ſe ſervant de grands termes de l'Art. Quoiqu'il ait peu travaillé, on décide ordinairement en ſa faveur, ſouvent au préjudice d'un bon & parfait Ecuyer, qui ſe ſera appliqué toute ſa vie à l'étude de cet Art.

Pourquoi les vieux Ecuyers, quoique très habiles, ſont ſouvent mépriſés.

Si un habile Ecuyer devient un peu ſur l'âge, & que le Prince au ſervice duquel il eſt, ſe trouve jeune, l'Ecuyer âgé, quelque bon & habile qu'il ſoit, ne ſera plus à la mode, ni comparable à d'autres jeunes Ecuyers, quoique fort peu capables de s'aquiter avec honneur du poſte où on les voudra mettre. Pour cacher leur ignorance, ils diront que le vieux & habile Ecuyer ne fait plus que radoter dans tous les préceptes qu'il enſeigne pour les ſoins qui regardent une Ecurie, auſſi-bien que dans tous les ordres qu'il donne pour le Manège. Pourquoi cela arrive-t-il? C'eſt, à mon avis, que la faveur & l'argent ont introduit de Jeunes-gens dans des poſtes auxquels d'habiles Maîtres ne peuvent atteindre; l'ignorance aujourdhui l'emportant par ce moyen ſur le ſavoir. Pourquoi auſſi la plupart de ces Jeunes-gens ne veulent-ils pas écouter les leçons des vieux & habiles Ecuyers, ſi ce n'eſt ſouvent qu'ils ne les comprennent pas, & qu'ils ignorent que la ſcience de devenir bon Ecuyer, ne s'aquiert qu'à force de bien travailler; car il n'y a point de vieux Ecuyer qui ne diſe qu'il apprend encore tous les jours. Ce qui fait donc que le nombre des bons Ecuyers diminue inſenſiblement, c'eſt que perſonne ne veut prendre la peine que procureroit un long travail.

Les bons Ecuyers aujourdhui mépriſés en Angleterre.

Autrefois l'Angleterre avoit quantité de bons Ecuyers, mais préſentement la Nation fait peu de cas de cette Science; de manière que ſi un Etranger alloit à préſent dans ce Royaume, fût-il même le plus habile qui ait paru dans le Monde, n'étant point né en Angleterre, il ne ſeroit ni écouté, ni même regardé. Mais un jeune

jeune Valet fort léger & hardi, capable de monter un Cheval de course à Newmarquet ou ailleurs, sera plus estimé, de même que le Maître Valet, qui auroit mis le Cheval en haleine, en tâchant de gagner la course; ces deux Hommes, dis-je, seront plus estimés que les plus habiles Ecuyers de l'Univers, ce qui provient de ce que les Manèges sont présentement négligés en Angleterre.

La Cavalerie Angloise est cependant très-bonne, & pourquoi.

Pour rendre justice à la Cavalerie Angloise, je dirai néanmoins qu'elle tient encore à présent des Ecuyers qui enseignent dans chaque Régiment les Cavaliers. Ainsi l'on peut dire que leur Cavalerie est actuellement une des meilleures de l'Europe. Quoique les Ecuyers qu'ils ont ne soient pas des plus habiles, ils en savent cependant assez pour montrer aux Cavaliers à tenir leur Bride & conduire leurs Chevaux. Si l'on faisoit de même dans tous les Païs, on ne verroit pas tant de mauvaises Cavaleries en Europe.

Lorsque la Cavalerie ne fait pas bien son devoir dans une Bataille, il ne faut pas toujours en accuser la bravoure de la Nation; car la science de conduire les Chevaux est un grand article pour la seconder.

Erreur de J. Taquet.

Milord Duc de Newcastel se trompe, lorsqu'il dit que Mr. *de la Broue* est un des premiers qui ait écrit de la Cavalerie. Il a oublié certainement le Sr. *Jean Taquet*, qui a écrit avant cet Auteur; mais il faut avouer qu'il ne s'en est pas fort bien aquité: car il vouloit que l'on arrachât quatre grosses dents au Cheval pour placer le fer qu'on lui mettoit dans la bouche, savoir, les quatre près des crochets, deux de chaque côté, l'une en-haut & l'autre en-bas. C'est ce qu'on voit encore aujourdhui par les vieux Mors du tems passé. D'ailleurs la manière dont ils embouchoient leurs Chevaux, est assez remarquable dans les anciennes Peintures ou Tableaux, qui représentent les Hommes à cheval dans les Batailles. On s'aperçoit facilement que les Chevaux tenoient alors de grandes bouches ouvertes, comme s'ils étoient animés de colère ou de rage, & comme s'ils alloient mordre tout ce qui se présentoit devant eux. Cela peut aussi démontrer, qu'ils mettoient dans la bouche de leurs Chevaux une grande quantité de fer.

M Ceux

Avantage qu'il y a de ne mettre que peu de fer dans la bouche d'un Cheval.

Ceux qui ont suivi *Jean Taquet* ont essayé de mettre moins de fer, & ils s'en sont mieux trouvés : ce qui a été cause que dans la suite ayant toujours diminué la quantité, on en est venu à réduire les Mors à de petites embouchures, que l'on nomme *Canons simples*. J'ai vu de mon tems même, toutes ces sortes de Mors rudes, comme *Canons à trompe, à Gorge de Pigeons, à Pignatelles*, & *Canons montans*, &c. dont l'on pourroit encore se servir à présent suivant l'épaisseur de la langue du Cheval. Il n'en est cependant plus question aujourdhui; car moins un Cheval a de fer dans la bouche plus on le voit travailler avec plaisir, & par conséquent faire de meilleure grace tous les Manèges auxquels on le dresse. Il en est de même aussi de tous les travaux qu'on voudra lui faire faire, tant à la Guerre qu'à la Campagne, puisqu'alors l'Animal se voit moins gêné, & qu'ainsi il peut être plus léger & plus vif à la course, soit qu'il s'agisse de franchir une haie, soit qu'il s'agisse de sauter un fossé ; ce que les Anglois pratiquent tous les jours, tant dans leurs Courses que dans leurs Chasses, où ils sont souvent obligés de leur faire franchir des haies & des fossés. Quoique le Bridon soit bon pour ce que je viens de dire, il n'en est pas de même pour la Guerre : car alors il faut un Mors de Bride, pour que le Cavalier soit maître de son Cheval, mais avec le moins de fer qu'il sera possible dans la bouche, afin que l'on puisse tourner court en cas de besoin.

Le Bridon convient mieux en Angleterre qu'en France & en Allemagne.

Pour revenir encore à l'utilité du Bridon des Anglois, je dirai que cela convient mieux chez eux qu'en France & en Allemagne, où le terrain est différent, pour les Chasses du Cerf ou du Renard, qui sont les principales d'Angleterre où l'on ne trouve point de Loups. Je m'explique en disant que j'entends ceci de la Chasse de force.

Pourquoi les Anglois venus en France avec le Roi Jaques furent obligés d'abandonner leur ancienne manière de chasser.

Je me souviens aussi que, lorsque le Roi Jaques quitta l'Angleterre, pour passer en France, plusieurs Seigneurs & Milords le suivirent, & lorsque *Louis XIV* fut à Fontainebleau, plusieurs de ces Seigneurs Anglois crurent pouvoir chasser comme chez eux, c'est-à-dire, avec leur Bridon & leur petite Selle à l'Angloise ; mais ils trouvèrent bien du changement par raport au terrain & aux Bois remplis de Montagnes très escarpées, rencontrant

trant par-tout des Rochers & de grosses pierres. C'est ce qui obligea *Louis XIV* de faire applanir le terrain en beaucoup d'endroits, & d'y faire tirer de grandes allées, qui répondoient souvent les unes aux autres, ce qui n'étoit pas auparavant. Louis XIV vouloit alors courir le Cerf dans une espèce de voiture à quatre roues, ce qui n'est cependant pas la maniére des véritables Chasseurs, qui doivent toujours suivre la queue des Chiens : c'est ce que les Piqueurs & les amateurs de la Chasse faisoient à travers les Bois & les Rochers. Tous ces Lords & Seigneurs étrangers, qui étoient présens, prétendoient alors l'emporter sur les François, & c'est en quoi ils auroient réussi, s'ils eussent trouvé un terrain comme dans leur Païs : mais avec leurs Bridons, leurs petites Selles & petites Botines, aussi souples qu'elles doivent être dans un Manège, pour passer à travers toutes ces grandes Forêts remplies de Bois-taillis, de gros & de petits arbres, outre les Rochers & les cailloux ; tantôt l'un se cassoit la jambe en donnant de vitesse contre des arbres pour éviter les Rochers ; tantôt d'autres ne pouvant conduire leurs Chevaux comme ils auroient pu faire avec la Bride, les Branches d'arbres les emportoient de dessus leurs petites Selles ; tantôt, après avoir monté une éminence, trouvant de l'autre côté un précipice, ils ne manquoient pas de faire la culbute, de se casser le cou ou une jambe, faute de pouvoir retenir leurs Chevaux, qui quelquefois même se trouvoient fort estropiés.

Je cite tout cela pour l'avoir vu arriver plusieurs fois, mais l'année suivante je vis ces Seigneurs & Lords, qui étoient venus en France, obligés de prendre la manière Françoise, c'est-à-dire, se servir de la Bride & de Selles nommées vulgairement *Selles à la Royale*, qui ont été inventées pour la commodité de *Louis XIV*. Ces Seigneurs furent aussi contraints de prendre des Bottes fortes, afin de pouvoir passer en sûreté à travers des Bois-taillis & autres Broussailles. Cette seconde année donc il ne fut plus question ni de Bridons, ni de Selles Angloises, ni de Botines légères. Cela, je crois, doit suffire, pour démontrer que les Embouchures du tems passé, ni les Caveçons sur le nez des Chevaux, ne sont plus en usage, à moins qu'on ne veuille s'en servir pour commencer à aprendre les jeunes Chevaux à se conduire.

Remarques sur la Chasse à cheval.

Comme j'ai dit que l'on ne voyoit point de Caveçon sur le nez d'un Cheval, un jour d'Action, soit dans une Bataille générale ou dans un Combat particulier, j'ajoute ici que l'on n'en doit point mettre aussi sur le nez des Chevaux de Chasse de quelque nature qu'il soit. Je consens qu'on leur mette un Bridon avec la Bride, je le croi même fort nécessaire, principalement pour la Guerre, ainsi que j'en ai souvent eu l'expérience: cela est même aussi utile à la Chasse de force, pour les raisons suivantes. Par exemple, si un jour d'Action une Bride vient à se rompre ou à se casser, soit dans l'Embouchure, soit dans les Rênes que l'Ennemi pourroit bien couper, le Cavalier seroit alors en risque d'être perdu: mais ayant un Bridon à l'Angloise dans la bouche du Cheval, avec le Mors, le Cavalier aura encore un secours pour se tirer d'affaire. A l'égard de la Chasse, s'il arrive quelque accident à la Bride, alors le Cavalier pourra se servir du Bridon, pour continuer sa Chasse, car autrement si l'Animal qu'il poursuit tire de long, ainsi qu'il arrive souvent, il perdroit la piste des Chiens, & ne pourroit retrouver ni attraper l'Animal; & par conséquent tout le plaisir de la Chasse seroit perdu pour lui.

En France, tous les bons Chasseurs de mon tems usoient de précaution, ayant toujours dans leurs poches une Gourmette, une S, ou *Esse*, & un Crochet, afin de remédier sur le champ au malheur qui leur pourroit arriver. Par cette précaution ils étoient toujours en état de se trouver à la mort du Cerf, du Loup, ou du Sanglier. Outre le Bridon joint à la Bride, ils avoient aussi à leur Selle double Etrier, dont deux étoient attachés par derrière à chaque côté sous les quartiers de la Selle, en cas que l'un des deux, dont ils se servoient, vînt à se rompre ou à se casser. Dans le tems donc que cela leur pouvoit arriver, ils n'avoient qu'à détacher l'Etrier du côté où le cas le requéroit, cet Etrier ne tenant qu'à une petite courroye de cuir avec une fente d'un côté & un bouton à l'autre bout, qui tenoit l'Etrier plat sous le quartier de la Selle, & donnoit la facilité de le défaire, même en courant. Cette précaution ne seroit pas mauvaise à l'Armée pour un Officier, principalement les jours d'Action.

On

On me dira ſans doute qu'il n'y a rien à craindre à cet égard, ſi l'on a ſoin d'avoir de bons étriers & de bonnes étrivières : c'eſt ce que j'ai cependant vu arriver pluſieurs fois à des étriers de fer tout neufs, de même qu'à des étrivières auſſi neuves; & ce qui eſt arrivé pluſieurs fois de la ſorte, peut encore avoir lieu. Je me ſuis ſervi moi-même de cette précaution, & m'en ſuis très bien trouvé : j'étois alors avec des Seigneurs, de qui j'avois l'honneur d'être Ecuyer, tant à l'Armée qu'à la Chaſſe.

Comme pluſieurs ont écrit ſans avoir d'expérience, & que leurs Ecrits n'ont été faits que ſur le raport des autres, je dirai, par exemple, que le Sr. *Blundeville* conſeilloit de ſon tems, de châtier fortement le Cheval qui ſe trouvoit rétif, ou ſe défendoit dans le travail qu'on exigeoit de lui; mais c'eſt ce qui le deſeſpéroit encore davantage. Il ordonnoit même de prendre un bâton pour en fraper ſur la tête du Cheval entre les deux oreilles. J'ai bien vu encore pratiquer cela de mon tems, mais ſans en avoir pu voir la réuſſite, c'eſt-à-dire, ſans bon effet; au-contraire, j'ai vu ces Chevaux hors d'état de pouvoir jamais ſervir. J'ai auſſi vu mener ces Chevaux dans des terres labourées d'une vaſte étendue, pour les travailler, ſoit au trot, ſoit au galop, juſqu'à ce qu'ils fuſſent bien fatigués; je les ai vu, dis-je, travailler au point qu'on étoit contraint de leur faire faire encore ce rude exercice le lendemain, & même de retrancher la nourriture, ce qui mettoit ces pauvres Animaux ſur les dents. Tout cela ſe faiſoit faute de connoiſſance; car, pour moi, je prétends que les Chevaux qui ſe défendent, & réſiſtent au travail qu'un habile Homme peut exiger d'eux, n'agiſſent ainſi que parce qu'ils manquent de force & de vigueur : par conſéquent, ſi on leur retranche la nourriture, on en fait encore de plus grandes Roſſes.

Mauvaiſe manière de traiter les Chevaux rétifs.

Ceux qui agiſſent de la ſorte s'imaginent que, lorſqu'un Cheval fait quelques ſauts par hazard, ces ſauts ſont extraordinaires; mais je penſe que cela arrive plutôt par deſeſpoir que par force. C'eſt-pourquoi ces Mrs. qui les veulent réduire avec grande violence, s'imaginent qu'après les avoir corrigés, ils ne les verront plus ſe défendre, & qu'ils en feront de braves Chevaux; mais

N ils

ils sont dans une grande erreur, car si la défense du Cheval ne vient que du manque de force, ce ne seront point les rudes châtimens qui lui donneront la force, la gayeté, ou l'agrément qu'un bon Cheval doit avoir.

Je passe sous silence tous les autres châtimens que l'on inventoit anciennement, de même que les Fossés que l'on creusoit pour travailler les Chevaux, croyant les rendre par-là plus souples & plus obéissans. J'avoue que je n'ai pas vu qu'on leur fît faire cet exercice ; mais j'ai lu sur cela un Traité dans d'anciens Livres sur la Cavalerie. J'ai vu pratiquer bien d'autres châtimens extravagans dans les commencemens de mes Exercices dans la Cavalerie. Depuis ce tems les bons Ecuyers qui nous restent, tant en France qu'en Allemagne, sont bien revenus de cette erreur : il est vrai qu'il en reste peu d'habiles parmi le grand nombre de ceux qui s'imaginent l'être; car il n'y a pas jusqu'à des Palfreniers & Cochers, qui ne se fassent passer pour Ecuyers. Et d'où cela provient-il, si ce n'est de l'ignorance du tems présent?

Egards qu'on doit doit avoir pour les anciens Ecuyers.

Quoique les anciens Ecuyers ayent erré, les uns plus que les autres, néanmoins, ainsi que je l'ai déjà dit, nous leur devons avoir obligation, d'autant qu'ils trouvoient tout d'eux-mêmes, en nous laissant le soin de rafiner sur eux, ainsi que nous l'avons fait depuis. Il en est de même de tous les Arts & Métiers, que l'on conduit de jour en jour à la perfection en surpassant de beaucoup les anciens Maîtres; car quel cas feroit-on présentement du premier Horloge qui a été fait ? Ne voit-on pas aussi la même chose dans les Manufactures ? Enfin je conclus en disant qu'il en est de même de la Cavalerie. Qui sait le mieux accorder ses Aides est le plus parfait Ecuyer, ainsi que je l'ai fait voir ci-dessus.

Eloge de Mr. *Duplessis.*

Je me souviens qu'un des premiers Seigneurs de France conduisant son Fils chez Mr. *Duplessis*, qui étoit alors à la tête de tous les célèbres Ecuyers que j'ai nommés; je me souviens, dis-je, que ce Seigneur lui dit en l'abordant : *Je ne vous amène pas mon Fils pour en faire un Ecuyer, mais je vous prie seulement de vouloir bien lui enseigner à bien accorder ses jambes & ses mains avec la pensée de ce qu'il voudra faire faire à son Cheval.* Monsieur *Duplessis* lui répondit devant moi, qui avois l'honneur d'ê-

tre

tre alors un de ſes Diſciples : *Monſeigneur, il y a environ ſoixante ans que je travaille pour aprendre ce que vous me faites l'honneur de me dire ; & vous me demandez-là préciſément tout ce que j'ambitionne de ſavoir.*

Pour en revenir à nos anciens Auteurs qui croyoient donner des Remarques ſur les différens poils & les marques que les Chevaux pouvoient avoir, ſoit au front, ſoit ſur le corps & aux jambes, & qui prétendoient décider par-là de la bonté des Chevaux & des accidens auxquels ils pourroient être ſujets, je dirai, qu'à mon avis, ces conjectures étoient de pures fadaiſes & imaginations d'eſprit, car depuis environ ſoixante-ſix à ſoixante-ſept années que j'ai commencé à travailler, j'ai trouvé de bons & de méchans Chevaux de tout poil, ce qui a été de tout tems & ſera certainement toujours; ainſi je conclus encore, en diſant, qu'il faut être abſolument ignorant, lorſque pour décider d'un Cheval on ne s'attache qu'au poil & aux marques, car c'eſt un pur hazard ſi l'on réuſſit dans de pareilles conjectures. Ceux qui en décident de la ſorte, auront vu ſans doute un Cheval, qui ſe ſera trouvé bon d'un tel poil, & un autre d'un poil différent, qui aura été mauvais, & par conſéquent ils croyent que les Chevaux qui auront le même poil que le bon Cheval, ſeront tous bons ; au-lieu que ceux-là ſeront tous mauvais qui auront les mêmes taches ou poils que le mauvais Cheval : comme ſi, ſans comparaiſon, un Homme avec des cheveux noirs doit être meilleur ou plus méchant que celui qui les a blonds. Pures chimères.

Si l'on peut juger du caractère & de la qualité des Chevaux par la couleur de leurs poils, & par les marques qu'ils ont au corps.

CHAPITRE XI.

Des Haras, & de tout ce qu'on y doit principalement obſerver, avec quelques remarques ſur la manière de dreſſer les Chevaux ſauvages.

JE me propoſe de faire dans ce Chapitre quelques remarques ſur les Haras, tant afin d'en donner une légère idée, que pour deſabuſer le Public de diverſes erreurs où l'on eſt tombé ſur cet article.

On ne doit pas monter trop tôt les Poulins.

Je dirai donc, pour commencer, que pluſieurs Au-

 teurs

teurs ordonnoient de monter les jeunes Poulins dès l'âge de trois ans. Il faut par conséquent que depuis ce temslà, la nature des Chevaux soit bien afoiblie, car présentement, qui voudroit agir ainsi, perdroit entièrement un Poulin, & ne feroit qu'une Rosse d'un Cheval qui auroit les meilleures dispositions du monde.

Abus de ceux qui font servir trop tôt les Pouliches par les Etalons.

Ces Auteurs ordonnoient aussi de faire servir de jeunes Pouliches par l'Etalon, & cela dès l'âge de trois ans, afin qu'elles donnassent leurs Poulins à quatre ans; pour moi je dis que, outre que le Poulin qui viendra d'une Cavale si jeune, ne sera jamais aussi bon que celui qui sera sorti d'une Cavale plus âgée, la Cavale d'un autre côté sera en partie gâtée, & ne produira pas tant que si elle avoit commencé à porter plus âgée. C'est ce que je sai par expérience.

Tous les Païs ne sont pas également propres à la génération.

Une autre remarque pour le Haras, c'est de faire attention au Païs où l'on est, tant par raport aux Chevaux qu'aux Cavales, car quoique dans les Païs chauds les Etalons paroissent plus vigoureux que dans les Païs froids, ou dans les Régions temperées, ils ne produiront néanmoins pas tant de Poulins, que les Etalons des Climats froids, ni ne seront jamais en état de servir tant de Cavales. On le prouve par ce qui se remarque en Hollande, où un Etalon servira quatre, cinq, six Cavales dans un jour & dont fort peu manqueront de concevoir, car s'il arrive que la génération manque, on n'en devra attribuer la faute qu'à la Cavale. Cela démontre qu'il y a des Régions plus propres les unes que les autres à la génération. Par exemple, en France, qui n'est pas le Païs le plus chaud, lorsqu'un Cheval entier sert une fois par jour une Cavale, il faut lui donner quelques jours de repos, si l'on veut que la Cavale retienne.

On peut voir encore la différence de la France à la Hollande & aux autres Païs, en ce que dans les Troupeaux de Moutons on voit ordinairement en Hollande que les Brebis donnent deux, trois Agneaux, & même quelquefois quatre, au-lieu qu'on les voit rarement en donner deux en France.

Qualités que doivent avoir les bons Etalons.

On doit donc savoir bien faire choix du Païs pour avoir de beaux & bons Etalons. Pour cet effet il faut que le le Cheval que l'on choisit pour Etalon, soit net de toutes sortes de défauts, tant à l'égard de l'humeur que des caprices, car les Poulins qui en proviendroient, seroient sujets aux mêmes vices. Si, par exemple, l'Etalon est ramingue, c'est-à-dire, si c'est un Cheval qui se défend aux éperons, ce sera un grand hazard, si le Poulin qu'il produit ne tient pas de ce défaut : pour moi je n'en ai presque jamais vu qui n'en aient tenu. Il en est de même des Chevaux poussifs. Quant aux Chevaux morveux, il n'est pas nécessaire d'en parler, puisque l'on sait assez qu'ils tiennent lieu de peste dans un Haras.

Il faut aussi bien prendre garde si le Cheval n'a pas quelque défaut à la vue, à moins que ce mal ne lui soit provenu par accident. Pour moi, je ferois difficulté de me servir pour Etalon d'un Cheval qui seroit devenu entierement aveugle ; je ne voudrois pas non plus employer à cet usage un Cheval qui se trouveroit entièrement ruiné par la fatigue ou par la vieillesse, quelque beau qu'il fût ; car je sai par expérience que tout ce qui en provient ne vaut rien, quoique beau en aparence. J'ose dire ici qu'il en est à peu-près de même des Chevaux comme des Hommes : n'a-t-on pas vu, par exemple, de vieux Gouteux, ou des Hommes décrépits, qui s'étant mariés à de jeunes Femmes, pour frustrer leurs Héritiers légitimes, n'ont engendré que des Enfans d'une compléxion foible, & sujets à toutes leurs infirmités ? Et d'où cela provient-il si ce n'est du Père ?

D'un autre côté, il ne faut pas prendre des Chevaux boiteux, principalement s'ils le sont du train de derrière, soit que ce mal leur provienne de la Nature ou autrement : car lorsqu'un Etalon sert une Cavale, l'on sait que se portant sur ses jambes de derrière, il souffre par conséquent à l'endroit où il est incommodé, dans le tems qu'il sert la Cavale, ce qui fait que sa semence se trouve imparfaite, & que le Poulin hérite de ses défauts ; ce qui arrive rarement à l'égard d'un Cheval boiteux par son devant, à moins que cela ne vienne de la mauvaise conformation des pieds ou des jambes ; car ceci arriveroit, par exemple, si l'Etalon avoit des pieds trop larges, des pieds combles, des talons bas & foibles, des pieds encastelés. Il en seroit de même si l'Etalon avoit des épaules trop épaiſſes & trop ouvertes : il ne faut pas auſſi qu'elles ſoient trop ſeches & trop ſerrées l'une près de l'autre, car ce ſeroit un défaut des plus conſidérables, quoique le vieux Proverbe diſe, qu'il faut qu'un bon Cheval ait des épaules de Lièvre; ce qui veut dire ſeulement qu'elles ne doivent pas être trop chargées, le trop en tout ne valant rien. Il faut donc que chaque partie d'un Cheval ſoit proportionnée à ſa taille : un cheval de ſelle, par exemple, ne doit point être fait comme un Cheval de caroſſe, & le Cheval de caroſſe ne doit point être ſemblable au Cheval de bât.

Je ne parle point ici des Chevaux trop chargés de tête, parce qu'il ne faut pas être habile pour s'y connoître. Mais, pour en revenir au train de derrière, je dirai que cette partie du Cheval doit être encore plus ſaine que celle de devant, parce que, comme je l'ai dit, l'Etalon ſouffre en faiſant ſes fonctions; il faut donc bien examiner ſes jarrets, pour voir s'il n'y a point d'Epervins, de Veſigons, de Courbes, ni de Jardons : car pour peu que le Cheval en ſoit atteint, le Poulin qui en proviendra, aura ſûrement les mêmes défauts : c'eſt cela même qui eſt cauſe que l'on trouve tant de Chevaux tarés, faute du peu de connoiſſance que l'on a dans le choix des Etalons.

Soins que demande un Haras.

Comme je traite ici des Haras, j'ajouterai que chacun n'eſt pas propre à les gouverner ; car quelque diligent que l'on ſoit, ce n'eſt pas le tout, de ſe donner beaucoup de peine : tel qui s'en donnera peu, ſera ſouvent plus propre à ce gouvernement, que celui qui s'en donnera beaucoup. Je ne prétens pas dire par-là que le grand ſoin n'eſt pas néceſſaire, au contraire, je ſai qu'il n'y a pas d'emploi plus pénible & qui demande tant d'application & de ſoin que celui-ci pour en tirer de l'agrément & du profit : car, premièrement, on doit amaſſer tout le néceſſaire requis dans chaque Saiſon de l'année, tant pour l'entretien des Etalons & des Cavales, que pour celui de tous les Poulins & Pouliches ; il faut les viſiter ou faire viſiter tous les jours, & les voir marcher devant ſoi, afin d'examiner s'il ne ſe trouve pas quelques Chevaux boiteux, puiſque cela peut arriver tous les jours.

La négligence à cet égard peut donner lieu à de grands ac-

accidens, qui ne seroient rien si on y aportoit les remèdes nécessaires dès le commencement. Cela m'est arrivé plusieurs fois dans les deux premiers Haras où je me suis trouvé; l'un apartenoit à *Louis XIV*, & l'autre, que j'avois formé, apartenoit au Marquis de *Courtanvaux*, Seigneur de *Montmirel*, sans compter les autres que j'ai vus en Allemagne.

Comment on doit pourvoir aux besoins d'un jeune Poulin de belle race dont la Mère vient à mourir.

Il peut encore arriver que dans un Haras un bel Etalon ayant servi une belle Cavale de laquelle on attend quelque chose de bon; il peut arriver, dis-je, que cette Cavale, après avoir donné son Poulin, viendra à périr par quelque accident, & laissera par conséquent le Poulin trop jeune pour se passer d'être alaité; alors le Poulin ne pouvant vivre sans tetter, il faudra chercher quelque Cavale de Païsan, ou autre, qui ait un Poulin, ou il faudra même l'acheter avec son Poulin, si l'on n'en peut avoir autrement.

Mais souvent les Cavales ne veulent pas souffrir d'autres Poulins que les leurs, il faudra donc sacrifier le Poulin du Païsan, en le faisant tuer, afin de frotter de son sang tout chaud le nouveau Poulin que l'on veut donner à la Cavale. Or ce Poulin étant mis auprès d'elle, on la verra infailliblement le lécher & l'adopter comme si c'étoit le sien propre, & par conséquent elle se laissera tetter par ce Poulin. J'ai si souvent éprouvé ce secret, que je le trouve immanquable. Mes Prédécesseurs s'en étoient servi avec succès avant moi, & d'autres à qui je l'ai enseigné s'en sont aussi parfaitement bien trouvé.

Mesures qu'il faut prendre à l'égard des Cavales qui ne retiennent que difficilement.

Un autre inconvénient qui se rencontre dans le Haras, c'est qu'il se trouve souvent des Cavales qui ont de la peine à retenir. Cela arrive principalement à celles qui ont quarante dents dans la bouche, comme les Chevaux, c'est-à-dire, aux Cavales qui ont des crochets, car elles n'en doivent point avoir. Comme elles ne retiennent donc pas si facilement que les autres, je n'ai pas trouvé de meilleur expédient pour elles qu'en les renfermant avec l'Etalon dans quelques Granges ou Etables, où je leur faisois donner à manger & à boire ensemble durant l'espace de vingt-quatre heures, & quelquefois même deux fois vingt-quatre.

Après avoir mis en œuvre cet expédient, si elles ne re-

retiennent pas, je puis aſſurer qu'elles ne retiendront jamais : c'eſt-pourquoi on peut bannir cette Cavale du Haras, puiſqu'elle y eſt plus nuiſible que propre, parce que dans le tems que la Saiſon d'avoir des Poulins aproche, les Cavales pleines ſe trouvent peſantes, au-lieu que celles qui n'ont pas retenu ſont plus legères & plus gayes. Si le hazard veut alors qu'elles aient peur de quelque choſe, ainſi qu'il arrive ſouvent à des Animaux dont on s'aproche rarement, elles ſe mettent à courir les premières, ce qui animant les Cavales pleines à les ſuivre, & cela ſouvent, à travers des Bois taillis, des Foſſés & des Haies, elles courent riſque d'avorter. C'eſt cependant ce à quoi pluſieurs perſonnes ne penſent pas, & ne ſavent même à quoi en attribuer la faute. Je puis avancer ceci pour certain, puiſque j'ai eu occaſion de remarquer pluſieurs fois que ces malheurs n'arrivoient que par la cauſe que je viens d'alléguer. Tout cela fait bien voir la vigilance que doit avoir une Perſonne chargée du ſoin d'un Haras : car on ne peut en avoir trop pour prévenir tous les accidens qui peuvent arriver, car il ne s'agit pas ſeulement de ſavoir remédier aux accidens, il eſt auſſi de conſéquence de les ſavoir prévenir.

Moyen d'empêcher que les Cavales pleines ne ſe bleſſent lorſqu'elles entrent dans l'Ecurie.

Pour éviter donc pluſieurs accidens qui peuvent ſurvenir dans un Haras, on doit avoir des Granges ſpacieuſes, des Ecuries ou Etables, ainſi qu'on voudra les nommer, afin que les Cavales s'y retirent quelquefois, lorſqu'il eſt néceſſaire de leur donner quelque choſe, principalement l'Hiver. Or comme ces ſortes de Granges ont des portes par où les Cavales peuvent entrer & ſortir, & même ſouvent en foule, les unes à côté des autres, alors ces Cavales ſe trouvent preſſées par les deux côtés des portes, ſoit aux épaules, ſoit aux hanches, de-ſorte qu'elles ſe bleſſent quelquefois, au point de ſe démettre pour toute leur vie, l'épaule ou la hanche.

Pour prévenir ces accidens, on doit prendre deux pièces de bois, chacune environ de la groſſeur d'un Homme, & après les avoir bien arrondies, on les dreſſera aux deux côtés de la porte, ſur deux pivots, afin qu'elles puiſſent tourner lorſque les Chevaux y toucheront. Or comme ces ſortes de Granges ont ordinairement deux portes, qui servent d'entrées aux deux extrémités, il sera à propos de les garnir toutes deux de la manière que je viens de dire: on évitera certainement beaucoup d'accidens par ce moyen.

Les blessures que reçoivent les Cavales & les Poulins, ne deviennent souvent incurables, que parce qu'on s'en apperçoit trop tard : car il est presque impossible de voir troter les Chevaux tous les jours. D'ailleurs s'ils sont à paître, il est très difficile de s'apercevoir de ce qui leur manque, ou de voir s'ils sont boiteux ou non. On se contente même assez ordinairement de les voir bien manger.

Je ne dois point oublier de parler des Etalons qui affrontent les Cavales, & qui les empêchent par conséquent de retenir. Je dirai donc que cela peut arriver souvent, manque de précaution, & faute d'avoir donné aux Etalons de bonnes nourritures avant que de les exposer à servir les Cavales; car on doit leur avoir fait manger plus d'un mois ou deux, beaucoup de grains, c'est-à-dire, plus d'avoine qu'à l'ordinaire, avant que d'en faire l'épreuve qui suit.

Pour en être certain on pourra présenter une Cavale à l'Etalon pour en être servie. Si l'on voit alors qu'il veut faire sa fonction, on le doit faire descendre de dessus la Cavale, pour voir si sa semence est bien blanche & bien épaisse. Si elle est telle, on doit croire que si les Cavales ne retiennent pas, ce sera leur faute & non celle de l'Etalon. Si, au contraire, la semence est claire à peu près comme de l'eau, & de la même couleur, alors on doit le juger incapable de servir les Cavales. C'est-pourquoi il lui faudra augmenter le grain en lui préparant un mêlange de froment & d'avoine, jusqu'à ce qu'on s'aperçoive que sa semence change au point que je l'ai dit. On doit bien se garder de lui donner du froment pur, parce que l'on risqueroit de le gâter, au-lieu de lui faire du bien : on risqueroit même de le rendre forbut, ou de le faire crêver.

Après avoir lu dans de vieux Livres les Observations qui concernent les Haras, afin d'avoir des Chevaux d'un poil tel qu'on le souhaite, j'ai trouvé lorsque j'ai voulu mettre en pratique les règles prescrites dans ces Livres, que

S'il y a des moyens pour avoir des Chevaux tels qu'on les souhaite, soit pour le poil, soit pour le sexe.

que c'étoient de pures faussetés, aussi bien que les observations de la Lune & du Soleil, du Vent & du Tems qu'il faisoit, lorsque la Cavale est servie par l'Etalon pour avoir plus de Poulins que de Pouliches. On faisoit aussi autrefois lier le Rein du côté droit pour avoir des Poulins, & le Rein gauche pour avoir des Pouliches. Mais pures chimères encore.

Lorsque j'étois aux Haras de *Louis XIV*, à sept lieues de Versailles, & dont j'avois l'inspection, tant pour faire servir les Cavales par les Etalons, que pour avoir soin de ce qui en pouvoit provenir, je trouvai les Livres qui contenoient les noms de tous les Etalons & des Cavales, & où l'on avoit aussi marqué leur âge & le Païs d'où ils étoient. Je devois observer, suivant ces Livres, non seulement le jour du Mois que les Cavales devenoient pleines, mais même celui de la Lune. Comme j'avois reçu ordre de suivre la méthode prescrite dans ces Livres, j'eus tout le tems de reconnoître les abus de toutes ces observations inutiles, qui ne peuvent servir qu'à des Charlatans, qui voudroient abuser de la crédulité de tous ceux qui seroient assez simples pour les écouter.

Quelqu'un me dira peut-être : J'ai vu faire ces observations en présence de Grands Seigneurs. Je n'en doute point : car c'est justement chez les Grands Seigneurs que les Charlatans peuvent trouver leur compte. Car que serviroit la Charlatanerie aux Charlatans, s'ils n'avoient à faire qu'avec des Gens qui ne seroient pas plus riches qu'eux ? Est-ce donc la naissance ou les grands biens qui donnent de l'esprit pour discerner toutes choses ? On sait assez que les Grands veulent être obéis, & que ce qu'ils disent doit être regardé comme autant de Sentences.

Cavale pleine, qu'on fait servir par un Etalon en présence de *Louis* XIV.

Je me souviens qu'étant au Haras du Roi *Louis XIV* à St. Leger, ce Monarque vint presque à la fin de la Monte des Cavales ; & ayant cependant voulu en voir servir quelques-unes en sa présence par les Etalons, il ne s'en trouva pas une qui n'eût été servie. Mais comme on n'est pas sûr que les Cavales aient toutes retenu, l'on exposa un Etalon près la troupe des Cavales ; alors le Cheval ne manquant point de hennir (on l'appelle en terme de Haras un Braillard), les Cavales

les qui n'ont pas retenu, tournent immanquablement la tête du côté qu'elles entendent hennir l'Etalon, & on peut les remarquer pour les faire prendre & resservir de nouveau par un autre Etalon, que celui qui les a servies auparavant. Comme d'ailleurs il n'y a point de règles certaines, il s'en trouva une qui ayant été servie sur la fin de l'année précédente, revint cependant à l'Etalon, quoique pleine dès ce tems-là. Elle avoit si bien caché son fruit, que tout connoisseur auroit pu s'y tromper, & elle n'est pas la seule à qui cela soit arrivé.

Louis XIV voyant cette Cavale, quoique pleine, revenir à l'Etalon, ordonna qu'on la prît pour la faire servir en sa présence, ainsi que l'on venoit de faire à quelques autres. Mais Mr. *de Garceau*, qui étoit assuré qu'elle étoit pleine, par l'expérience qu'il en avoit faite comme Capitaine Général dudit Haras, dit au Roi : *Sire, elle est pleine, & ne doit pas tarder à donner son Poulin.* Le Roi répondit : *Je vois bien que non, & vous vous trompez, je vois bien qu'elle ne l'est point.* Or comme il y a des Flateurs dans toutes les Cours, chacun aplaudit au Roi sans vouloir entendre Mr. *de Garceau* ; il falut donc qu'au commandement du Roi la Cavale reçût l'Etalon de bon gré ou de force, & que Mr. *de Garceau* en eût le démenti, tout habile qu'il étoit, & qu'il passât pour un ignorant en public, mais neuf jours après la Cavale jetta son Poulin mort au grand regret de Mr. *de Garceau*, qui n'ôsa ni le dire au Roi, ni lui faire dire de sa part.

Mais comme *Louis XIV* avoit un Ecuyer nommé Mr. *de Beauseuil*, qu'il aimoit & à qui il étoit permis de dire tout ce qu'il vouloit, cet Ecuyer qui étoit ami de Mr. *de Garceau*, dit au Roi quelques jours après : *Sire, le pauvre* Garceau *n'ose paroître devant Votre Majesté, de crainte de lui annoncer que cette belle Cavale qui a été servie par l'ordre de Votre Majesté a jetté un beau Poulin mâle, mort.* Sur la parole de Mr. *de Beauseuil*, & à cause du mérite que le Roi avoit remarqué dans Mr. *de Garceau*, il lui fit présent de la survivance de sa Charge pour Monsieur son fils aîné, mort dans la même Charge, & cela pour le récompenser du chagrin du démenti qu'il avoit reçu publiquement. Dans la suite cette Charge fut vendue à d'autres Mrs. qui n'égagalèrent pas la capacité de Mrs. *de Garceau* Père & Fils, dans les Fonctions de ce poſte.

Remarques ſur la Charge de Capitaine Général du Haras du Roi de France.

Les deux Meſſieurs qui achetèrent cette Charge de Capitaine Général du Haras du Roi, ſe nommoient Mrs. *de Bérillon* & *Dublé*. Ils avoient été Valets de Chambre de Mr. *de Louvois*, au ſervice duquel ils avoient gagné beaucoup d'argent, tant par des courſes que par d'autres endroits, Mr. *de Louvois* étant alors maître de les enrichir autant qu'il vouloit. Ce fut le Sr. *Dublé* qui fournit la plus grande partie de l'argent pour cette Charge, d'autant qu'il n'étoit pas honoré du titre de Gentilhomme ainſi que Mr. *de Bérillon* prétendoit l'être. C'eſt ce qui les brouilla tous deux, l'un ſe glorifiant de ſa qualité, & l'autre de ſon argent.

Auſſitôt que ces Meſſieurs eurent acheté cette Charge, les deux Familles furent logées dans le Château de *St. Leger*, où ils ne reſtèrent pas longtems bons amis; ce qui n'étoit pas le moyen de faire fleurir le Haras, ainſi qu'il auroit pu arriver s'ils ſe fuſſent bien comportés enſemble, car ils auroient pu prendre l'un & l'autre de bonnes inſtructions de ceux qui auroient été plus au fait qu'eux dans leur Charge. Il arriva donc de-là qu'ils ſe virent obligés de s'en défaire. Le Fils du vieux Mr. *de Garceau*, frère de celui qui étoit entré en ſurvivance, prit cette Place des Srs. *de Bérillon* & *Dublé*. On ne doit point douter qu'il ne s'en ſoit bien aquité, & beaucoup mieux que ces deux derniers, qu'il remplaçoit : car ſon éducation dans la Science du Haras, jointe à ſon honneur & à ſon intégrité deſintéreſſée, pour avancer la beauté du Haras, ſuffiſoient pour qu'il remplît ce Poſte avec gloire.

Ces Charges ne devroient pas être venales; & pourquoi.

Je ne ſaurois dire qui eſt préſentement le poſſeſſeur de cette Charge : ſelon mon avis, je crois que l'on devroit donner ces ſortes de Charges au mérite, ſans les rendre vénales, de même que les Charges d'Ecuyers, principalement pour ce qui concerne le Manège ; car ce qui eſt cauſe aujourdhui que peu de gens s'apliquent à ce noble Exercice, c'eſt qu'il faut payer vingt-mille écus pour la place d'Ecuyer du Manège du Roi, & douze-mille pour celle de Sous-Ecuyer. Et ſi l'on vient à mourir dès la première année, tout cet argent ſe trouve perdu

pour

pour la Famille du défunt. Par ce moyen un Demi-ſavant riche ſera préféré au plus habile & au plus ſavant Ecuyer.

Je m'étonne que ces Meſſieurs ſe donnent tant de gloire d'être en poſſeſſion de Charges où leur mérite n'a aucune part, puiſqu'ils ne doivent qu'à leurs richeſſes l'opinion où l'on eſt de leur capacité. Les Jeunes-gens ſe rebutent d'aprendre ce à quoi ils s'apliqueroient avec ardeur, ſi ces ſortes d'Emplois ſe donnoient au mérite. En ce cas les Manèges ſeroient beaucoup mieux ſoutenus qu'ils ne le ſont.

On pourroit dire à ce ſujet : Hé quoi ! paſſerai-je une partie de ma vie à monter à cheval, après quoi il me faudra ruiner ma Femme, mes Enfans ou ma Famille, en donnant une groſſe ſomme d'argent, qui après ma mort ne peut revenir à mes Héritiers ? & de plus pour me voir aſſujetti dans une eſpèce d'eſclavage le reſte de mes jours, en enſeignant une Jeuneſſe qui ne m'en aura pas plus d'obligation qu'elle n'en a à ſes premiers Maîtres qui lui ont apris à lire ou à écrire.

Je n'avance point ceci pour l'avoir ouï dire, ni pour l'avoir lu dans aucun Livre : c'eſt mon expérience, & les préceptes que j'ai reçus à ce ſujet de mon Père, dès ma tendre jeuneſſe, qui me font parler de la ſorte.

Une autre remarque auſſi fabuleuſe que celle dont j'ai parlé ci-devant, & que j'ai lue par hazard dans un vieux Livre, c'eſt celle qui enſeignoit à dérater les Poulains naiſſans. Comme j'étois encore jeune & ſans expérience, lorſque ce Livre me tomba entre les mains, je crus de bonne foi ce que je liſois dans ce Livre ; c'eſt-pourquoi je fis tout mon poſſible pour en faire l'expérience, tant parce que j'avois lu dans d'autres Livres que c'étoit la Rate qui empêchoit les Chevaux d'avoir une bonne haleine, & que s'ils pouvoient être dératés, rien ne ſeroit capable de les empêcher de courir extraordinairement, que parce que j'avois ouï dire que les Coureurs des Grands Seigneurs étoient auſſi dératés. Je réſolus donc de dérater le premier Poulain qui naîtroit en ma préſence. Après n'avoir dormi ni nuit ni jour, tant je deſirois de voir une Cavale qui jettât ſon Poulain, afin d'en faire ſur le champ l'expérience, j'en

C'eſt une erreur de croire que les Chevaux doivent être dératés pour bien courir.

trouvai enfin trois fois l'occaſion. Je voulus m'inſtruire alors de ce que le Livre m'enſeignoit, ſavoir que le Poulain naiſſant avoit ſa Rate dans la bouche, même ſous la Langue, & que c'étoit le premier aliment qu'il prenoit avant que de chercher à tetter. J'y trouvai effectivement une eſpèce de petit caillot de ſang, & je crus avoir gagné beaucoup, car croyant que c'étoit la Rate, je pris ce caillot pour le garder précieuſement dans une Boete, après l'avoir envelopé dans du papier ; mais avec le tems il ſe réduiſit à une eſpèce de marque de ſang appliqué ſur le papier. Je ne manquai point d'écrire le jour & l'heure du fait, ſans oublier le nom de la Cavale & de ſon poil, afin de pouvoir reconnoître le Poulain.

Je ne me rebutai point pour une première fois ; c'eſtpourquoi je tentai la même expérience juſques à trois fois; mais ce que je trouvai dans la bouche des deux autres Poulains étoit différent de ce que j'avois pris dans celle du premier, qui reſſembloit à du ſang caillé ; au-lieu que je ne vis dans la bouche des deux derniers qu'une eſpèce de ſang liquide. Je croyois néanmoins alors que tous ces Poulains n'auroient point de Rates; mais il arriva que le premier, à qui j'avois fait cette opération, eut le malheur de ſe caſſer le cou, n'étant âgé que de trois ans. Me trouvant en ce tems-là par hazard à *St. Leger*, car je n'y demeurois plus, je fis ouvrir ce Poulain en ma préſence, & je lui vis une Rate comme dans tous les autres Chevaux.

De plus, comme tous les Poulains ſortent du Haras le jour qu'ils ſont nés, & que l'on remarque de quel Père & de quelle Mère ils ſont, j'eus par le moyen de cette attention, l'avantage de voir que les deux autres, auxquels je croyois avoir fait une opération merveilleuſe, ſe trouvèrent auſſi avoir des Rates. Sans attendre leur mort, on s'aſſura qu'à l'un des deux la Rate ſe faiſoit entendre lorſqu'il trotoit, ainſi qu'il arrive ſouvent à de certains Chevaux un peu longs de corps.

La pratique de l'Auteur fondée ſur ſon expérience & ſur les préceptes de ſon Père.

Tout cela devroit bien deſabuſer le monde de ces ſortes de charlatanerie ; mais, dans le tems où nous ſommes, il ſemble que l'on veut être trompé comme on l'a toujours été. Je parle toujours ou par expérience, ou d'après la bouche de feu mon Pére, qui avoit auſſi reçu du du ſien la plupart des préceptes qu'il me donnoit ſur la Cavalerie : ils ont vécu tous deux juſqu'à un âge aſſez avancé, principalement mon Père, puiſqu'il eſt mort à la grande Ecurie du Roi, âgé de 84 à 85 ans. Il paſſoit, ſans le flater, pour un des plus habiles Connoiſſeurs en Chevaux qui fût dans le Royaume de France, pour ne pas dire, dans toute l'Europe.

Puiſque je fais mention ici de ce qui concerne les Haras, je dirai que j'ignore comment les Etalons étrangers font ailleurs ; mais je ſai que les Chevaux d'Eſpagne ne font pas mal en France, lorſqu'ils ſont aſſortis avec des Cavales qui leur conviennent. Quant aux Chevaux Turcs, Arabes ou Barbes, je ſai que, lorſqu'ils ſont bien choiſis, ils l'emportent ſur les Chevaux d'Eſpagne, non par la beauté qu'ils produiſent, mais pour la force, la légereté, & ſoupleſſe qu'ils donnent, s'ils rencontrent certaines Cavales qui leur ſoient convenables. Expériences faites avec diverſes eſpèces d'Etalons & de Cavales pour avoir des Chevaux de bonne race.

Je ſai auſſi que les meilleurs Chevaux de courſe, qui ſe trouvent en Angleterre, ſortent la plupart des Chevaux Arabes ou Barbes, & des Cavales de ce Royaume; mais à l'égard des Cavales Barbes, Turques, Arabes, d'Eſpagne ou d'Italie, elles ne conviennent nullement pour en tirer race en France, ni même dans tous les Païs du Nord. J'en parle par expérience.

Il y a environ une cinquantaine d'années, que *Louis XIV* fit venir pluſieurs Cavales de Turquie, de Barbarie & d'Eſpagne : on uſa de précaution pour en faire ſervir un certain nombre par les Etalons du Païs, à deſſein de voir ce qu'il en proviendroit : après les avoir donc fait débarquer en Provence, qui eſt la partie la plus Méridionale de la France, on les y laiſſa juſqu'à ce qu'elles euſſent donné leurs Poulains, & qu'elles les y euſſent allaités juſqu'à l'âge de dix à onze mois, pour les amener enſuite à petites journées au Haras de *St. Leger*. On les conduiſoit, pendant les beaux jours du Printems, avec un grand ſoin. Malgré toutes ces attentions, ces Poulains devinrent inutiles, ne valant pas la dizième partie des ſoins qu'on avoit pris. De plus, lorſque les Cavales furent arrivées au Haras, qui étoit la ſaiſon de les faire ſervir par les Etalons, on ne manqua pas de leur donner des Chevaux de leur Païs, auſſi bien que quelques autres Etalons d'Efpagne, de Portugal & d'Italie, de même que quelques beaux Chevaux Anglois. Enfin on chercha tout ce qu'il y avoit de plus beaux Chevaux entiers, afin de faire des remarques fur ceux qui produiroient le mieux; mais tout cela ne valut pas encore la peine que l'on s'étoit donnée : au-lieu que tous ces braves Chevaux, qui n'avoient rien fait qui vaille avec ces fortes de Cavales des Païs Orientaux, firent des merveilles avec les Cavales du Païs.

Ce que je viens de dire doit faire voir que les Climats de chaque Païs dominent plus fur les Cavales que fur les Chevaux, puifque les Chevaux entiers des Païs Orientaux font des merveilles dans prefque tous les Païs, quoiqu'ils fe trouvent dans des Régions plus froides que celles d'où ils viennent.

Il faut auffi obferver que certains Climats font plus propres à la génération que d'autres. On remarque, par exemple, que les Femmes dans les Païs chauds font prefque hors d'état d'avoir des Enfans auffitôt qu'elles ont une trentaine d'années, au-lieu que, dans les Païs tempérés, il arrive fouvent qu'elles engendrent jufques vers les cinquante ans, & quelquefois même au-delà. On peut remarquer encore que les Hommes des Païs chauds peuvent être propres à la génération auffi longtems que ceux qui habitent les Païs tempérés. Ceci donne à connoître que les Climats dominent plus fur les Femelles que fur les Mâles.

Après avoir parlé des Cavales Barbes, je me rappelle que le vieux Mr. *de Garceau* follicita le Roi d'envoyer à Naples fon Fils, qui étoit déja, quoique jeune, très bon connoiffeur, afin de chercher un certain nombre de Cavales propre à mettre dans le Haras dont il étoit Capitaine Général. Il partit donc pour Naples, & en amena une quarantaine de très belles Cavales bien choifies, lefquelles furent préfentées au Roi, qui en parut très content, auffi bien que tous les Connoiffeurs de la Cour.

Ces Cavales furent enfuite conduites au Haras de *St. Leger*, & le tems de les faire fervir par les Etalons étant venu, on leur donna des Etalons beaux & bons de différens Païs, afin que rien ne manquât pour en tirer de bonne race. On tira même exprès les plus beaux Chevaux

vaux

vaux du Manège de la grande Ecurie, où la varieté des Chevaux étrangers ne manque pas. Ces Cavales mirent bas l'année suivante, chacune leur Poulain, du moins la plus grande partie, d'où l'on conçut une grande espérance: mais le tems apprit que cette belle espérance se trouva vaine; car les Poulains que ces Cavales avoient produits, gardèrent la même humeur des Chevaux Napolitains, qui, pour la plupart, sont si traîtres, que l'on doit toujours être sur ses gardes. Ils sont d'ailleurs très difficiles à réduire: on remarque même qu'il sont soupçonneux. On fut donc contraint dans la suite de se défaire de toute cette race.

On peut juger de-là dans quel embaras ont dû se trouver les anciens Ecuyers de ces Païs-là, & quelles difficultés ils ont dû avoir, pour dresser leurs Chevaux & faire de bons Ecuyers, comme aussi la nécessité de se servir du Caveçon préférablement à la Bride. C'est-pourquoi je ne suis point surpris s'ils suivent encore aujourdhui cette vieille méthode, puisque la mauvaise humeur des Chevaux de leur Païs les y oblige. Je ne m'étonne pas non plus, par la même raison, si plusieurs l'observent encore dans d'autres Païs, faute de connoître les Chevaux qu'ils ont à dresser. Il peut néanmoins arriver qu'ils réussiront quelquefois par hazard; & je ne desaprouve pas entièrement le Caveçon, puisqu'il est nécessaire & pour de certains Chevaux & à de certains Ecuyers, qui ont la main si rude, qu'ils ne pourroient pas monter longtems un Cheval sans lui gâter la bouche. D'un autre côté, un Ecuyer qui a la main rude, croit néanmoins l'avoir bonne, ne se connoissant point lui-même; car s'il connoissoit la rudesse de sa main, il s'en corrigeroit sans doute, & ne rejetteroit point la faute de son ignorance sur le Cheval auquel il auroit gâté la bouche.

Chevaux auxquels le Caveçon peut convenir.

C'est une chose étrange que tout le monde veuille passer pour Ecuyer, & que le plus ignorant même prétende passer pour le plus habile, s'imaginant être le plus capable en ce qu'il ignore, & que les autres savent, & qu'il devroit savoir. Etes-vous dans une compagnie de Jeunes-gens, celui qui aura seulement monté un Cheval, simplement & sans l'avoir apris, ou qui l'aura seulement apris superficiellement, ou enfin qui ne saura presque distinguer un Cheval d'un Mulet ou d'un Ane, vous l'entendrez parler d'une manière à s'arroger la primauté dans l'Art de la Cavalerie, & oser même afronter un bon Ecuyer expérimenté, qui aura travaillé toute sa vie; il aura même l'insolence de lui imposer silence. Mais pourquoi alors ce bon Ecuyer se taira-t-il, si ce n'est par un motif de pitié, ne voulant pas, étant habile Ecuyer, se donner la peine de repliquer à un ignorant? Par ce sage procedé l'ignorant s'imagine souvent avoir gain de cause. Je crois être obligé de faire cette refléxion, pour avoir vu plusieurs fois pareille scène se passer en ma présence.

Comment on doit dresser les Chevaux Anglois.

Je pardonne encore à un Ecuyer Anglois de se servir du Caveçon pour certains Chevaux qui étant roides & fort allongés, ne peuvent être réduits qu'avec beaucoup de peine & de travail: il faudroit autrement avoir la main fort délicate, & s'armer de patience; car ces sortes de Chevaux ne cherchent ordinairement qu'à courir & à s'échaper de la sujettion, je croi que c'est le Climat qui les rend tels. Beaucoup de Chevaux Anglois m'ont passé entre les mains, & j'ai trouvé qu'il me falloit beaucoup de douceur & de patience pour les réduire; mais étant venu à bout de les dresser, je puis dire avec vérité, que ces Chevaux sont les premiers du monde pour la commodité de l'Homme. Tant qu'on les menera doucement, & qu'on les flattera, on les pourra mettre à tel usage que l'on souhaitera, car on tirera d'eux plus que d'aucun Cheval qui soit au monde, à l'exception du Manège, où les Chevaux d'Espagne l'emportent sur tous les autres.

Terrain qu'on doit choisir pour un Haras.

Comme il est important de ne rien laisser à desirer sur ce qui a raport aux Haras, je vais ajouter à ce que j'en ai déja dit, quelques remarques qui me paroissent dignes de l'attention des Curieux. Il est bon d'observer d'abord que tous les Hommes & tous les Païs ne sont pas propres à tirer avantage d'un Haras. Premièrement, je suppose que le terrain soit bon en paturages, & qu'il ne soit pas trop humide, ni trop abondant en herbes; il faut que la terre n'en produise qu'autant qu'il en faut pour entretenir en chair les Poulains & les Cavales, mais qu'elles ne les rendent point trop gras, parce que pour que les Poulains

lains soient en état d'être montés, ils ne doivent point être pesans ni de corps ni d'épaules, ce que le trop de nourriture produit aux jeunes Chevaux.

Les Anciens laissoient tetter leurs Poulains durant l'espace d'une année, ce qui les rendoit trop lourds & trop matériels; mais six mois suffisent pour les laisser tetter, afin d'avoir de bons Chevaux & les séparer de leur Mère. Et si après les avoir séparés, le tems permet de les laisser paître, on fera fort bien de leur laisser cette nourriture autant qu'il sera possible. Après cela on peut les enfermer dans une Ecurie sans les attacher; cette Ecurie ne doit être qu'une espèce de Grange qui ait un Ratelier dans son milieu, afin que les Poulains en tournant autour du Ratelier, puissent y manger, ainsi que font les Brebis & les Moutons dans une Bergerie. Pendant combien de tems on doit laisser tetter les Poulains,

Il faut aussi avoir dans ces Ecuries des espèces de Mangeoires autour de la Grange en-dedans, afin d'y pouvoir mettre ce que l'on voudra donner aux Poulains à manger, pour les conserver durant l'hiver, en attendant les nouvelles herbes. Ce que l'on peut leur donner de meilleur se nomme *Provende*; ce n'est autre chose que de l'Avoine moulue avec de bon son de Froment, mêlangés ensemble. Voilà donc la meilleure nourriture que l'on puisse donner aux jeunes Poulains, l'Avoine ne leur étant pas bonne sans être moulue. Nourriture qu'on leur doit donner lorsqu'ils sont sévrés,

Il est vrai que ce n'est point la qualité de l'Avoine qui leur fait du mal, mais c'est la dureté de ce grain qu'ils ont de la peine à mâcher. La raison en est que l'Avoine la plus dure & la plus ferme étant la meilleure, cause souvent plusieurs accidens aux Chevaux; car les uns deviennent lunatiques, & d'autres ont des fluxions aux yeux pour en avoir mangé, ou d'autres grains, étant jeunes. C'est néanmoins à quoi plusieurs personnes ne font point attention, en croyant, lorsqu'un Cheval perd la vue, que ce mal lui vient du Père ou de la Mère. Pour moi, je puis assurer avoir vu des Chevaux perdre la vue, quoiqu'ils eussent été engendrés de Chevaux & de Cavales qui avoient de très bons yeux; ils étoient alors à l'âge de cinq à six ans; & cela certainement leur provenoit d'avoir mangé du grain trop jeunes. C'est ce qui fait que je suis d'avis, qu'on ne donne au

Poulain ni Avoine, ni aucun autre grain, avant qu'il ait changé les premières dents de devant : mon sentiment est même de ne leur en donner qu'avec prudence, c'est-à-dire, peu, jusqu'à ce qu'ils aient changé presque toutes les dents de Lait.

Tems auquel on doit séparer les Poulains des Pouliches.

Ce n'est pas assez d'avoir élevé de jeunes Poulains jusqu'à un certain âge, je veux dire jusqu'à deux ans, car alors il faut séparer les Poulains d'avec les Pouliches, parce qu'autrement ils ne s'amusent qu'à badiner & jouer ensemble, ce qui ne manque pas de les gâter. Or comme ils commencent à se sentir vers les deux ans & demi ou trois ans, les Pouliches pourroient se trouver souvent pleines, pour avoir été servies par des Poulains de leur âge. D'un autre côté la progéniture n'en vaut rien, & ce commerce ne manque pas de perdre le Père & la Mère pour toute leur vie. On peut voir la preuve de ce que j'avance dans les Haras des Chevaux sauvages, que personne n'aproche, & dont on ne fait la chasse que tous les trois ou quatre ans ; car on conçoit aisément que des Poulains, qui ne sont pas encore formés, servent les jeunes Pouliches aussi bien que les vieilles Cavales qui sont dans ledit Haras sauvage. Par conséquent c'est un grand hazard s'il en sort un brave Cheval, à moins qu'il ne soit produit par un Cheval & une Cavale qui soient dans la force de leur âge.

Pourquoi les Chevaux sauvages n'égalent pas les Chevaux domestiques en bonté.

Il arrive aussi rarement qu'un Cheval formé, & qui a l'âge qu'il doit avoir, servant quelques Pouliches trop jeunes, produise un bon Poulain. C'est ce qui fait que la plupart des Chevaux sauvages n'égalent point en bonté ceux qui proviennent des autres Chevaux qui ne sont point sauvages.

Chevaux sauvages de la Forêt de Binsberg.

Je dirai à ce sujet que feu S. A. l'Electeur Palatin, du tems qu'il étoit Grand Vicaire de l'Empire, me fit venir à sa Cour pour me trouver à la chasse des Chevaux sauvages dans la Forêt de *Binsberg*. Je séjournois alors à la Haye. Cette Forêt est située entre Wesel & Dusseldorp ; & j'y vis prendre plusieurs de ces Chevaux, tant pour S. A. Electorale, que pour quelques autres Seigneurs, qui avoient part dans ce Haras sauvage. J'eus l'honneur d'y voir, entre autres, Mr. le Général Comte d'*Opdam*, Père du Comte de ce nom, aujourdhui Président du Comité de Raad,

Raad à la Haye, qui m'y fit un très gracieux accueil: S. A. Electorale, en présence du dit Seigneur me fit alors plusieurs questions touchant ce Haras, & après lui avoir répondu sur tous les points de sa demande, il me parut très content, & j'eus lieu de croire qu'il l'étoit en effet, par les grands présens qu'il me fit; car S. A. Electorale me gratifia de cent Ducats en or, à quoi il ajouta une Médaille d'or pesant vingt-cinq Ducats, avec deux Poulains sauvages âgés de quatre à cinq ans, & qui étoient du nombre de ceux qui avoient été pris à la chasse.

J'eus l'honneur de faire aussi remarquer à S. A. Electorale les raisons pour lesquelles on ne retiroit point de si bons & si beaux Chevaux que l'on devoit espérer de ces Haras, parce que, comme on ne faisoit la chasse des Chevaux que tous les deux à trois ans & même quelquefois que tous les quatre ans, cela étoit cause que les jeunes Poulains & les Pouliches engendroient aussi bien que les vieux Chevaux & les vieilles Cavales, ce qui nuisoit à leur production; au-lieu que si l'on faisoit cette chasse, au moins toutes les deux années, ce desordre arriveroit rarement, car il ne resteroit alors aucun Poulain qui atteignît l'âge de trois ans, à moins que cela n'arrivât par quelque hasard, lorsque l'Animal se seroit échapé. Moyens de tirer de bons services des Chevaux sauvages.

Il faudroit même avoir un Homme tout prêt pour châtrer ceux que l'on voudroit ne pas laisser entiers: on pourroit alors les abandonner dans le tems que l'on prendroit ceux que l'on voudroit conserver sans être châtrés. Par ce moyen le Haras ne s'abâtardiroit point tant, & se soutiendroit dans un meilleur état.

Comme S. A. Electorale avoit une très belle Ecurie, remplie de très beaux Chevaux de différentes Races & de divers Païs, je lui représentai qu'Elle devoit en sacrifier quelques-uns pour les faire conduire au Printems dans la Forêt, afin qu'ils se trouvassent parmi les Cavales sauvages: j'ajoutai même qu'il étoit nécessaire d'en retirer autant qu'il seroit possible les jeunes Cavales de deux à trois ans, afin de les transporter dans d'autres endroits. Or comme il ne manque pas de Forêts dans ce Païs-là, les Cavales sauvages ne seroient alors servies que par de beaux Etalons, qui étant de bon âge ne produiroient que de beaux & bons Chevaux. C'eſt auſſi ce que S. A. E. me promit de faire exécuter, & Elle devoit auſſi m'envoyer dix ou douze Cerfs à La Haye, que je devois lui dreſſer, ainſi que j'avois déjà fait ailleurs. Mais comme dans la vie il n'y a rien de certain, S. A. E. mourut, au grand regret de ſes Sujets, peu de tems après mon départ.

Danger qu'il y a à monter ces Chevaux.

S. A. Electorale me montrant un jour quatre Jeunes-gens deſtinés à monter quelques Chevaux ſauvages, me porta la main ſur l'épaule, en me diſant: *Voilà de Jeunes-gens à qui il faut que je donne du pain pour le reſte de leurs jours, s'ils viennent à être eſtropiés en montant les premiers les Chevaux que nous venons de prendre.* A ces derniers mots, je pris la liberté de demander à S. A. Electorale, pourquoi cela arriveroit; & Elle me répondit que ces Chevaux étant trop vigoureux, ils faiſoient ſouvent faire des culbutes par-deſſus leur tête à ceux qui les montoient, & que perſonne n'étoit en état d'y réſiſter; que ſouvent même ces Chevaux s'abattoient, ou ſe renverſoient, lorſqu'ils ſentoient quelque choſe ſur leur corps.

Moyen de remédier à ce danger.

J'eus l'honneur de repréſenter alors à S. A. Electorale que rien n'étoit plus facile que d'éviter ces ſortes de dangers: j'eus même la témérité de lui dire que je croyois qu'il étoit plus avantageux à Son Alteſſe que ces Jeunes-gens fuſſent tués de la ſorte, que d'être eſtropiés. Malgré cette replique téméraire, S. Alteſſe ne laiſſant pas de me demander de quelle manière il falloit s'y prendre pour éviter ces ſortes de malheurs, je lui répondis qu'après être parvenu à aprivoiſer les Chevaux juſqu'au point de les pouvoir ſeller & brider, de leur mettre poitrail & croupière, la plus grande partie du chemin étoit faite, & qu'il ne s'agiſſoit plus alors qu'à acoutumer ces Chevaux à ſuporter le poids d'un Homme, ainſi que je l'ai enſeigné ci-deſſus; car par ce moyen il n'y a rien à riſquer, & on n'a pas beſoin de leur faire faire de grandes fatigues, ni de les mener dans l'Ecole des ignorans, c'eſt-à-dire dans des Terres labourées.

Tout Homme qui s'imagine que les Chevaux n'ont pas de mémoire, ſe trompe bien lourdement: ſitôt donc qu'un jeune Cheval à fait à peu près quelque choſe de ce qu'on aura pu lui demander, il faudra le flater, & lui

lui donner quelque chose à manger, soit un peu d'herbe dans la main ou du pain, pour lui faire connoître qu'on est content de lui. Pour moi, je suis certain qu'un Cheval n'aura pas été mené trois ou quatre fois de cette manière, qu'il refera avec plaisir ce que l'on aura déjà commencé à vouloir tirer de lui.

C'est un Précepte que Mr. de *La Vallée de Guise*, mon ancien Maître, m'a souvent enseigné, & que l'expérience m'a toujours fait trouver bon, c'est-à-dire, que les petites leçons, jointes à la patience & à la douceur, domptoient toujours le naturel féroce des jeunes Chevaux.

CHAPITRE XII.

De la manière de bien seller les Chevaux, de les brider, & de les emboucher, avec quelques remarques sur la Gourmette.

APrès avoir traité du Haras & de la manière dont on pouvoit aprivoiser les Chevaux sauvages, il est bon de dire présentement de quelle façon on doit seller & bien brider un Cheval.

Je commencerai par remarquer que les Chevaux sont plus forts sur les hanches que sur leur devant. La preuve en est, que lorsqu'un Cheval tombe, son devant est toujours le premier par terre : c'est ce qu'on apelle vulgairement faire la culbute. Ja sai que Mrs. les Allemands sont très amateurs de la Cavalerie, & que peu de Nations s'y appliquent autant qu'eux : mais ils ont le défaut de mettre toujours la Selle trop vers les épaules du Cheval. Malgré cela, je ne doute point qu'un jour il ne faudra aller en Allemagne pour devenir bon Ecuyer, ainsi que l'on faisoit autrefois à Naples & à Rome. Les Chevaux sont plus forts sur leurs hanches que sur leur devant.

Je dirai néanmoins ici, pour suivre le fil de mon discours, que ce défaut de mettre la Selle trop en avant est d'un préjudice considérable : car la Selle empêche alors le mouvement des épaules du Cheval, qui se trouve pressé avec la pointe des arçons du devant de la Selle. C'est ce qui fait souvent boiter les Chevaux, ou qu'ils paroissent avoir de la peine à se soutenir sur leurs jambes. Mais Inconvénient de mettre la Selle trop en avant vers les épaules.

quand même ces accidens n'arriveroient pas, les Chevaux ſe ruinent ſi fort le devant, à cauſe du fardeau qu'ils ſont obligés d'y ſuporter, qu'on les voit dépérir avec le tems.

Pourquoi la Selle doit être ſur le milieu des reins.

Outre que les Chevaux ſont plus forts ſur le derrière que ſur le devant, il eſt néceſſaire qu'ils ſuportent leur tête & leur encolure ſur le devant, au-lieu que le derrière n'a qu'une queue pour tout train. Ainſi il faut abſolument placer la Selle un peu en arrière, afin qu'elle n'aproche pas du mouvement des épaules; elle doit donc être ſur le milieu des Reins pour qu'elle ſoit libre. D'ailleurs, ſi c'étoit un défaut de mettre une Selle trop ſur le derrière, je l'aimerois encore mieux que celui de la placer ſur le devant, parce que le Cheval paroîtra en avoir l'encolure plus longue, qu'il ſera plus à ſon aiſe, & en aura meilleure grace auſſi bien que le Cavalier.

Après avoir fait voir comment un Cheval doit être ſellé, il eſt à propos de dire de quelle manière le Cavalier doit le brider. Il ne s'agit point ici des différentes embouchures que les Chevaux peuvent avoir, mais de bien connoître comment le Mors doit être placé dans la bouche du Cheval, & quelle doit être la poſition de la Gourmette. Je me reſerve à parler ailleurs des différentes embouchures.

Comment le Mors doit être placé dans la bouche du Cheval.

Premièrement le Mors dans la bouche du Cheval ne doit être ni trop haut ni trop bas, car s'il eſt trop haut il fronce le coin de la lèvre de l'Animal, ce qui fait un très mauvais effet. De plus, outre qu'il eſt trop près des groſſes dents, il empêche que la Gourmette ne ſe puiſſe bien placer; & de cette manière le Cheval n'aura pas la bouche agréable à la main du Cavalier.

Embouchure de la Bride.

Secondement il ne faut pas que l'embouchure de la Bride ſoit trop baſſe dans la bouche du Cheval, parce qu'elle y toucheroit les Crochets, que la Gourmette ne ſeroit pas auſſi dans ſa véritable place, & que le Cheval batteroit à la main, ce qui ſeroit certainement fort deſagréable; outre que tout Cheval qui bat à la main du Cavalier, ne peut pas bien obéir en tout ce qu'on lui demande. D'ailleurs, l'intervale des Crochets & des groſſes dents, que l'on nomme mâchelières, eſt trop petit, pour placer l'embouchure du Mors; ce qui fait voir l'erreur

reur groſſière où étoient les anciens Ecuyers en mettant tant de fer dans la bouche des Chevaux : mais on en eſt bien revenu, ainſi que je l'ai déja dit.

La monture de la Bride eſt compoſée de différentes pièces, leſquelles ont chacune leur nom, dont je donnerai ailleurs le détail, je dirai ſeulement ici que le Frontail de la Bride eſt une pièce à laquelle il faut prendre garde, car ſi elle eſt trop large, elle fera faire une mauvaiſe figure, & ſi elle eſt trop étroite, elle incommodera le Cheval en lui faiſant ſecouer la tête, pour peu qu'il ſoit ſenſible ſur le coin des oreilles : car cela occaſionneroit auſſi une très vilaine figure, parce que le Cheval ſecoueroit alors la tête comme s'il avoit des Mouches qui le piquaſſent aux oreilles. Le Frontail de la Bride.

On ne doit pas auſſi placer trop bas ce Frontail, parce que cela auroit mauvaiſe grace, il ne faut pas non plus qu'il ſoit trop haut, parce qu'il en réſulteroit le même inconvénient que s'il étoit trop court. C'eſt cependant ce que pratiquent les Marchands de Chevaux pour leur faire paroître les oreilles plus courtes, & les faire porter droites à ceux qui les ont pendantes. Delà vient qu'on les nomme alors *Orillards* ou *Oreilles d'Ane*. Comment il doit être placé.

Ceux qui n'ont aucune connoiſſance de la juſte embouchure des Chevaux, les menent à un Eperonier pour les faire emboucher. Ils croient que cet Eperonier a la connoiſſance de décider du Mors qui convient au Cheval, comme ſi cet Homme ſavoit monter à cheval, & connoître ce qu'il lui faut. Quoiqu'à préſent la manière d'emboucher les Chevaux ſoit fort ſimple, & que le hazard faſſe beaucoup, il faut que le Cavalier ſache au moins la place ou doit être l'embouchure du Mors. Je ſupoſe que l'Eperonier l'ait bien placé, & que le Cheval aille bien avec cet ajuſtement, ſi la monture de la Bride vient à rompre, & que l'on en faſſe faire une autre, il arrivera quelquefois que le Sellier fera les *Portes-mors* plus longs ou plus courts qu'ils n'étoient à la précédente monture. Le Sellier donc ou le Palefrenier voulant mettre cette nouvelle monture au Mors, qui alloit bien auparavant, elle ſe trouvera placée plus haut ou plus bas, le Cavalier ne ſaura donc pas alors la cauſe de ce que le Cheval n'obéit pas au Mors comme auparavant. Pourquoi le Cavalier doit ſavoir l'endroit de l'embouchure du Mors.

Et ce qu'il doit observer à cet égard.

Quoique j'aie dit qu'il étoit plus facile d'emboucher présentement les Chevaux qu'il ne l'étoit du tems passé, ce point ne laisse pourtant pas d'embarasser souvent les plus habiles Ecuyers; car il faut tâcher que le Mors ne contraignant point le Cheval, le puisse tenir néanmoins dans l'obéissance, & que l'Animal puisse avoir le plaisir de jouer avec son Mors, ce que l'on appelle en terme de l'Art : *Casser la Noisette.* D'ailleurs ce Mors tient la bouche fraîche au Cheval en lui en faisant sortir quelque écume : & c'est ce qui donne alors à connoître qu'il travaille avec plaisir. Ceci n'arrive point à un Cheval colérique & soupçonneux, ni à aucun de ceux qui ne sont point dans l'obéissance.

Remarques importantes sur la Gourmette.

Quant à la Gourmette, elle est presque aussi importante & aussi nécessaire que la façon d'une bonne Embouchure de Mors, que l'on nomme le Canon. Il faut bien examiner la place où elle doit porter, c'est à l'endroit que l'on appelle le *Barbouchet* : car les uns ont le *Barbouchet* plus haut, d'autres plus bas, d'autres l'ont plus charnu, & d'autres enfin plus maigre. C'est pour cela qu'il faut y bien prendre garde, afin de savoir de quelle Gourmette il faut se servir.

On doit savoir aussi la longueur de l'*S* ou *Esse*, de même que celle du Crochet : par exemple, si le Barbouchet est placé haut, il faut que l'*S* & le Crochet soient également courts, afin que la Gourmette trouve sa place; & si le Barbouchet est bas, il faut que l'*S* & les Crochets soient plus longs, pour que la Gourmette soit bien placée. De même, si le Barbouchet est trop charnu, il faudra avoir une Gourmette qui soit ronde & menue, afin qu'elle se fasse sentir. Enfin, si le Barbouchet est maigre, il lui faudra une Gourmette plate & unie, de crainte qu'elle ne blesse le Cheval : car il y a des Chevaux qui ont le Barbouchet si délicat, qu'il est nécessaire de rembourer la Gourmette, ou d'y mettre un Feutre, qui est un morceau de chapeau large d'environ deux doigts, lequel on attache à la Gourmette, de manière que le Feutre se trouve entre le Barbouchet & la Gourmette.

Elle doit porter également des deux côtés.

Il faut aussi que la Gourmette porte également des deux côtés, c'est-à-dire, que la grosse maille du milieu doit por-

porter précisément sur le milieu du Barbouchet, autrement si cette grosse maille portoit sur un des deux côtés, soit sur le côté droit, soit sur le gauche, elle pourroit faire battre à la main du Cavalier, ce qui feroit un mauvais effet.

Plusieurs croient que cela dépend de l'embouchure de la Bride, ce qui cependant n'est autre chose qu'un mauvais effet de la Gourmette: cela peut aussi arriver si la Gourmette est trop haute ou trop basse. C'est pour cela que nous avons dit que, lorsque le Barbouchet est placé trop haut, il faut que l'*S* & les Crochets soient courts, & de plus que si le Barbouchet est trop bas, il faut que l'*S* & les Crochets soient longs, afin que la Gourmette puisse porter dans sa vraie place. On doit aussi avoir soin que l'*S* & les Crochets soient également longs.

Après avoir bien pris toutes les précautions dont on vient de parler, il ne s'agira plus que de la légereté de la main du Cavalier, pour bien mener un Cheval, qui ne se trouvera point incommodé de l'embouchure de la Bride, ni de la Gourmette. Plusieurs ne font point attention à ces articles, qui sont cependant très essentiels & nécessaires: car tout Cavalier qui n'y prendra pas garde, ne sera jamais en état de bien dresser un Cheval.

Quant à ce qui regarde les Mors de Brides & tout ce qui en dépend, par raport aux différentes pièces dont elles sont composées, & qui ont chacune leur nom & leur effet, j'en traiterai dans le Chapitre où je donnerai une explication des Mors; car il est nécessaire d'en bien savoir toutes les dimensions, sans quoi il est impossible de bien pouvoir emboucher un Cheval.

Faute de cette connoissance, plusieurs sont obligés d'avoir recours au Caveçon pour ajuster leurs Chevaux, qui sont dressés avec le Caveçon. Mais s'ils ne savent pas bien emboucher un Cheval, à quoi leur servira leur travail? Car en mettant une Bride au Cheval pour s'en servir sans Caveçon, on trouvera que l'Animal n'obéira pas au maniment de la Bride mal ordonnée. C'est ce qui fait dire à ces prétendus Savans dans l'Art de la Cavalerie, que le Cheval ainsi dressé seroit un brave Animal,

Nécessité d'être bien instruit de tout ce qu'on vient de prescrire.

 s'il

s'il pouvoit souffrir la Bride. Tout cela ne provient donc que du défaut de connoissance.

Pratique de l'Auteur.

J'ai moi-même parlé autrefois de la sorte, dans le tems que je ne connoissois point tous les effets de la Bride & de la Gourmette; mais je puis dire présentement que dès qu'un Cheval commence à se laisser conduire avec la Bride seule, c'est-à-dire, avec une Bride à longue branche, nommée par plusieurs *Buade* ou *Bride à Poulain*, & par d'autres *Branches à Pistolets*, qui est une *Bride à longue Branche* & *canon simple*; je puis assurer, dis-je, que je me suis toujours bien trouvé de cette sorte de Bride, avec le secours du Caveçon dans les commencemens, lorsque le Cheval ne savoit pas se conduire; mais sitôt qu'il avoit commencé à connoître la Bride & ses effets, j'ai quitté le Caveçon, & j'ai toujours dressé mes Chevaux en perfection dans tout ce que je les ai trouvés capables de faire sans Caveçon. Or si un Ecuyer ne connoit pas la disposition de son Cheval, & à quoi il est propre, ce sera un pur hazard s'il réussit d'en dresser un. Et il ne nommera pas, je crois, tous les Chevaux auxquels il n'aura pas réussi.

CHAPITRE XIII.

Divers exemples remarquables de Chevaux négligés ou entièrement abandonnés, qui ont fait des merveilles après avoir été dressés par l'Auteur.

Chevaux que l'on dresse aisément, quoiqu'ils aient été mal élevés.

CE n'est pas un grand savoir que de dresser un Cheval docile, & rempli de bonne volonté: car tous les Chevaux qui vont droit leur chemin, & qui savent troter & galoper, comme les Chevaux de poste, qui avancent & reculent au gré du Cavalier, n'ont pas pour cela tous passé par les mains d'un Ecuyer. Tous ces Chevaux ne laissent pas néanmoins de servir tant bien que mal: & il s'en trouve qui auroient été excellens, s'ils fussent tombés entre les mains de quelque bon Ecuyer.

Exemple singulier qu'en donne l'Auteur.

C'est ce que je puis prouver par un exemple. Courant un jour la poste, & passant par Château-Thierri, j'y trou-

trouvai un Cheval si fort à mon gré, que repassant par-là un mois après, & demandant le même Cheval, on me répondit qu'il étoit sur la litière boiteux, pour avoir pris dans le pied un clou de rue, & cela depuis environ trois semaines, & que le Maréchal commençoit à desespérer de sa guérison. La curiosité me porta à le vouloir visiter, en faisant venir le Maréchal pour lui lever l'apareil. Je demandai alors à cet Homme ce qu'il prétendoit faire de ce Cheval, & comme il me répondit qu'il seroit bien content, s'il en trouvoit seulement deux pistoles, je les lui donnai sur le champ, ce qui le surprit beaucoup, & m'attira même de grands remercimens de sa part, car il m'avoua ingenument, que pour une seule pistole il me l'auroit pu donner. Je fis dans l'instant changer l'apareil que ce Maréchal avoit mis au pied du Cheval, & j'ordonnai en même tems qu'on me l'envoyât deux jours après à Montmirel en Brie, qui n'est distant de Château-Thierri, que de trois à quatre lieues. J'avois l'honneur d'être alors Ecuyer de Mr. le Marquis *de Courtanvaux*, Fils aîné de Mr. *de Louvois*, & Seigneur *de Montmirel.* Ce Cheval avoit servi à la Poste plus d'un an & demi. Après avoir été guéri en peu de tems je m'apliquai à le monter, & j'en fis un Cheval si brave & si adroit, en tout ce qu'on pouvoit lui demander, que je le vendis soixante pistoles à feu Mr. le Marquis *Deffiat*.

Je m'étendrois trop s'il me faloit parler de la bonté de tous les Chevaux que j'ai dressés par tout où je me suis trouvé, & que j'avois aquis, pour la plupart, par pur hazard. J'en dressai entre autres un, qui avoit apartenu à l'Ecurie de feu Mr. le Comte *de Toulouse*, lorsque l'on fit la reforme des plus mauvais Chevaux, ce qui se pratique tous les ans, afin de les remplacer par d'autres nouveaux que l'on fait venir de divers endroits. Le Cheval en question avoit été mis au rebut, & il ne me couta qu'une pistole, que je payai au Palfrenier, à qui on l'avoit donné à cause du peu de cas que l'on en faisoit. Après donc que je l'eus gardé environ six mois, & que je l'eus monté autant de tems, je le vendis quarante pistoles au Comte *de Fiasque*. Mais ce qu'il y a encore de plus singulier, c'est que Mr. le Comte *de Toulouse* le ra-

Autre exemple.

cheta ſans qu'il le reconnût pour lui avoir apartenu. Ce Seigneur en paya quatre-vingt piſtoles, parce qu'on n'oſa lui dire qu'on eût fait ſi peu de cas de ce Cheval durant tout le tems qu'il s'étoit trouvé dans ſon Ecurie ſous le gouvernement de certains Ecuyers qui n'avoient preſque pas daigné le vouloir monter.

Troiſième exemple.

Un autre exemple que je ne puis m'empêcher de raporter, & dont il y a encore pluſieurs témoins à la Haye, puiſque cela m'eſt arrivé ſeulement depuis vingt-ſept à vingt-huit ans, c'eſt que je trouvai quatre ou cinq Chevaux dont le Sr. *Etienne Gabert*, alors Ecuyer en ce lieu, ne faiſoit pas grand cas, de même que ceux à qui ces Chevaux avoient apartenu avant lui. Il y en avoit deux entre autres qui avoient apartenu à des Ecuyers établis en Hollande, & l'un ſur-tout à un Ecuyer qui en faiſoit ſi peu de cas, qu'il l'avoit expoſé à combattre contre d'autres à Schevelin, ainſi que l'on fait battre les Ours contre les Chiens. Il eſt vrai que ce Cheval avoit un air fort deſagréable, puiſqu'on lui voyoit une encolure très fauſſe, & à la prendre près du Garreau, elle étoit fort enfoncée; d'ailleurs il avoit la Galache trop ronde pour ramener ſa tête & la bien porter. Je me mis néanmoins à le monter, plus par curioſité que par l'opinion d'en pouvoir faire quelque choſe de bon, mais lui ayant trouvé de la diſpoſition, je penſai que j'en pourrois faire un Cheval fort agréable. Je me mis donc à le travailler, & lui donnai le nom de Fidèle. J'eus le plaiſir de voir qu'il devint un des plus braves Chevaux que l'on pût monter dans le Manège, je veux dire lorſqu'il étoit mené par un bon Cavalier; car il étoit ſi juſte dans les Aides, que ſi celui qui le montoit n'étoit pas juſte lui-même, il ne ſavoit où il en étoit, tant le Cheval ſe trouvoit dérangé.

Quoique cette adreſſe de dreſſer les Chevaux ſoit belle à voir, elle fait connoître auſſi en même tems que tous les Ecuyers ne ſont pas propres à dreſſer des Chevaux pour tout le monde, principalement pour ceux qui n'ont pas apris à les monter. C'eſt ce qui donne lieu à pluſieurs ignorans de dire que l'on gâte les Chevaux en les envoyant au Manège. Mais ce n'eſt pas la faute des Ecuyers qui n'ont jamais travaillé que dans le Manège,

mais

mais bien celle de ceux qui n'ont jamais apris à monter à cheval.

Pour en revenir aux quatre Chevaux dont je viens de parler, je dirai que le deuzième, nommé le Favori, venoit aussi d'un Ecuyer qui l'avoit tant tourmenté, qu'il en étoit comme devenu fou, & qu'il lui prenoit de tems en tems des vertiges qui faisoient croire qu'il avoit la Maladie appellée *Vertigo*, autrement dite le *Mal d'Espagne*, que les Allemands appellent *Koler*. Après donc avoir monté ce Cheval, qui m'étoit tombé entre les mains, je trouvai que je pouvois tout espérer de lui, & je vis mes espérances effectuées 7 ou 8 mois après que je l'eus monté. Mr. *Holman*, Seigneur Anglois, s'en retournant en Angleterre, après avoir apris à monter à Cheval tant en France qu'en Allemagne & en Italie; ce Seigneur, dis-je, prit une telle affection pour ce Cheval, en le voyant travailler, qu'il l'acheta de mon Associé & de moi, trois cens Ducats, qui nous furent payés par Mr. Toulouse Brodeur à La Haye encore vivant. Ce même Mr. *Holman*, nous acheta encore deux autres Chevaux pour la dextérité avec laquelle ils étoient dressés. Le premier, qu'il paya trois cens Ducats, ne revenoit qu'à vingt-six Pistoles à mon Associé; le second, qui étoit Anglois, avoit couté onze pistoles, & fut payé mille Florins par ce Seigneur, qui donna aussi six cens florins du troisième que nous avions acheté trente-six florins d'un nommé *Van Borde* Trompette des Gardes du feu Roi Guillaume. De cette manière nous gagnames deux mille sept cent soixante florins, pour avoir su dresser ces Chevaux, presque abandonnés & regardés comme de vraies Rosses. Quatrième exemple.

Je raporte ces exemples pour donner à connoître que plusieurs Chevaux commencent & finissent dans leur travail comme des Rosses, parce qu'ils tombent en de mauvaises mains. Pour ne pas ennuier le Lecteur, je finirai cet article par un autre cas qui mérite encore d'être raporté. Depuis quelques années le feu Roi de *Prusse*, avoit fait présent d'un Cheval gris à Mr. le Baron *d'Aloes*, Colonel au service de l'Etat, lorsqu'il étoit Grand Ecuyer de *S. A. Mr.* le Prince *d'Orange*. Ce Seigneur étant à l'Armée de S. M. Impériale sur le Rhin, dans la dernière Guerre contre la France, le Cheval dont je par- Cinquième exemple.

V 2 le,

le, y prit un clou dans le pied, ce qui fut cauſe que comme on n'en pouvoit tirer aucun ſervice pendant la Campagne, on le mena & ramena en main, & on vit que ſes jambes devinrent ſi roides, qu'il ſembloit être devenu Forbu. Mr. le Baron *d'Aloes*, qui l'avoit reçu en préſent, ſouhaitoit ardemment qu'on pût trouver un remède pour le guérir; c'eſt-pourquoi m'ayant fait l'honneur de me conſulter ſur ce que l'on pourroit faire, je lui répondis que je croyois pouvoir le ſoulager, mais que je ne penſois pas que l'on pût jamais s'en ſervir comme on auroit pu faire avant qu'il eût eu cet accident. Sur ma réponſe, ce Seigneur m'en fit préſent, par un pur motif de généroſité qui lui eſt toute naturelle.

Je me fis venir ce Cheval en main dans mon Ecurie à Leyde, car je ne le jugeois pas alors capable de me porter alors de La Haye à Leyde, qui ne ſont diſtans l'un de l'autre que de trois lieues. Je me mis donc à traiter quelque tems ce Cheval pour lui ôter la roideur de ſes jambes, ce qui étant paſſé, je le montai, & trouvai par bonheur qu'il avoit encore de bonnes diſpoſitions. Comme j'avois, dans ce tems-là un Diſciple, nommé le Comte *de Stirum*, grand amateur de la Cavalerie, & que je m'attachois plus à lui qu'à tout autre par un motif en ce cas-là ſemblable à celui de tous les Maîtres d'exercice, je lui confiai ce Cheval. Ce Comte, qui étoit Neveu de S. A. Electorale de *Mayence*, s'étant attaché à dreſſer lui-même ce Cheval ſuivant mes Leçons, je puis dire qu'après huit ou neuf mois d'exercice, ce Cheval pouvoit faire tout ce qu'un bon Cavalier peut exiger d'un brave Cheval, ſoit dans les Paſſages, à toutes les deux mains & ſur les Voltes d'un beau terre-à-terre, ſoit dans les belles Courbettes de bonne grace, & avec des tems ſi réglés & ſi juſtes, que tous ceux qui le voyoient travailler, le regardoient avec admiration, ſans pouvoir ſe laſſer de le voir : il conſervoit une bouche fraîche & agréable, étant bien plié également à toutes les deux mains, ſans que je me ſois jamais ſervi de Caveçon, non plus que pour les autres Chevaux que j'ai dreſſés. Je ne m'en ſuis pas même ſervi pour un Cheval de chaſſe que j'avois acheté, lequel avoit cependant toutes les Barres gâtées & rompues, d'où il ſortit même dix ou douze eſquilles, c'eſt-

à-dire,

à-dire, de petits éclats des os de la mâchoire, lesquels étoient cariés, tant ils avoient été gâtées.

Après que j'eus guéri ces Barres, & qu'elles furent revêtues d'une nouvelle peau, je commençai à le monter avec la Bride sans Caveçon, & je le dressai par ce moyen à toutes sortes d'Airs, de manière qu'on auroit pu compter à la mesure du Violon tous les tems qu'il faisoit sur les Voltes. Personne ne se lassoit de le venir voir travailler les jours de Manège. Je le nommai *Belle-face*. Quoique les Barres de ce Cheval eussent été entièrement gâtées, il avoit néanmoins une très belle bouche & des plus agréables: ce qui peut faire voir que c'est la bonne main qui rend la bouche bonne aux Chevaux, & non le Caveçon, ainsi que l'ont prétendu les anciens Ecuyers, qui d'ailleurs ne se servoient que de Mors rudes qui gâtoient la bouche des trois quarts des Chevaux qu'ils montoient. Ceci ne se pratique donc plus, à moins que ce ne soit en Italie, où si l'on a changé de méthode, ce ne peut être que depuis trente-huit à trente-neuf ans; car dans le tems que j'y étois, ils étoient encore dans cette ancienne routine, ce qui me faisoit pitié.

CHAPITRE XIV.

Quelles sont les choses qu'il faut observer pour être bien à cheval.

POur qu'un Homme soit bien à cheval, il a plusieurs choses à observer, sans s'arrêter aux figures gravées dans tous les Livres qui ont été mis au jour. Car l'Homme ne se voyant pas, tel qui croit être bien placé à cheval, est souvent ridicule aux yeux de tous ceux qui le regardent. Ce qu'il faut observer pour être bien à cheval.

Il faut, premièrement, que la Selle soit bien placée, ainsi qu'il a été dit, afin que le Cavalier soit précisément sur le milieu des Reins du Cheval: autrement il ne se trouvera jamais bien posé; car si la Selle est trop sur le devant, la croupe du Cheval paroit plus longue derrière le Cavalier, que la tête du Cheval par devant le Cavalier. C'est ce que j'ai remarqué fort souvent à de cer- 1. Situation de la Selle.

tains Ecuyers qui n'y prenoient pas garde, & que j'ai vu aussi dans des figures qui se trouvent dans les Livres de quelques Auteurs qui ont cru avoir fait des merveilles dans leurs tems.

2. Les jambes du Cavalier ne doivent pas être trop en avant.

Secondement, il ne faut pas que les jambes du Cavalier soient portées trop en avant, comme des fourreaux de Pistolets, car de cette manière les Aides seront toujours grossières & jamais délicates. Outre la mauvaise grace du Cavalier, le Cheval ne sentant pas assez les Aides, il se mettra en devoir de se défendre contre tout ce qu'on pourroit lui demander.

3. Ni trop en arrière.

Troisiémement, les jambes du Cavalier ne doivent pas être trop en arrière, car cette posture obligeroit aussi le Cheval à se défendre, soit par des ruades ou autrement, à quoi le Cavalier ne s'attendroit pas. D'ailleurs, tout Cavalier qui a les jambes trop en arrière, s'amuse souvent à piquoter le Cheval, qui s'acoutume ainsi à remuer la queue de côté & d'autre, sans compter qu'il s'endurcit & devient insensible aux éperons.

Pourquoi certains Chevaux ont le défaut de remuer la queue.

C'est un grand défaut aux Chevaux de remuer la queue, car s'ils viennent à travailler dans de mauvais chemins & en tems de pluie, l'habit du Cavalier se trouve fort gâté. Ce défaut vient de différentes causes, savoir, ou du manque de force de la part des Chevaux, ou pour avoir été mal montés.

Pourquoi les Anglois coupent la queue à leurs Chevaux.

Je trouve que les Anglois n'ont pas tort de couper la queue à presque tous leurs Chevaux; car outre qu'il est plus commode aux Chevaux de chasse d'avoir la queue coupée, c'est que, soit à la Chasse, soit à la Course, & même à la Promenade, les Anglois sont si racourcis à cheval, ayant les jambes en arrière, qu'ils ne font que piquoter sans cesse leurs Chevaux, qui sont par conséquent obligés de remuer la queue: or s'ils l'avoient longue, elle incommoderoit infailliblement le Cavalier.

Et le nerf qui est sous la queue.

Si les Anglois ont inventé de couper le nerf sous la queue de leurs Chevaux, c'est par deux fortes raisons; la première, c'est afin de cacher la foiblesse des Reins du Cheval; car lorsque cette opération est bien faite, le Cheval sortant de l'Ecurie, commence à porter sa queue droite derrière lui, ce qui fait qu'on remarque la force de ses Reins, au-lieu que la portant basse, comme si elle le étoit colée aux fesses, il paroit foible des Reins. La seconde raison pour laquelle ils coupent la queue, c'est qu'outre que les Chevaux la portent haute & droite, ils sont aussi hors d'état de la remuer lorsque le nerf est coupé, quoiqu'on leur donne des coups d'éperon.

4. Dans quelle posture on se tenoit autrefois à cheval.

Quatriemement, pour en revenir à la belle posture d'un Cavalier, je dirai que les Anciens faisoient placer leurs Disciples droit, comme s'ils étoient à terre, & qu'ils vouloient qu'ils eussent les jambes droites comme des batons. A peine les fesses du Cavalier pouvoient-elles toucher le fond de la Selle. Quoique je condamne cette méthode, je ne prétens pas pour cela qu'on doive être assis comme sur une chaise, puisque le Cavalier auroit alors les fesses sur tout le derrière de la Selle; mais je souhaite qu'elles portent sur le milieu de la Selle; & c'est ce que j'appelle *un Cavalier bien sur la fourchette*, & non comme l'entendent tous les Ecuyers qui ont lu les anciens Livres, & qui disent, sans autre explication, qu'*un Ecolier doit être sur la fourchette :* par où ils entendent qu'un Homme doit être droit & roide comme un bâton, sans que les fesses touchent le fond de la Selle.

Ce qu'il faut encore observer pour avoir bon air à cheval.

Mais outre que j'ai dit que le Cavalier doit être assis sur le fond de la Selle, il faut de plus qu'il ait le corps droit, la poitrine & l'estomac fort ouverts, & portés en avant, de façon qu'il se fasse une espèce de creux par derrière entre les deux épaules. Il doit encore tenir la tête droite devant soi, & l'avoir libre, de manière qu'elle lui fasse garder l'équilibre en regardant toujours sans contrainte entre les oreilles du Cheval: il faut aussi que les jambes, bien loin de paroître roides, semblent au contraire être souples le long des Sangles, la pointe du pied regardant l'oreille du Cheval, tandis que les talons regardent la croupe, & que la pointe du pied est placée au milieu de l'Etrier, la pointe du pied ne devant pas être plus haute que le talon.

Les jambes doivent être souples.

Enfin la jambe doit être, comme je l'ai dit, afin de s'en servir dans l'occasion : car si un Cavalier a perdu la force de ses jarrets, en les roidissant sans besoin, le Cheval venant à faire quelques sauts imprévus, il se trouvera sans fermeté. C'est une remarque que j'ai faite depuis plus de soixante années, & je crois que personne n'a été plus amateur que moi, pour monter des Sauteurs. Aussi ose-je me flater d'être un des plus fermes que l'on ait jamais vu à cheval, tant au Manège du Roi à Versailles qu'ailleurs, & je me pique encore, tout âgé que je suis, de pouvoir monter le Cheval le plus difficile à dompter, & que les plus habiles Ecuyers n'oseroient monter.

Pourquoi on ne doit pas les serrer.

Il me semble encore entendre ces Ecuyers dire à leurs Disciples, dans le tems de leurs reprises: *Serrez bien les jambes; serrez bien les jarrets.* Mais comment ces Mrs. veulent-ils que leurs Disciples aient alors de la fermeté, puisque leur force est perdue pour avoir trop serré leurs genoux & leurs jarrets. Pour moi, j'ai toujours recommandé à mes Disciples d'avoir les jambes & les jarrets flexibles; comptant les avoir par ce moyen rendus très fermes, ayant d'ailleurs la main fort douce & légère, parce qu'il est impossible de l'avoir telle sans une bonne fermeté.

Habileté des Disciples de l'Auteur.

Je compte même qu'il y a encore en Europe plus de vingt de mes Disciples, auxquels tant en France qu'en Allemagne, en Italie, en Espagne & en Angleterre, chacun rend justice pour leur savoir. J'ai même eu l'honneur de recevoir des complimens de Milord Duc *de Richemond*, Grand Ecuyer d'Angleterre, pour les bonnes instructions que j'ai données à son Ecuyer Mr. *de St. Paul*, qui, pour avoir été du nombre de mes Disciples, n'est pas le moindre des Ecuyers d'Angleterre, si même il n'est pas l'un des premiers. Je suis même certain que, s'il n'est pas goûté des Anglois, autant qu'il le doit être, ce n'est que parce qu'il n'est pas de leur Nation. Il est vrai, d'un autre côté, qu'il ne doit avoir d'autre ambition que de finir ses jours avec un Seigneur aussi gracieux que l'est Milord Duc *de Richemond*, Grand amateur & parfait connoisseur de la Cavalerie. Mais ce n'est pas ici que je dois faire l'éloge de ce Seigneur, les perfections qu'il possède sont assez connues.

5. En quel sens les jambes doivent être tournées.

Cinquièmement, pour revenir au bon Cavalier, j'ajouterai ici qu'il faut que les jambes soient tournées d'en haut, c'est-à-dire, des genoux & des cuisses; autrement elles paroitroient crochues, & donneroient une mauvaise grace au Cavalier, qui d'ailleurs ne doit point avoir la jambe droite, comme on l'enseignoit autrefois, car son ge-

genou doit être un peu plié, de manière que personne ne s'en puisse apercevoir, afin que la jambe tombe, comme je l'ai dit, le long des Sangles.

Sixièmement, les jambes étant placées comme je viens de l'enseigner, & le Cavalier gardant bien l'équilibre, il ne peut manquer d'aquérir de la fermeté. Il s'agit donc pour cela de tenir les jambes & les jarrets fléxibles, car c'est la vraie pierre de touche pour mener un Cheval délicatement. J'ai vu souvent des Ecuyers donner leçon plus par habitude que par science. Ils tenoient toujours le même langage, *Tenez-vous droit*, *tournez vos jambes*, sans regarder même le Cavalier auquel ils parloient, & sans faire attention aux Aides qu'il devoit donner. Pour que le Cavalier plaise à tous ceux qui le voient travailler dans un Manège, il faut qu'il soit à cheval non seulement comme je l'ai dit, mais il doit aussi savoir se servir si bien de ses Aides, que personne ne s'aperçoive de quelle main, ni de quelle jambe il fait agir son Cheval. Car, lorsque l'on voit une jambe du Cavalier vers l'épaule du Cheval, & l'autre derrière les flancs, on appelle cela *voir une jambe à Rome & l'autre à Constantinople.* Cela donne non seulement mauvaise grace au Cavalier, mais rend aussi le Cheval grossier dans les Aides, & l'oblige très souvent à jouer de la queue. 6. Combien il importe de se bien servir de ses Aides.

Outre cette méchante habitude de porter une jambe devant & l'autre derrière, j'ai vu très souvent des Chevaux qui, venant d'être travaillés, avoient l'épaule toute ensanglantée de même que le derrière des flancs de l'autre côté. Le Cavalier ne s'en apercevoit qu'après en être descendu. Cela rend toujours les Chevaux fort craintifs, apréhendant l'aproche du Cavalier lorsqu'il se prépare à les monter. D'ailleurs l'épaule leur devient si sensible, qu'elle leur tremble au moindre attouchement.

Septièmement, après avoir parlé de la posture du Cavalier, tant à l'égard de ses jambes que de son corps & de ses bras, pour que toutes choses aillent de bonne grace, je dirai qu'il faut que la main gauche du Cavalier soit bien placée, à deux ou trois doigts au-dessus du pommeau de la Selle, directement devant soi, vis-à-vis les boutons de son habit. Outre cela, il ne doit la porter ni à droite ni à gauche, car pour bien manier un Cheval, il faut 7. Situation de la main gauche.

que le tour du poignet de la main ſoit bien juſte. Or comme le poignet doit être tourné de manière que les ongles ſoient un peu en-haut, il faut tourner les ongles du côté droit, lorſqu'on veut que le Cheval aille à droite, & lorſqu'on veut qu'il donne à gauche on doit tourner le poignet du côté gauche. De plus quand on veut rendre la main au Cheval, il ne s'agit que de tourner un peu les ongles en-bas. Si, au contraire, on veut le retenir, il faut tourner le poignet de manière que les ongles ſoient en-haut.

Tels ſont les quatre tems qu'un Cavalier doit néceſſairement obſerver. Il eſt très utile de ſavoir rendre la main & la retenir délicatement; c'eſt néanmoins ce que peu de perſonnes entendent : car ſi un Cavalier ſait bien gouverner ſon poignet gauche, qui eſt la main de la Bride, il n'aura preſque pas beſoin de la main droite pour lui aider à plier ſon Cheval, puiſque ce n'eſt plus le tems de le plier juſqu'à l'épaule. J'ai connu cet abus & en ai fait voir les inconvéniens, en diſant qu'un Cheval travaillant, le cou plié juſqu'à l'épaule, comme du tems paſſé, il eſt impoſſible qu'il ſoit ferme ſur ſes jambes.

J'ai vu des Ecuyers qui pouſſoient l'extravagance, juſqu'à plier le cou des Chevaux de manière que leur tête venoit juſqu'à la botte du Cavalier. Ils croyoient alors faire des merveilles & être fort habiles, & réellement ils paſſoient pour tels dans le Public. C'eſt-pourquoi je remarque que la pluralité des ſuffrages n'eſt pas toujours la marque la plus certaine de la capacité de ceux en faveur de qui l'on ſe déclare, puiſqu'il ſe trouve dans toute ſorte d'Arts plus d'ignorans que d'habiles gens. Cela ſe remarque principalement dans celui de la Cavalerie, que tout le monde prétend entendre, les uns à la vérité moins que les autres. On voit même ſouvent que celui qui l'entend le moins, ſe croit être le plus habile. Quant à moi, je ne regrette ma jeuneſſe que parce que mon grand âge me met dans l'impuiſſance de ne pouvoir pouſſer plus loin l'Art de ce noble Exercice, d'autant que j'y connois beaucoup de raport avec les Mathématiques, où perſonne ne peut ſe vanter d'avoir touché à la perfection, les plus ſavans cherchent toujours à faire de nouvelles découvertes. J'ai vu cependant & je vois encore quantité de Jeunes-gens qui croient ſavoir tout, quoiqu'ils n'aient

tra-

travaillé que peu de tems, & qui s'imaginent ne pouvoir recevoir aucune leçon de personne. Mais d'où cela provient-il, si ce n'est d'une folle prévention qui n'est que trop commune dans le monde, & sur-tout parmi une Jeunesse entêté d'un vain mérite ?

Je me souviens qu'après onze années de travail dans le Manège du Roi à Versailles, je m'imaginois être le plus habile de tous les Maîtres. J'entrois pour lors, en qualité d'Ecuyer, au service de feu Mr. le Duc *de Bourbon*, fils du Grand Prince *de Condé*. Je devois alors faire avec ce Seigneur une Campagne à l'Armée sur le Rhin, lorsque les François bruloient le Palatinat. Ne croyant donc pas alors trouver un plus habile Ecuyer que moi, je me vis bien trompé, lorsque j'en rencontrai d'autres qui faisoient ce que je n'osois pas même entreprendre. Quoique je fisse en ce tems-là beaucoup de choses assez surprenantes, je ne laissois cependant pas d'être bien aise d'aprendre ce que j'ignorois encore.

La Campagne étant finie, & ne me trouvant pas content de moi-même, je me remis au Manège de Versailles, sans y gagner aucun argent : mais je trouvai que j'avois fait un gain assez considérable, puisque j'y avois apris ce qui me manquoit, quoique j'apris encore bien d'autres choses dans la suite; car j'avouerai ici que les Campagnes que j'ai faites, m'ont ouvert un grand chemin à la perfection, tant pour aprendre à dresser toutes sortes de Chevaux, que pour les faire servir à divers usages.

CHAPITRE XV.

Des différentes sortes d'Exercices ou Manèges que l'on fait faire aux Chevaux (a).

RIen de plus beau & de plus exact que l'attitude, tant des Cavaliers que des Chevaux, que Mr. *de la Guerinière* a représentée dans les figures de son Livre, & je crois qu'il n'y a personne qui n'en fasse l'éloge; tout y est

L'attitude du Cavalier & du Cheval bien représentée dans Mr. de la Guérinière.

(a) Le mot de *Manège* signifie le lieu destiné à manier & à dresser les Chevaux dans les Académies. Il signifie aussi la façon particulière de les faire travailler; & c'est de quoi il est question dans ce Chapitre.

eſt dans l'ordre, & elles répondent parfaitement bien à l'explication qu'il en donne. C'eſt-pourquoi, pour ne pas repéter ce qu'il dit ſur cette matière, je renvoye le Lecteur aux figures de l'Ouvrage de cet Auteur, qui s'accordent parfaitement bien avec les préceptes que j'ai donnés ci-deſſus.

Ce qu'il y a de remarquable dans le Galop du Cheval.

Je crois cependant devoir faire remarquer ici, que lorſqu'un Cheval va au Pas & au Trot, & que le Cavalier galope, tout un côté ſe leve en même tems, ſoit à droite, ſoit à gauche: c'eſt-à-dire, que ſi le Cheval galope à droite, le premier pied de devant, nommé *hors-le-montoir*, eſt ſuivi du pied de derrière du même côté, autrement le galop du Cheval ſeroit faux. Ainſi le Cheval galopant à gauche, le pied du même côté, qui eſt le *Montoir*, marchera le premier, & ſera auſſi ſuivi du pied de derrière du même côté, car autrement le Cheval galoperoit auſſi faux que feroit celui dont je viens de parler.

Ce que c'eſt que *Deſuni*.

On appelle Deſuni à droite de même qu'à gauche, lorſqu'un pied de devant entame le chemin du pied droit, comme il doit faire à droite galopant à droite, & que le pied du même côté ne le ſuit pas: c'eſt pour lors qu'on dit que *le Cheval eſt deſuni*.

Deſuni de derrière.

Il en eſt de même par conſéquent, ſi, lorſque le Cheval galope à gauche, le pied du *Montoir* entame le chemin, & que le pied de derrière du même côté ne le ſuive pas. Ces ſortes de *Deſunis* ſe nomment *Deſunis de derrière*.

Deſuni de devant.

De même encore, ſi, galopant à droite, le pied gauche entame le chemin, ce qui ne doit pas arriver, & que le pied droit de derrière va devant le pied gauche, car c'eſt ce qu'on appelle alors *Deſuni de devant*. C'eſt-pourquoi tout Cavalier, bien loin de dreſſer ſon Cheval, ne pourra jamais entreprendre de lui donner aucune leçon, s'il ne peut ſentir ſur quel pied il galope.

Les Courbettes préférables aux Péſades.

Je voudrois bien demander à pluſieurs Ecuyers, à quoi il ſert de faire faire des Péſades à un Cheval: elles me paroiſſent fort inutiles pour un Manège. Je préfère donc de belles Courbettes bien réglées, lorſqu'un Cheval eſt bien aſſis ſur ſes hanches; car outre que les Courbettes ſont plus agréables que les Péſades, tant dans un Manège qu'ailleurs, c'eſt que, d'un autre côté, les Courbettes ne ſont

pas

pas si dangereuses que les Pésades, qui ont causé plusieurs malheurs à des Demi-savans, & c'est ce que j'ai vu, les Chevaux s'étant renversés sur eux lorsqu'ils vouloient entreprendre d'en faire trop précipitamment. C'est ce qui n'arrive point aux Courbettes, où un Demi-savant peut réussir sans aucun danger, sur-tout s'il a une bonne disposition & de bonnes hanches.

Il y a aussi des Ecuyers qui prétendent, qu'en pliant un Cheval, il ne suffit pas qu'il regarde à droite, mais qu'il doit aussi plier le cou & la tête jusqu'à l'épaule, quelquefois même jusqu'à la bote du Cavalier, ce qui fait faire une espèce d'arc à toute l'encolure. Mais comment ces Messieurs veulent-ils que le Cheval soit alors ferme sur ses pieds & sur ses jambes, de telle manière qu'ils puissent le mener soit au galop ou autrement? Pour moi, je prétends qu'il suffit qu'un Cheval tourne seulement la tête du côté qu'il doit aller, c'est-à-dire, que lorsqu'il ira à droite, il doit regarder à droite, & que lorsqu'il galopera à gauche, il doit regarder à gauche, & que le Cavalier puisse seulement voir l'œil du Cheval du côté qu'il marche.

Mauvaise pratique de faire plier le cou & la tête du Cheval.

Par ce moyen le Cheval sera plus ferme sur ses pieds & sur ses jambes, sans compter que cette manière de faire plier le cou, ne peut donner qu'un faux pli à un Cheval. Il faut donc que le Cheval marche l'encolure droite devant soi, & ne regarde, comme je l'ai dit, que le côté par où le Cavalier le mene, afin d'être bien ferme & non en danger de faire la culbute.

Pourquoi le Cheval doit marcher l'encolure droite devant soi.

Il y a aussi des personnes qui, pour faire avancer un Cheval qui refuse d'aller en avant, croient qu'au-lieu de donner de bons coups d'éperons vertement, il faut se servir de la Gaule ou du Fouet, pour fraper derrière le Cheval & sur les fesses. Ces personnes-là se trompent lourdement, car un Cheval qui refuse d'aller en avant, en recevant de la Gaule ou du Fouet sur les fesses, & qui résiste à ce châtiment, on l'acoutumera plutôt à ruer qu'à avancer. Pourquoi donc préfèrent-ils ce châtiment aux éperons si ce n'est qu'ils ne savent pas donner des éperons à propos, & qu'ils ignorent la manière de s'y prendre?

S'il faut préférer la Gaule ou le Fouet aux Eperons, pour faire aller un Cheval.

La plupart en croyant donner de bons coups d'éperons, ne font qu'endurcir les Chevaux: d'autres s'imagi-

Pourquoi les Chevaux deviennent

insensibles aux éperons.

ginent, en ouvrant les jambes bien larges, qu'ils donneront de bons coups d'éperons; mais en ouvrant les jambes, le Cheval les sent, & y étant acoutumé, il s'y attend pour lors, & s'enflant le ventre il ne sent presque plus rien. De-là vient qu'il s'endurcit & devient insensible aux éperons.

Ruse des Chevaux pour faire tomber le Cavalier.

Il arrive souvent aussi, que comme les Chevaux ont de la mémoire & de la malice, ils prennent ordinairement le tems de l'ouverture des jambes du Cavalier, pour faire un effort, afin de faire quelques sauts pour tâcher de jetter par terre leur Cavalier. Ceci est arrivé quantité de fois sous mes yeux.

Si l'on doit blâmer ceux qui font fuir les talons à un Cheval, la tête à la muraille, &c.

Plusieurs Ecuyers prétendent qu'on ne doit pas faire fuir les talons à un Cheval, la tête à la muraille, les hanches en dedans du Manège. Pour moi, je ne puis comprendre leurs raisons, à moins que ce ne soit pour prolonger le tems de l'éducation de leurs Disciples. Quoique j'aprouve la coutume de faire fuir les talons, la croupe à la muraille, & les épaules en dedans du Manège, cela n'empêche pas que, pour avancer un Cheval en lui faisant entendre les jambes, c'est-à-dire, les Aides, on ne puisse lui faire fuir les talons, la tête à la muraille, afin de lui aprendre à passer ses jambes au *Pas*, les unes par dessus les autres, sans qu'il se les entrelace l'une sur l'autre. Car il est bien différent d'obliger un Cheval à passer ses jambes, ou de les lui faire entrelacer. J'en donnerai ci-après les raisons.

Comment on aprend un Cheval à reculer.

Il en est de même lorsqu'on veut apprendre un Cheval à reculer, sans lui forcer les reins, quelque jeune qu'il soit; car cela se peut faire aussi, comme je l'enseigne; & pourvu que, dans les commencemens, l'Ecuyer veuille se donner un peu de peine, il trouvera de la facilité dans la suite.

Dès qu'un Cheval commence à troter avec facilité à toutes les deux mains, quoique personne n'ait encore monté dessus, à chaque reprise où on l'aura fait troter, soit à droite, soit à gauche, il faudra l'arrêter un peu de tems pour le flater avant que de le faire retroter, & dans cet intervalle on doit prendre les deux Rênes du Caveçon qu'il a sur le nez, ou le bas des branches du Mors, & cela doucement d'une main, en lui donnant de l'autre

tre quelques petits coups de la Gaule ou du Fouet ſur le poitrail ou ſur les jambes, quelquefois plus bas, & même ſur les canons ou ſur les boulets, c'eſt-à-dire, à l'endroit où l'Ecuyer remarquera que le Cheval obéira le mieux, pour tâcher de le faire reculer ſeulement un pas ou deux : après quoi on doit encore le flater, lorſqu'il levra ſeulement un pied pour reculer. Mais il faut avoir grand ſoin de ne rien forcer, en tenant les branches du Mors pour le faire reculer : cela ſe peut encore très bien faire à l'aide du Caveçon. Il faut ſur-tout que cela ſe faſſe légerement, ſans exiger beaucoup de travail à la fois.

Lorſque le Cheval ſera acoutumé à reculer, ſans que perſonne ſoit deſſus, ſi l'on vient à le monter, on trouvera plus de la moitié du travail fait, & en peu de tems le Cavalier verra le Cheval reculer à ſa volonté.

Manière d'apprendre un Cheval à fuir les talons, la tête à la muraille.

Il en eſt de même lorſqu'on veut aprendre un Cheval à fuir les talons, la tête à la muraille. Après que l'on a fait troter un Cheval autour d'un Pilier, on doit le retirer à chaque repriſe, avec la Longe qui lui eſt attachée au Caveçon ſur le nez, afin de le flater près du Pilier, où on le tient de court, la tête près du Pilier, tenant la Longe d'une main & de l'autre la Gaule ou le Fouet, pour le faire tourner, la tête au Pilier & la croupe en dehors; & en cas qu'il veuille reculer, au-lieu de tourner, il faut qu'une perſonne, la Chambrière à la main, ſoit preſque derrière lui pour fraper à terre de la Chambrière, afin de le faire avancer & tourner autour du Pilier dans la même ſituation, ſans reculer.

Par ce moyen le Cheval aprendra à paſſer ſes jambes & fuir les talons, la tête au Pilier: pour cet effet, il faut auſſi que l'Ecuyer le tienne court près de ſoi, toujours d'une main, & ayant de l'autre la Gaule vers les ſangles du Cheval, afin de lui en donner lorſqu'on le jugera néceſſaire, ſans faire de grands mouvemens, ſoit ſous le ventre, derrière les ſangles, quelquefois ſur la croupe, & même ſur la Selle, en un mot tantôt dans un endroit, tantôt dans l'autre.

Lors donc que le Cheval fuira les talons, la tête au Pilier avec facilité, il faudra tâcher de le faire aller de côté, depuis le Pilier juſqu'à la muraille, étant aſſiſté de celui qui tient la Chambrière, qui doit agir comme auparavant au Pilier. Quand le Cheval ſera rangé de côté, les épaules & les hanches près de la muraille, il faudra le flater, & tâcher enſuite de le ramener de côté juſqu'au Pilier, où on le flatera encore. Après lui avoir fait faire ce manège, ſans le rebuter, on pourra le renvoyer à l'Ecurie.

Quand on aura fait travailler le Cheval pluſieurs fois de cette manière, & qu'il commencera à entendre ce qu'on lui demande, on doit, en le tenant toujours comme auparavant, lui mettre la tête à la muraille, & tâcher de lui faire fuir les talons de même, la croupe en dedans du Manège, & la tête toujours à la muraille, ainſi que je l'ai dit. Par ce moyen le Cheval aprendra à paſſer ſes jambes, ſans que perſonne l'ait monté. Cela ſera d'une grande aide au Cavalier qui voudra le monter, après l'avoir fait troter, lorſqu'il voudra commencer à lui faire entendre les jambes, pour lui faire fuir les talons. Mais il doit obſerver de lui demander très peu dans les commencemens. Le Cavalier doit être aſſiſté d'un Homme avec la Chambrière par derrière, pour obliger le Cheval d'aller toujours en avant, afin qu'il ne s'acule point: par ce moyen le Cheval paſſera mieux ſes jambes l'une par deſſus l'autre. D'ailleurs le devant doit aller toujours le premier, car autrement ſi le Cheval s'acule, ou ſi ſes hanches vont avant les épaules, cela ſera cauſe qu'il s'entrelacera les jambes, & qu'il ne verra pas ferme ſur ſes pieds. Mais de la manière que je l'enſeigne, le Cheval ſera toujours ferme ſans être en danger de tomber.

Quand le Cheval ſaura donc bien fuir la tête à la muraille, on pourra lui faire faire ſouvent des changemens de main de la droite à la gauche, & de la gauche à la droite, par le milieu du Manège, je veux dire d'une muraille à l'autre, en lui faiſant toujours garder les hanches, pour qu'il aille ainſi de côté & d'autre. Après cela il ſera très facile de lui faire fuir la croupe à la muraille, les épaules & la tête en dedans du Manège, ce qu'il fera d'autant plus aiſément, qu'il aura déja bien apris à paſſer ſes jambes en manière de croix.

J'avoue qu'il y a des Chevaux qui refuſent de fuir, au commencement, les talons, la tête à la muraille, & qu'il y a même quelquefois du danger avec certains Chevaux,

vaux, qui au-lieu d'obéir, ſe mettent à ſe cabrer tout droits contre la muraille, ce que l'on appelle en terme de Cavalerie *jouer de l'Epinette*, ils ſont eux-mêmes en danger de ſe renverſer; mais tout cela n'arrive que manque de précaution, car ſi l'on s'y prenoit comme je viens de le dire, on préviendroit tous les malheurs qui arrivent dans le Manège.

On peut faire faire aux Chevaux un nombre prodigieux de manèges différens; car ſi un Cheval eſt bien dreſſé, il ne s'agit que de la penſée du Cavalier pour lui faire faire tout ce qu'il juge à propos, ſoit dans les Paſſages, ou par le droit, ou en lui faiſant garder un quart de hanche, une demi-hanche, tantôt moins, ou même les hanches entières: mais il faut que cela ſe pratique toujours comme je l'ai dit. Je ne puis même trop repéter, qu'il faut que la tête & les épaules aillent avant les hanches. Les Chevaux peuvent faire un très grand nombre de manèges différens.

Il ne dépend que du Cavalier de former la figure du Manège qu'il a deſſein de faire ſur le terrain, & de donner tel nom qu'il veut au Manège qu'il veut faire faire à ſon Cheval. Néanmoins, comme l'Art de la Cavalerie a des règles, il s'enſuit que les Manèges que l'on veut faire faire aux Chevaux, en doivent avoir de même: il faut néceſſairement ſuivre ces règles pour dreſſer les Chevaux, & les réduire à la volonté du Cavalier.

Je me contenterai de dire un mot des principaux Manèges qui donnent les meilleures règles pour dreſſer les Chevaux. On commence par le *Trot* autour du Pilier, aux deux mains en rond, c'eſt-à-dire, à la Longe à droite & à gauche, après quoi on peut faire troter le Cheval en rond autour du Manège. Quoique l'on diſe en rond autour du Manège, ce n'eſt pas à dire pour cela qu'il faille réellement faire troter le Cheval en rond, car l'on entend plutôt par ces termes, qu'il faut le faire troter en quarré & bien dans les coins. Manège par le *Trot* autour du Pilier.

Il y a un autre Manège, que l'on appelle *troter en quatre*, c'eſt-à-dire, qu'il faut que le Cheval coupe le Manège par le milieu en quatre parties, & qu'il entre bien dans les huit coins. Manège par le *Trot en quatre*.

Quoique cette ſorte de Manège paroiſſe fort ſimple, il eſt néanmoins plus de conſéquence que l'on ne penſe,

Aa tant

tant pour les Disciples que pour les Chevaux, parce que celui qui mene un Cheval bien quarrément dans les coins, lui assouplit les épaules, & peut ensuite le bien mener par le droit, après l'avoir bien fait entrer dans les coins.

Manège par la *Fuite des Talons.*

Le Manège où l'on fait aller un Cheval de côté, se nomme *faire fuir les Talons*, & aprendre à connoître les Aides.

Manège nommé *Passades* ou *Demi-voltes.*

Il y en a un autre que l'on appelle *Passades* ou *Demi-voltes.* Toute la différence qu'il y a entre les *Passades* & les *Demi-voltes*, c'est que les *Passades* sont plus longues que les *Demi-voltes.*

Autres Manèges.

Cette sorte de Manège doit être suivie des *Voltes rondes*, des *Voltes quarrées*, des *Voltes renversées*, & des *Pirouettes renversées.* Il y a aussi des *Demi-voltes* & *Passades renversées.*

Différentes manières de *manier.*

On se sert de divers termes pour dire qu'un *Cheval manie* sur tel ou tel Air. Le *Manier* se fait au galop & le *Passager* au Pas. Le *manier terre à terre* est différent du *manier à Mezère* ou *à Courbettes.* On entend par *manier terre à terre*, lorsqu'on *manie près de terre*, qui, en terme de Manège, signifie *près le Tapis : A Mezère* le galop est plus relevé, & à *Courbettes* il l'est encore plus.

Voltes à Croupades, à Balotades, à Cabrioles.

Nous avons encore des Voltes plus relevées ; ce sont les *Voltes à Croupades*, de même que celles à *Balotades.* A l'égard des *Voltes à Cabrioles*, elles ne consistent que dans l'imagination de quelques Auteurs, qui ne les ont jamais faites, ni fait faire bien justes à *Cabrioles sur les Voltes*, mais bien *à Croupades* ou *Balotades*, encore faut-il que les *Croupades* & *Balotades* ne soient pas trop relevées ; car il n'y a jamais eu de Chevaux qui aient pu faire trois à quatre tours à chaque main, quelque force & quelque légereté qu'ils aient eues. Car si un Cheval pouvoit soutenir seulement deux ou trois tours à chaque main, il mériteroit le nom de *Phœnix*, Oiseau que personne n'a encore vu.

Voltes quarrées.

Après les *Voltes en rond*, si le Cheval les fait bien faire, il lui en faudra faire faire des quarrées, en arrondissant seulement les quatre coins; & c'est ce qu'on appelle les *Voltes quarrées*, où il faut que le Cheval garde les hanches en dedans comme aux *Voltes rondes* ordinaires.

Voltes renversées.

Après cela on doit lui faire faire des Voltes renversées, tel-

telles qu'elles sont marquées ci-après dans le Plan des *Voltes* & *Pirouettes*; ce qui est, comme je l'ai déja dit, presque la même chose, excepté néanmoins que les *Voltes* demandent plus de terrain que les *Pirouettes*, parce que les *Voltes* sont plus étendues, & que dans les *Pirouettes* il semble que les pieds de derrière ne changent pas de place, & que ce sont les jambes & les épaules de devant qui font tout le chemin, quoiqu'en tournant. Si on les fait à droite, le pied de derrière, qui est hors le Montoir, forme une espèce de pivot, pour peu qu'il remue de sa place, & par conséquent le pied du Montoir fera la même chose à gauche.

CHAPITRE XVI.

Exemples remarquables qui servent à prouver les grands avantages qu'on peut retirer des Chevaux dressés par un habile Maître aux différentes sortes d'Exercices ou Manèges. Ce Chapitre sert de suite au précédent.

Fruits qu'on peut retirer des manèges précédens.

LOrs donc qu'un Cheval saura bien manier à toutes les deux mains, tant sur les *Voltes* que sur les *Pirouettes*, il sera en état de faire tous les changemens de mains & contre-changemens, tant au Passage qu'au Galop. C'est ce qui est aussi démontré par les Plans que je donnerai ci-après des changemens & contre-changemens de mains. Tout cela ne peut être que très utile dans un Cheval de Guerre. Je l'avance même pour en avoir eu l'expérience, à plusieurs Batailles où je me suis trouvé, principalement à celle de *Lusara* en Italie, où mon Cheval me sauva la vie. J'étois en ce tems-là Ecuyer de Mr. le Comte *de Medavi*, alors Lieutenant-général, & mort Maréchal de France. Je lui servis d'Aide de Camp dans cette Bataille, ainsi que je l'ai été de plusieurs autres Seigneurs les jours d'Action.

Je sai aussi l'utilité d'un Cheval lorsqu'il sait bien sauter les Haies & les Fossés, car ces sauts sont bien différens des sauts de Manège, ainsi que je l'expliquerai dans la suite.

Exemple qui prouve

Lors donc que j'étois Ecuyer de Mr. le Comte *de Medavi*,

de quelle utilité est un Cheval bien dressé lorsqu'on est poursuivi par des Ennemis.

davi, grand amateur de beaux & bons Chevaux. Comme ce Seigneur étoit fort curieux de voir monter ses Chevaux, on étoit obligé de choisir hors de la Ville une belle & bonne place, pour les faire bien travailler dans toutes les sortes de Manège que je pouvois leur demander. Nous étions alors en quartier d'hiver à Castillon ; c'est-pourquoi l'on conçoit aisément que nous n'avions pas grand-chose à faire, mais cet exercice donnant du plaisir à ce Seigneur, nous nous y occupions.

Un jour, je ne sai si nous étions vendus ou non, je le crois du moins par les aparences, Mr. le Comte *de Medavi*, ayant invité Mr. le Comte *de Verraque*, Colonel de Dragons, & Mr. le Duc *d'Ediguières* avec Mr. le Marquis *de St. Germain Beau-pré*, ces quatre Seigneurs se mirent dans une voiture à la Romaine, attelée seulement de deux Chevaux, parce que la place où j'exerçois les Chevaux n'étoit écartée de la Ville, que d'environ quatre cens pas. Ces Seigneurs étant arrivés à cette place pour y voir travailler les Chevaux, j'en montai quatre ou cinq, & comme j'étois sur le dernier, Mr. le Comte *de Medavi* m'ayant ordonné de le faire partir de vitesse sur le grand-chemin, pour revenir ensuite à lui, j'eus à peine parcouru environ cent cinquante pas, que j'aperçus dans le chemin qui faisoit un coude, un gros Parti de Hussards, qui venoient à nous. Je retournai bride abatue, pour avertir ces Seigneurs de retourner en diligence à la Ville, tandis que je pris ma route vers les Hussards, en me fiant sur mon Cheval. Mon dessein étoit de les amuser : car étant alors monté sur un Cheval harnaché superbement, je ne crus pas mieux que ces Hussards me prenant pour un Grand Seigneur, viendroient à ma poursuite, & que donnant du côté opposé à Mr. le Comte *de Medavi*, je faciliterois son évasion avec les Seigneurs qui l'accompagnoient.

Je ne me trompai point dans mon attente; car dès que j'eus aproché ces Partisans à la vue du Pistolet, ils vinrent à ma poursuite, croyant déja tenir ce qu'ils cherchoient. Mais comme le chemin étoit bordé de Haies & de petits Fossés, j'entrepris de les faire franchir à mon Cheval, & c'est ce qu'il fit plus heureusement que les Chevaux

vaux des Huſſards, quoiqu'ils allaſſent fort vite. Dans le deſſein où ils étoient de me prendre, ils coururent inveſtir une pièce de terre, dans laquelle j'étois entré: mais comme il n'y avoit là pour moi aucun obſtacle que je ne puſſe ſurmonter, j'eſſuiai ſeulement quantité de coups d'armes à feu que ces Huſſards tirèrent ſur moi, & que je n'apréhendois pas beaucoup, tâchant ſeulement de me mettre hors de la portée de leurs armes blanches, que je craignois le plus.

Comme ce manège dura un peu de tems, les Seigneurs que je venois de quitter eurent celui de gagner la Ville, & de faire partir ſur le champ, ſans battre la chamade, tout ce qu'ils trouvèrent de Dragons pour aller à la rencontre de mes Ennemis, dont pluſieurs furent tués, & trois amenés priſonniers.

Durant ces entrefaites, après avoir ſauté une dernière Haie, je me trouvai dans un chemin qui me conduiſit à la Ville par une autre porte que celle par laquelle ces Seigneurs étoient entrés. Je traverſai donc la Ville pour aller les rejoindre, & les vis dans une ſurpriſe d'autant plus grande, qu'ils me croyoient perdu, à cauſe du grand nombre de coups d'armes à feu qu'ils avoient entendu tirer ſur moi. J'aurois pu me diſpenſer de raporter ce trait, qui m'eſt perſonel, mais comme il fait très bien voir la néceſſité où l'on eſt dans la Guerre d'avoir un Cheval qui ſache bien ſauter, je n'ai pas cru devoir le paſſer ſous ſilence.

Hiſtoire d'un Cheval qui monta un eſcalier de marbre de 32 marches.

Je ne puis même me diſpenſer de raporter encore un autre évènement aſſez ſingulier qui ſe paſſa dans le tems que j'avois l'honneur d'être Ecuyer de Mr. le Comte *de Medavi*. J'avois un jour acheté dans la Ville de Brécia un Cheval Barbe, en qui j'avois remarqué tant de bonnes diſpoſitions, que je ne pouvois rien lui demander qu'il n'y répondît; ce qui me porta à lui donner le nom de *Singe*. Comme nous commençames à entrer en campagne, l'Armée s'aſſembla près de Mantoue, où je trouvai Mr. *de Craſlin*, Lieutenant-Général, & grand amateur de beaux Chevaux. Ce Seigneur m'ayant demandé, en badinant, ſi j'avois bien maquignonné durant le quartier d'hiver, (il étoit alors chez Mr. *de Beſon* auſſi Lieutenant-Général, & pour lors Commandant de Mantoue), je lui répondis que j'avois acheté à Brécia un Cheval Barbe qui méritoit bien la peine d'être vu ; & comme il m'eût demandé s'il étoit plus beau qu'un Cheval Turc que j'avois acheté l'année précédente, je repartis que non, mais qu'il ne le trouveroit pas moindre, s'il vouloit se donner la peine de le venir voir. M'ayant repliqué qu'il vouloit bien le voir, si je voulois le lui amener dans l'endroit où il étoit, je courus le chercher sans faire attention à la difficulté qu'il y avoit à faire monter à un Cheval un escalier de trente-deux marches, avant qu'il parvînt à la chambre où j'avois trouvé ces Seigneurs. Cet escalier étoit fait de pierres de marbre noir.

Je dis donc à ce Seigneur que j'étois prêt à lui amener mon Cheval jusques dans la Chambre où il étoit, pour lui faire plaisir : mais ayant remarqué que ma vivacité seule me faisoit parler, sans songer à la difficulté de l'affaire, il me dit qu'il voudroit bien voir la chose pour vingt pistoles, & comme je lui répondis sur le champ que j'en mettrois vingt autres contre sa gageure, les quarante pistoles furent d'abord confiées entre les mains de Mr. *de Tavani*, aussi Officier Général.

A l'instant, je quittai ces Seigneurs, & allai querir mon Cheval, mais non sans me répentir de ma gageure, ayant remarqué en descendant combien l'escalier étoit difficile. Mais comme j'étois alors jeune & vif, & que je ne craignois pas beaucoup les dangers, je me rassurai, en me reposant sur la souplesse & la légereté de mon Cheval, que j'amenai au pied de l'escalier. Alors tous ces Seigneurs me voyant arriver, sortirent de leur apartement, pour se tenir sur le haut de cet escalier, afin de me le voir monter : mais je leur criai que je n'entreprendrois rien, à moins qu'ils ne se retirassent. Je craignois, & non sans raison, qu'ils ne portassent ombrage à mon Cheval, quoique cependant je ne le connusse point peureux, ayant eu plusieurs preuves de son courage & de sa hardiesse, par toutes les leçons que je lui avois données. Ces Seigneurs s'étant donc un peu retirés, je présentai mon Cheval à l'escalier pour le lui faire monter.

Il est bon de remarquer que les marches de cet escalier étoient fort unies, mais rien ne me décourageant, je fis d'abord parvenir mon Cheval jusqu'à la vingt-quatrième mar-

marche, où le voyant chanceler, ce fut un bonheur pour moi d'atraper une barre de ferre ronde, que j'empoignai de la main droite, cette barre tenoit depuis le haut de l'escalier jusqu'au bas. Avec son secours je soulageai un peu mon Cheval, & lui faisant sentir alors le gros de mes jambes en lui aprochant trés doucement mes Eperons auprès des Flancs, je lui fis faire un dernier effort qui me mit avec lui au haut de l'escalier.

Après avoir si bien réussi j'entrai avec mon Cheval dans la Salle où étoient ces Seigneurs, en demandant tout glorieux ma gageure à Mr. *de Tavani*. Ce n'est pas la vaine gloire qui me fait raporter cette avanture, mon intention est seulement de donner à connoître que l'on peut tout faire d'un Cheval quand il est bien dressé. La preuve du fait que je raporte est, pour ainsi dire, vivante, puisque ceux qui font voir ledit Escalier à *Mantoue*, racontent encore aujourdhui aux Etrangers, comme une chose extraordinaire, qu'un François l'a monté à cheval.

Le Manège de la *Croix*, difficile à exécuter.

Pour revenir aux différens Manèges que l'on peut faire, je dirai qu'on a perdu la pratique de celui qu'on nomme *la Croix*, quoique je l'aie néanmoins vu pratiquer, & que je l'aie pratiqué moi-même il y a environ cinquante années. Ce Manège qui s'est fait à Versailles, n'a été exercé, je crois, en aucun autre endroit. Je ne l'ai même vu faire que par deux Chevaux, dont l'un avoit été dressé par Mr. *du Plessis*, & l'autre par Mr. *d'Ainaut*, tous deux Ecuyers de feu *Louis XIV*. J'ai cependant vu d'autres Chevaux qui en aprochoient, mais il leur manquoit la justesse des deux que je cite. Je ne crois pas même qu'il s'en trouve de pareils; & cela par plusieurs raisons, à moins que ce ne soit par un grand hazard; car malgré toute la science d'un Ecuyer il faut pour le manège de la Croix, un Cheval rare dans toutes ses dispositions; & ces Chevaux ne peuvent guère se trouver que dans les Ecuries des Rois ou des Souverains. Ces Chevaux doivent aussi avoir beaucoup de légereté, beaucoup de force de reins, & bien de la souplesse, tant des hanches que des jarrets.

Nouvelle méthode d'apprendre les Chevaux à sauter.

Quoique j'aie exposé la manière dont on doit faire sauter les Chevaux de Guerre, on peut néanmoins les instruire sur cet article par une autre nouvelle méthode de mon invention, par laquelle on trouve de la facilité à les dresser, sans qu'il y ait aucun risque tant pour l'Homme que pour le Cheval.

Premièrement, lorsqu'un Cheval est assoupli & qu'il entend les Aides à toutes les deux mains, s'acoutumant à n'avoir peur de rien, c'est-à-dire d'aucun objet, il faut commencer par prendre quelques bottes de paille, & les mettre à terre de suite & bout à bout, après quoi on doit mener le Cheval vis-à-vis de ces botes, afin qu'il puisse sauter par dessus, tantôt d'un côté, tantôt de l'autre, pour lui bien montrer le tems qu'il pourra les sauter avec facilité & sans hésiter. Dans la suite, en faisant les bottes un peu plus grosses, on en prendra trois, qu'on placera de manière qu'il y en ait deux à terre & l'autre par dessus.

Si le Cheval saute bien ces trois bottes, il en faudra prendre six, dont l'on mettra trois à terre, deux par dessus, & la sixième pour en faire le sommet : ce qui faisant l'élevation plus haute, en cas que le Cheval ne s'élève pas assez haut, la sixième botte du sommet ne tenant à rien tombera en suivant les pieds de derrière du Cheval, sans qu'il y ait rien à risquer. De cette manière on pourra augmenter la hauteur des Sauts du Cheval, par le moyen des bottes de paille dont on aura augmenté le nombre.

Lorsque le Cheval sera acoutumé à cet exercice, en sautant suivant sa force, il faudra, pour changer d'objet, prendre des planches & les mettre l'une sur l'autre, à peu près de la même hauteur que l'on aura fait avec la paille : il faut que ces planches soient assujetties les unes sur les autres avec des pantures de fer, celle de dessous étant posées sur deux pieds de bois à terre, afin que les planches puissent se tenir droites les unes sur les autres, & que la planche de dessus ne tenant qu'à deux pantures, puisse tomber sur celle de dessous qui la soutient, sans pouvoir nuire aux pieds du Cheval.

On pourra donc par ce moyen aprendre un Cheval à sauter à la hauteur que ses forces lui permettront ; & l'on sera convaincu par ses propres yeux de ce que l'on peut faire faire à un Cheval, lorsqu'il est conduit par un bon Ecuyer ; car on ne doit pas s'imaginer qu'un Cheval

val sautera également sous toutes sortes de Personnes, le Cavalier devant savoir lui faire prendre bien les tems, soit par ses mains, soit par ses jambes, ce qui signifie bien accorder ses Aides, lesquelles étant bien accordées, le Cheval sera capable de sauter tout ce qui lui sera présenté.

Les Chevaux ont d'ailleurs tant de discernement que, si on leur présente une Barrière de deux ou trois pieds de haut, ils ne la sauteront pas d'un-demi pied plus haut; & si même on leur présente une Barrière de quatre à cinq pieds, ils la sauteront également, comme si elle n'étoit que de deux ou de trois pieds. J'ai monté des Chevaux qui ont sauté des Barrières de plus de cinq pieds de hauteur, ce qui néanmoins est plus difficile que de sauter une Haie de six à sept pieds, parce que la pointe des branches obéit par sa souplesse.

Il en est de même des Fossés que l'on fait sauter aux Chevaux. On commence par leur en présenter de très petits fait exprès, pour leur montrer à bien prendre leur tems; &, à mesure qu'ils le savent bien prendre, on donne aux fossés telle largeur qu'on veut, à proportion de la force & de la légereté du Cheval.

CHAPITRE XVII.

Des qualités & des dispositions particulières des Chevaux; du choix qu'on en doit faire; de quelle importance il est de les bien connoître, & des inconvéniens qui résultent du défaut de cette connoissance.

Tous les Chevaux ne doivent pas être dressés indifféremment.

POur exceller dans un Art, ce n'est point assez d'en posséder les règles & de les avoir exercées longtems; il faut encore savoir choisir judicieusement les sujets convenables à l'exécution de ces règles. Voilà ce qui fait principalement l'habileté des Maîtres & la perfection des Disciples: c'est cependant ce que la plupart des Ecuyers négligent. Présomptueux ou ignorans, ils s'efforcent inutilement & se flattent en-vain de dresser indifféremment tous les Chevaux qu'ils rencontrent; comme si la Nature formoit tous ces Animaux égaux, & les destinoit tous au même usage.

L'expérience ne condamne que trop la conduite de ces prétendus Maîtres de Manège: car quoiqu'en certaines rencontres ils soient assez heureux pour réussir à leur gré, néanmoins les difficultés, qui les arrêtent sur mille autres sujets, sans pouvoir les surmonter, nous prouvent que le hazard fait dans leur école plus que le savoir.

En quoi les Chevaux diffèrent entre eux.

D'ailleurs, l'on ne peut douter que les Chevaux ne diffèrent beaucoup entre eux, tant par la taille extérieure de leur corps, que par la compléxion intérieure de leur sang. De leur taille; les uns sont plus ou moins hauts ou bas, longs ou ramassés, épais ou grêles, &c. De leur tempérament; les uns sont plus ou moins hardis ou timides, violens ou moderés, vifs ou paresseux, alertes ou pesans, puissans ou foibles.

De leurs différentes qualités naissent leurs différentes dispositions.

Or toutes ces différentes qualités, jointes à plusieurs autres, dont nous traiterons dans la suite, forment dans les Chevaux des dispositions plus ou moins convenables aux usages que l'on en attend, & font que les uns sont plus propres à la Guerre qu'à la Chasse, plus aisés dans un Harnois que sous la Selle, plus officieux à porter qu'à courir, comme nous le ferons voir ci-après, en traitant particulièrement des dispositions requises aux Chevaux pour les différens emplois, auxquels on a coutume de les destiner.

Combien il importe à un Cavalier de bien connoître à quoi un Cheval est naturellement disposé.

Il importe donc beaucoup à un Cavalier, qu'il connoisse bien à quoi un Cheval est naturellement disposé, qu'il sache, avant de l'acheter ou de le dresser, le service qu'il en peut tirer: s'il est ferme de reins & de jambes pour porter; large & fort de poitrail pour tirer; s'il a le pas bien assis & égal, la taille déliée & quarrée, l'air élevé & hardi pour porter & présenter son Maître avec grace; s'il a du ventre pour se fournir d'alimens & soutenir, sans manger, les jours de détachemens, les veilles, les heures & les suites des actions; s'il a du feu, de la légereté & des nerfs pour les courses; & ainsi de toute autre disposition. Quand le Cavalier n'est pas capable de juger de ces qualités, il ne peut qu'il ne coure les risques du hazard, & qu'il n'attende que l'épreuve en décide. S'il veut dresser son Cheval aux airs relevés, & que l'inclination de l'Animal y soit, pour lors il saura qu'il a rencontré heureusement, & il le dressera sans peine, parce

qu'il

qu'il le conduira selon ses dispositions naturelles. Mais si, prenant le change, il se choisit un Cheval ayant les dispositions des airs de terre à terre, alors il aura beau faire, il le violentera & le gâtera plutôt qu'il ne le dressera aux airs relevés.

La même chose arriveroit, si l'on vouloit faire fléchir aux airs de terre à terre un Cheval, qui auroit de soi l'air haut ou relevé; avec cette différence néanmoins, qu'il n'est pas si risquable de mettre aux airs bas, ou de terre à terre, un Cheval naturellement incliné aux airs relevés. Mais c'est ce que des Ecuyers ne feront jamais pour les Chevaux qu'ils doivent conserver en leur Manège, où les airs relevés, plus apparens à la vue du monde, sont plus goutés que les airs de terre à terre; à moins que le Cheval ne soit destiné pour quelque Gentilhomme âgé ou foible de compléxion, qu'un air relevé incommoderoit. En pareil cas je sai qu'un Ecuyer habile, faisant bien son devoir, peut abaisser l'air d'un Cheval & le rendre moins gênant, en le tenant avec beaucoup de patience & par de longs exercices, le plus terre à terre qu'il lui sera possible: mais il vaut incomparablement mieux, pour de telles personnes foibles ou âgées, qu'on leur choisisse des Chevaux nés pour leur compléxion; on les dressera non seulement plus aisément, mais encore plus solidement.

Quand on a le goût parfait pour le choix des Chevaux, quand on sait discerner justement leurs avantages particuliers; il est aisé d'en tirer les précieux services, dont ils sont capables. On remarque dans les uns un tempérament doux & sensible, & l'on est sûr qu'un peu d'exercice les rendra dociles à la main la plus foible & la plus timide. On découvre dans les autres un air robuste & infatigable, & l'on juge qu'ils ne sauroient être placés plus utilement que pour les besoins d'une Armée. On apperçoit dans quelques-uns, sous une taille mince & dégagée, les jointures d'une vivacité rapide, & l'on est assuré que de pareils Chevaux soutiendront avantageusement les plaisirs de la Chasse ou l'honneur des Courses. On distingue dans d'autres des plus apparens, l'air relevé, hardi & puissant, & un Ecuyer entendu se fait honneur

Services qu'on peut tirer des Chevaux quand on sait discerner leur tempérament & leurs dispositions.

de dreſſer ce noble Animal ſous la ſelle, & de le deſtiner à rehauſſer la pompe de quelque Héros.

En un mot, quand on eſt capable de comprendre les vues que la Nature a eues, en formant ces Animaux ſi différens les uns des autres, l'on y reconnoit toujours des habitudes tellement appropriées à certains uſages particuliers, que pour peu qu'on les ſeconde par des exercices convenables, l'on eſt ſûr de réuſſir, & l'on s'applique avec plaiſir, parce que l'on travaille avec avantage.

Suffiſance imaginaire de quelques Ecuyers.

Il s'en faut bien que la plupart des Ecuyers ſoient capables d'une manœuvre ſi juſte & ſi délicate. A peine ſe ſont-ils exercés quelques années aux leçons les plus communes d'un Manège, que laſſés d'être apprentifs & de payer des Maîtres, ils ſe flattent d'une ſuffiſance imaginaire, ſe croient aſſez habiles pour faire la leçon aux autres, & ne craignent pas que rien leur manque, pour s'ériger en Maîtres. Hardis à briguer les emplois, ingénieux à ſaiſir la bienveillance des Grands, & encore plus à ſurprendre leur eſtime, on les voit tout d'un coup élevés à la qualité d'Ecuyers, ſans autre talent que leur témérité, & ſans autre mérite que celui que la prévention leur donne.

Inconvéniens qui réſultent de leur ignorance.

Mais de-là qu'arrive-t-il ? Une fatale expérience nous le reproche tous les jours. De-là la ruine des Chevaux & l'imperfection des ſervices les plus importans: car lorſque ces ſortes de Piqueurs ſont obligés, en conſéquence de leurs emplois, de veiller à la remonte de la Cavalerie, ou de livrer à des trains d'Artillerie, ou de former l'équipage d'un Seigneur, ou de fournir aux plaiſirs de la Chaſſe, ou à d'autres travaux; malgré leur peu de connoiſſance, ils ne laiſſent pas de fixer le deſtin de tous ces Animaux auſſi hardiment que feroit l'homme le plus expérimenté.

Dès qu'ils rencontrent dans les Chevaux la hauteur, le poil & l'âge propres à flatter le goût d'un Officier & à amuſer ſon attente; c'eſt tout ce que leur habileté recherche pour s'aſſurer de la validité de leur choix. L'expérience vient-elle à réveler leur ignorance, & par pluſieurs épreuves voit-on dans ces Chevaux des diſpoſitions contraires à la manœuvre, qu'on leur fait faire; ils re-

pli-

pliquent d'abord, ils le croient ſtupidement eux-mêmes, que l'uſage applanira toutes ces difficultés & que l'exercice dreſſera ces Animaux à toute main & à tout air que l'on ſouhaitera. On défère aveuglément à leur parole, l'on continue d'exercer l'Animal, on le frape à tout bout de champ, on le tourmente & on le force, tant qu'enfin on le traîne à ſa ruine.

De-là, dis-je, la perte d'une infinité de Chevaux tant à l'Armée que par-tout ailleurs, dont l'on auroit pu tirer longtems de bons ſervices, ſi des Ecuyers mieux entendus les avoient eus en leur diſpoſition. De-là le dérangement & la confuſion dans la plupart des Eſcadrons, par l'incurable timidité de quelques Chevaux, que le moindre mouvement épouvante, ou par l'indomptable vivacité des autres que rien ne ſauroit contenir. De-là le plus grand malheur de tant d'hommes, tués ou bleſſés par leurs Chevaux, qui certainement n'auroient pas ſubi un tel ſort, s'ils avoient bien connu les inclinations vicieuſes des Animaux qu'ils montoient, ou ſi les connoiſſans, ils n'avoient pas eu la témérité de s'y fier.

Des accidens ſi funeſtes, ſi communs, doivent bien faire péſer, d'une part le danger qu'il y a de confier le choix & la perfection des Chevaux à des Hommes peu expérimentés, de l'autre part l'avantage qu'il y auroit, ſi tout étoit ſervi par des Ecuyers habiles. On verroit beaucoup moins de malheurs arriver, beaucoup moins de Chevaux périr, & leur ſervice beaucoup plus profitable, plus aiſé, plus agréable.

On ne peut donc rendre un Diſciple parfait dans l'Art de la Cavalerie, qu'on ne lui faſſe connoître les qualités différentes, qui rendent les Chevaux plus ou moins propres à certains emplois qu'à d'autres.

C'eſt-pourquoi, après avoir preſcris des règles de Manège, d'une manière auſſi claire, auſſi ſuffiſante, qu'il m'a été poſſible ; après avoir montré tout ce que l'on doit pratiquer pour dreſſer les Hommes & les Chevaux à la Guerre, à la Chaſſe, aux Courſes, aux promenades & à tous les autres exercices, que l'intérêt & le plaiſir de l'Homme exigent; j'aurois cru mon Ouvrage très imparfait, ſi je ne donnois le ſecret de pratiquer ſûrement ces principes, en faiſant connoître le plus particuliérement que je puis, les sujets, auxquels on doit appliquer ces règles : je veux dire, quels Chevaux on doit choisir pour dresser à faire campagne ; quels sont ceux, qu'on peut former à courir ; quelles doivent être les conditions des autres pour les destiner à tirer plutôt qu'à porter. Pour digérer clairement cette matière, qui a toujours piqué la curiosité des Nobles, & que tout le monde juge digne de leur érudition, je la traiterai dans l'ordre suivant.

J'expliquerai 1. La manière d'examiner les qualités d'un Cheval ; 2. les avantages, que doit avoir un Cheval pour porter ; 3. pour tirer ; 4. pour la Course ; 5. pour la Chasse ; 6. pour la Guerre.

CHAPITRE XVIII.

Diverses manières de distinguer les bonnes & les mauvaises qualités des Chevaux, pour guider ceux qui veulent ou les employer, ou en acheter ; avec une idée générale de leurs Maladies, & des accidens auxquels ils sont sujets.

Idée générale des bonnes & mauvaises qualités des Chevaux.

MOn dessein n'est pas de reprendre ce que j'ai donné au Public dans l'Ouvrage intitulé *La connoissance parfaite du Cheval*, où j'ai démontré l'Anatomie de cet Animal, les marques de ses différens âges, les symptomes de toutes ses Maladies avec leurs remèdes & les accidens auxquels il est nationalement sujet. Il s'agit ici de savoir remarquer les perfections & les défauts de chaque Cheval en particulier, de quelque âge, de quelque nation, de quelque qualité qu'il soit, quels sont les signes de sa force & de sa fermeté, de son courage & de son intrépidité, de sa modération & de sa docilité, de sa vivacité & de sa vitesse, de sa foiblesse & de sa timidité, de sa roideur & de sa violence ; en un mot, quels sont les caractères de la beauté & de sa bonté, quels en sont les contrastes.

Moyens de distinguer ces qualités.

Pour discerner bien toutes ces bonnes & mauvaises qualités, il faut regarder successivement toutes les parties de l'Animal ; la Tête, l'Encolure, le Poitrail, le Dos, le Ventre & les Jambes : tout parle à la vue du Connoisseur, & lui explique de quoi l'Animal est capable.

La Tête du Cheval.

La Tête est la partie principale & la première que l'on doit

doit examiner avec beaucoup d'attention : ses endroits remarquables sont les Oreilles, les Salières, les Yeux, les Ganaches & la Bouche.

Les Oreilles font sentir par leur roideur ou leur relâchement, l'énergie des Nerfs ou leur foiblesse. Quand le Cheval les dresse au moindre bruit qu'il entend, c'est signe qu'il est d'un naturel hardi : au contraire l'on peut juger qu'il est timide, quand il les fléchit en arriére. Plus elles sont écartées l'une de l'autre, plus le Cheval est difforme; & si elles avoient encore avec ce défaut celui d'être molles, ce seroit une preuve que tout le corps est énervé & sans force. Les grandes Oreilles rendent l'Ouie plus fin, les sons s'y introduisans plus vivement; mais l'Animal en est plus sensible, plus timide : les petites leur sont préferables, tant pour leur beauté que pour leur intrépidité. La surdité se connoit aisément par l'immobilité du Cheval, malgré le bruit qu'on excite. Les Oreilles.

Les Salières fermes & remplies montrent la force de l'âge & la génération d'un Etalon jeune : car elles se creusent & se vuident à mesure que la vieillesse augmente, que les forces & la vue diminuent, ou qu'un vieux Etalon en est le générateur. Les Salières.

Les Yeux ne se découvrent pas fidélement au grand jour, ni le long d'une muraille blanche, ni sur la neige; parce que tout cela fait paroître souvent des Yeux bons comme mauvais, & des mauvais comme bons; il est donc plus assuré de les examiner dans l'obscurité à la chandelle, ou la tête sous la porte de l'écurie. Les Yeux.

Leurs perfections sont la clarté & la hardiesse, qui sont les signes de la vivacité & de la santé. Leurs perfections.

Leurs défauts sont la Vue trouble, les Tayes, l'Onglée, le Dragon, l'Abbattement, & les Couleurs contre-nature. La Vue trouble se manifeste par une espèce de nuage répandu dans le crystallin, c'est-à-dire, dans la superficie de l'Oeil. Cet accident rend l'Animal ombrageux & craintif. Les Tayes toutes blanches sont naturelles; celles, qui sont mêlées de rayes rouges, proviennent de quelque coup. L'Onglée est une excroissance de chair dans le coin de l'Oeil, qui couvre une partie de la Prunelle. Le Dragon est le plus dangereux & le plus difficile à guérir. L'Abbattement des yeux est sensi- Leurs défauts.

 ble

ble par les mouvemens de la paupière tremblante, par le regard timide & endormi; c'eſt la marque certaine d'un Animal laſſé ou languiſſant. Le rouge des Yeux dénote la chaleur du foie & des entrailles. Lorſqu'un Oeil paroît plus grand que l'autre, lorſque les Yeux ſont cerclés ſous la Prunelle ſupérieure, & que la Vitrée eſt rougeâtre ou couleur de feuille morte dans le fond de l'Oeil, pour lors défiez-vous d'un tel Cheval, car il eſt infailliblement lunatique, & vous en ſerez encore plus aſſuré s'il pleure.

Les Ganaches.

Les Ganaches ſont les deux gros os de la Machoire inférieure, formans le deſſous de la Tête. Elles ne doivent être ni trop ſerrées ni trop ouvertes : trop ſerrées elles forment un coude qui empêche le Cheval de ſe rangorger bien, quand on le ramène dans la main : car pour peu qu'on le contraigne, on lui coupe la reſpiration. Les os de la Ganache lui preſſans le goſier : quand les Ganaches ſont trop ouvertes, le Cheval ſe ramène dans la main ſi aiſément que pour peu qu'il ait l'Encolure longue il porte exceſſivement, & ſouvent avec rudeſſe, la Tête contre le Poitrail.

Maladies du voiſinage des Ganaches.

Le voiſinage des Ganaches eſt rempli des Glandes Parotides & maxillaires; ces Glandes ſont de petites veſſies, conſiderables en nombre, qui ſervent d'égout aux muſcles de la Tête, dont elles reçoivent l'excrémenteux liquide. Lorſque quelque cauſe altère la circulation de ces humeurs viſqueuſes, il s'en fait un amas, qui enfle cette ſubſtance vaſculeuſe, où elles s'arrêtent, s'apaiſſiſſent & groſſiſſent de plus en plus par leur influx continuel. Cette matière, ſtagnante ainſi, cauſe des maux très violens, très dangereux, qu'il importe beaucoup de bien connoître : ce ſont les Avives, l'Etranguillon, la Gourme, la Morfondure & la Morve.

Les Avives.

Les Avives ſe montrent entre les Ganaches & le coin des Oreilles par l'enflure des Glandes Parotides, qui groſſiſſent & ſe durciſſent tellement, qu'elles compriment le conduit de la reſpiration, & étouffent le Cheval, s'il n'eſt promptement ſecouru.

L'Etranguillon.

L'Etranguillon ſe forme au même endroit que les Avives; mais il eſt moins violent & cependant très ſenſible. Le Cheval ne pouvant tourner la Tête ni de côté ni ni d'autre, & jettant par le nez une pourriture verte. Cet accident étrangle l'Animal en peu de jours, si l'on néglige d'y apporter remède.

La Gourme, la Morfondure & la Morve s'engendrent dans les Glandes maxillaires entre les deux os de la Ganache. On connoit la Gourme par une grosse enflure remplie d'une matière blanche, que le Cheval jette par le nez. La Gourme.

Lorsque l'enflure n'est pas si dure ni si grosse, on la nomme Morfondure, dont le pus se décharge aussi par les Narines. Ces deux accidens doivent être traités diligemment, crainte que ces viscosités purulentes ne communiquent & n'attachent leur virus aux os de la Ganache, ce qui causeroit une Morve incurable. La Morfondure.

On sent la Morve par des Glandes plattes attachées aux os de la Ganache, qu'on ne peut presser si peu que le Cheval ne ressente de la douleur. La matière de la Morve sort, comme les précédentes, par le Nez: c'est une mucosité pourrie, jaune & puante. Il y a plusieurs espèces de Morve & de Gourme, dont j'ai écrit amplement dans mon Traité des maladies des Chevaux, où l'on peut voir toutes les causes particulières de ces accidens, leurs différences, leurs remèdes, ainsi que de toutes les autres maladies dont je ne parlerai ici qu'en passant, pour mettre un Disciple en état de les remarquer & de n'être pas trompé dans l'achat des Chevaux. La Morve.

La Bouche d'un Cheval témoigne son âge, sa docilité, sa douceur, sa délicatesse, sa violence, son inquiétude, sa gaieté & la plupart de ses passions. La Bouche.

Quant à l'âge du Cheval, je ne m'arrêterai pas à revéler ce que la malice des Maquignons & des Juifs met en usage pour cacher la vieillesse des Chevaux, il me suffit d'ajouter à ce que j'en ai dit ailleurs, une règle qui tienne le connoisseur à l'abri de toutes leurs tromperies: la voici. L'âge du Cheval.

Le Cheval, quelque grand, quelque puissant qu'il paroisse, n'est pas en état de travailler s'il n'a toutes ses dents, au nombre de 40: 24 mâchelières dans le fond du Palais; 12 en-haut; 12 en-bas, six de chaque côté; 16 incisives sur le devant de la Bouche, 8 à chaque Machoire, 4 de chaque côté, lesquelles ont toutes leur Quand il est en état de travailler.

nom : les deux de devant se nomment dents de Pince, la suivante est la dent Mitoyenne, la troisième est la dent de coin, la quatrième est le crochet. Durant toute la jeunesse ces dents tombent à plomb l'une sur l'autre, toute la Bouche est charnue au palais d'en-haut & en-bas, les lèvres sont fermes, dures, difficiles à lever, celle d'en-haut sur-tout : mais plus la vieillesse avance plus la Bouche se décharne, devient osseuse, la peau paroissant immédiatement sur les os, les Dents ne portent plus à plomb, mais elles s'allongent de plus en plus selon l'âge & avancent sur le devant, les lèvres de même deviennent plus molles, ridées & faciles à relever.

Comment on connoit ses passions. On ne peut conduire longtems un Cheval, que la main ne sente bientôt la fléxibilité & la douceur de son obéissance : sa délicatesse, sa sensibilité, quand pour peu que la main le ramène, il obéit avec excès : sa dureté, sa violence, lorsqu'il résiste plus ou moins à la main & qu'il l'emporte : sa gaieté, quand badinant avec son mords, on le voit prendre plaisir à se chatouiller la langue avec le mords ou les chainettes qui y sont attachées : son ardeur, quand il écume ; son inquiétude quand il hannit : son impatience, quand il mord & qu'il frape du pied : on peut remarquer de même beaucoup d'autres passions qui varient selon les changemens de l'Animal.

Maladies de la Bouche. La Bouche est sujette à 4 accidens, qui sont les Barbes, la Fève, les Cirons & les Surdents.

Les Barbes. Les Barbes sont deux petites excroissances de chair, attachées au palais d'en-bas sous la Langue : elles ressemblent à deux petites nageoires : elles empêchent le Cheval de boire, & le font déperir de jour en jour.

La Fève, ou Lampas. La Fève, ou le Lampas, est une excroissance de chair pendante au Palais d'en-haut & s'allongeante plus bas que les Dents de devant, ce qui empêche les Chevaux de manger des choses dures comme le foin, l'avoine, *&c.*

Les Cirons. Les Cirons sont des petits boutons blancs sous les lèvres, haute & basse : ce défaut empêche quelquefois les Chevaux de manger à leur ordinaire.

Les Surdents. Les Sur-dents arrivent aux Chevaux qui ont les grosses dents mâchelières inégales : ce défaut les empêche de tems en tems de manger, par les grandes douleurs que cette inégalité leur cause, en ce qu'ils s'atrapent le de-

dedans des joues avec les Dents : ce défaut se manifeste souvent par des petits pelotons de foin mâchés, qui tombent à terre ou dans la mangeoire.

L'Encolure proportionée à la taille, s'élevant droite des Epaules, fait le plus bel ornement de l'Animal : elle ne doit être ni trop longue, ni trop courte : trop longue, elle désigne un tempérament humide, paresseux & foible: trop courte, elle difforme le Cheval qu'elle accuse d'indocilité, de violence & de rudesse; parce que de tels Chevaux étant ramassés & robustes, sont très difficiles à conduire par la bride. L'Encolure du Cheval.

Le Poitrail large, garni de muscles épais & nerveux, rend le Cheval puissant à l'attelage; mais l'indispose beaucoup à tout autre usage : car pesant trop de l'avant-main, on ne sauroit le dresser aux airs rélevés qui conviennent pour la Selle : de même ne pouvant s'élever aisément, il ne sauroit sauter pour la Chasse, encore moins voler pour les Courses : un tel Cheval ne porte aussi qu'avec peine; parce que plus il est chargé plus il devient pésant du devant, plus il perd de son équilibre, par conséquent plus il est gêné : lorsque le Poitrail est étroit, les Epaules maigres, plattes, & décharnées, c'est signe que la Bête ne vaut pas grand chose. Le Poitrail.

Le Dos comprend cinq parties considérables, le Garot, les Epaules, les Reins, la Croupe & la Queue. Le Garot relevé, & sortant bien des Epaules, embellit le Cheval & le dispose à porter, parce qu'il retient la Selle ou le Bât sur le milieu des Reins, & soutient mieux son poids dans l'équilibre. Il est très risquable de se servir d'un Cheval dégaroté, qui a eu quelque plaie au Garot, car tout bien guéri qu'il paroisse, il n'en est plus jamais sûr pour la Selle ou pour le Bât; mais quelquefois bien pour l'Attelage. Le Dos.

Les Epaules doivent être charnues & faire comme un demi-quart de cercle depuis le bas de l'Epaule jusqu'au Garot. On doit bien examiner si elles ne sont pas inégales, l'une plus haute que l'autre, cela étant un défaut essentiel, qu'on appelle écart, qui rend le Cheval boiteux, & très difficile à guérir. Les Epaules.

Les Reins s'étendent depuis le Garot jusqu'à la Croupe. Lorsqu'ils sont droits, ils ont plus de beauté & de Les Reins.

force à tirer. Les Reins, pliés doucement depuis le Garot jusqu'à la Croupe, sont propres pour la Selle & le Bât, dès qu'ils ne sont pas foibles d'ailleurs, parce que le poids, qu'on leur impose, s'affermit mieux que s'ils étoient droits; quand ils sont trop pliés, ils rendent l'Animal extrêmement difforme, ainsi que les Reins bossus, ou arqués, qu'on ne peut charger sans danger de blesser le Garot ou les Rognons, la Selle ou le Bât descendant toujours d'un côté ou de l'autre.

La Croupe. La Croupe large & arondie fait l'ornement du Cheval, & prouve son embonpoint.

La Queue. La Queue longue, garnie de crins depuis sa racine jusqu'aux pieds, embellit le Cheval, & le défend avantageusement des insectes, durant la chaleur des saisons. La Queue haute est une marque de force, aussi les Maquignons ne manquent pas de la cicatriser sur les jointures intérieures pour obliger l'Animal à la porter haute & droite.

Le Ventre. Le Ventre indique par sa grande capacité que l'Animal prend beaucoup de nourriture, & qu'il est par conséquent capable de soutenir son embonpoint : ce qui devient encore plus certain lorsque l'on remarque qu'il a les côtes plates. Par une règle contraire, lorsqu'il a les Côtes rondes & le Ventre étroit, cela témoigne qu'il mange peu, que l'appétit est foible, & que le Corps est incapable de long travail.

Maladies du Ventre. L'Avant-cœur, la Pousse, le Mal de Flanc & le Fortrait, sont des maux qui se manifestent au Ventre par des effets très sensibles.

L'Avant-cœur. L'Avant-cœur, ou l'Anti-cœur, est une espèce d'Hydropisie : on la connoit par une enflure plus ou moins grosse, laquelle s'étend sous le Ventre depuis le Foureau jusques entre les deux Jambes de devant. Quand on touche cette enflure les Doigts y restent imprimés pour quelque tems, comme sur une pâte.

La Pousse. La Pousse étant dans ses accès, se fait remarquer aisément; c'est une sorte d'Asme, qui fait tousser le Cheval, lui fait battre les Flancs, & lui avalle tout le Ventre. Cette Maladie est incurable dans les Chevaux, comme l'Asme l'est dans les Hommes. J'ai donné différentes compositions de remèdes pour la soulager, mais je ne me suis jamais flatté de la guérir : ces remèdes anodins

dins adouciſſent les acretés des Poumons, font ceſſer la Toux & le battement des Flancs; mais la ſubſtance des remèdes n'eſt pas plutôt conſommée dans la maſſe du ſang, que la circulation ramène d'autres acretés dans les Poumons, une autre toux dans la gorge, d'autres ébats au Ventre. Si l'on vous préſentoit un Cheval pouſſif ſoulagé, ne touſſant point & ne battant aucunement du Ventre, vous pourrez toujours reconnoître qu'il eſt ſujet à la Pouſſe parce qu'il a les Flancs avallés.

Le mal de Flanc reſſemble beaucoup à la Pouſſe. Pluſieurs Maréchaux & Maquignons ignorans les confondent ſouvent : cependant ces maux diffèrent conſidérablement, non ſeulement en ce que celui-ci eſt plus aiſé à traiter & à guérir que l'autre; mais encore en ce qu'ils ont des ſymptomes différens : car un Cheval, qui a le mal de Flanc, ſoufle ſans touſſer, les Flancs lui battent continuellement : mais au-lieu de s'avaller, ils ſe retirent : la douleur de la Pouſſe a ſon foyer dans le Poumon, le Mal de Flanc a le ſien dans les entrailles par une chaleur qui les étrécit tellement que ſans un prompt ſecours le Cheval devient fortrait. Le Mal de Flanc.

On voit qu'un Cheval eſt fortrait, lorſque ſans touſſer ni ſouffler, il devient efflanqué & menu de Ventre, comme un Lévrier : c'eſt un épuiſement de forces qui ſe manifeſte au commencement par le boitement ou la roideur des jambes de derrière, ce qui diminue le Ventre de jour en jour. Cet accident ſuit ordinairement les grandes fatigues, ſur-tout aux Chevaux qui ont les côtes trop arrondies. Le Fortrait.

Les Jambes contiennent beaucoup de parties, que l'œil & la main doivent examiner de près; parce que les plus belles & les plus riches perfections du Cheval en dépendent, & qu'elles ſont ſujettes à quantité de défauts les plus cachés, les plus incommodes & les plus incurables. Pour que rien d'important n'échape à la connoiſſance, voici des règles que je conſeille de pratiquer, en attendant que de plus habiles dans l'Art en preſcrivent de plus exactes & de plus ſûres. Les Jambes.

On peut conſidérer d'abord les Jambes de devant, en arrêtant l'œil & la main ſur chacune de leurs parties, qui ſont deux Canons, deux Genoux, deux Bras, deux Bou- Les Jambes de devant.

Boulets, deux Jointures, deux Couronnes, deux Sabots, & deux Talons.

Les Canons. Les Canons s'étendent depuis le Poitrail jusques aux Genoux : lorsqu'ils sont gros, garnis de muscles épais qu'on distingue d'abord au travers de la peau, c'est une bonne marque de force & de fermeté. Plus ils sont grêles, plus le Cheval est foible & sujet à forger, c'est-à-dire, à battre les fers de derrière contre ceux de devant.

Les Genoux. Les Genoux sont des articles ou des jointures, qui attachent les Canons aux Bras des Jambes de devant, les Jarêts attachent les Cuisses aux Jambes de derrière. Les Genoux doivent être petits, maigres, durs & unis, n'ayant que des nerfs & des tendons sous la peau : car c'est une vérité confirmée de toutes les expériences, que plus les Jointures sont étroites & déchargées de toute autre matière, plus leur action est libre, ferme & élastique : c'est-pourquoi les Genoux épais & amollis sont si sujets à s'affoiblir, à broncher & à tomber, parce que les nerfs & les tendons étant trop épais & environnés de matières visqueuses, s'amollissent, se relâchent, & s'affoiblissent aisément.

Les Bras. Les Bras s'étendent depuis les Genoux jusqu'aux Boulets : ils doivent être gros, durs, secs, avec des nerfs bien détachés ; voilà en quoi consiste leur fermeté, leur force & leur beauté. Ils sont sujets à beaucoup de maux.

Les Boulets. Les Boulets sont deux articles semblables aux Genoux, qui joignent les os des Bras aux os des Jointures. Ils doivent avoir les mêmes qualités que les Genoux, dont ils exercent le même office.

Les Jointures. La Jointure est une partie qui s'étend depuis le Boulet jusques à la Couronne du Pied. Elle renferme un Os, attaché à celui du Bras par le Boulet, & à celui de la Couronne du Pied. Plus la Jointure est longue, maigre & étroite, plus le Cheval est alerte & habile à la Course, mais moins il est ferme. C'est-pourquoi, pour tirer ou porter quelque chose de pesant, il vaut mieux choisir un Cheval qui a les deux Jointures courtes, maigres, dures, & les autres qualités des Articles, pour les mêmes raisons que nous avons données dans l'explication des Genoux. L'Os de la Jointure se nomme la grande Bergère.

La Couronne. La Couronne est une autre Articulation, qui joint l'Os de de la grande Bergère à l'Os du Pied, qu'on appelle la petite Bergère. La Couronne s'appelle ainsi, parce qu'elle est toufue de crins qui forment une Couronne sur la partie du Sabot.

Le Sabot n'est autre chose que la Corne du Pied, dont la base se nomme la Solle; & la partie antérieure du pied s'appelle Pinse. Le Sabot doit être uni, rond & médiocrement haut, s'élargissant également jusqu'à sa base. Quand la Pinse est trop allongée hors du Sabot, le Cheval est sujet à se heurter le pied contre les moindres inégalités qu'il rencontre, & se cause un étonnement, qui lui étourdit le pied & le rend quelquefois boiteux: au contraire, plus la Pinse est courte, plus elle est forte, plus elle rend le Cheval ferme à tirer, sûr à porter & agréable à marcher. *Le Sabot.*

Les défauts, auxquels le Sabot est sujet, sont les Cercles, la Soye, la Seyme, & la Corne cassante. *Maladies du Sabot.*

On connoit les Pieds cerclés par de petits bourlets qui entourent le Sabot, & le rendent inégal depuis la Couronne jusqu'à la Pinse, ayant une superficie onduleuse. Il faut considérer le Sabot de près pour remarquer ce défaut, parce que les Maquignons ne manquent pas de râper ces Cercles, pour rendre la corne unie, & de noircir tout le Sabot pour couvrir leur manœuvre. Ces Cercles font aux pieds des Chevaux, sans comparaison, ce que les Cors font aux Pieds des Hommes, lorsqu'ils sont obligés de marcher longtems avec des souliers dont l'empeigne est dure: c'est-pourquoi de tels Chevaux ne doivent pas être de grand prix, n'étant propres qu'à des ouvrages doux & courts: car le moindre travail violent les rend boiteux. *Les Cercles.*

La Soye rend la Corne du Cheval semblable au Pied de Bœuf, fendant le Sabot depuis la Couronne jusqu'à la Pinse du Pied. *La Soye.*

La Seyme est aussi une fente qui partage tout le Sabot en deux, mais de côté. La Seyme & la Soye rendent les Chevaux incapables de travailler. *La Seyme.*

Le Pied paroit souvent bon & beau, la Corne unie, bien faite, & cependant le Cheval n'en vaut pas mieux; parce qu'il a la Corne si sèche, si cassante, que pour peu que le Cheval travaille avec des fers pésans dans des ter- *La Corne cassante.*

res grasses, ou dans des chemins gélés à moitié, souvent les fers restent avec la moitié du Sabot. Il est difficile de connoître ce défaut, à moins que de voir ferrer le Cheval, ou de tenir quelque éclat de la Corne.

La Solle du Cheval. La Solle doit être ferme, creuse, avec une Fourchette solide, afin que le Pied ne se meurtrisse pas, en marchant sur les pierres, ou sur quelque autre matière dure : c'est-pourquoi la Solle grasse, molle ou comblée, est très incommode & très sujette à rendre le Cheval boiteux. Quand la Solle est pleine, & qu'elle remplit tout le dessous du Pied, c'est un défaut incurable, qui rend le Cheval incapable de tirer, ou de porter ; tout le service qu'il peut rendre est de labourer dans un terrain léger.

La Fourchette. La Fourchette molle indispose considérablement le Cheval pour marcher sur des chemins pavés ou des terrains raboteux, sur-tout quand elle est grosse, & qu'elle s'élève jusqu'à la superficie du fer ; en ce cas elle rend souvent le Cheval boiteux.

Les Talons. Les Talons sont les deux parties du Pied, sur lesquelles les deux extrémités du fer s'appliquent : quand ils sont trop bas, le Cheval en marchant les comprime, & les serre l'un contre l'autre si fort quelquefois, que le Cheval en devient boiteux : quand on néglige de desserrer les Talons, il arrive souvent qu'ils s'encastellent & n'en font plus qu'un ; cet accident est très incommode & très difficile à guérir.

Les Jambes de derrière. Les Jambes de derrière ont toutes leurs parties semblables à celles de devant, excepté deux, qui sont la Cuisse & le Jarrêt : les autres ont les mêmes noms, les mêmes qualités & les mêmes raisons.

La Cuisse. La Cuisse grosse, remplie, ferme & unie, marque un Cheval tranquile, ou se jouant du travail & de la fatigue. La meilleure Cuisse est celle qui s'amaigrit à mesure qu'elle approche du Jarrêt, pourvu néanmoins qu'elle ait les muscles épais & nerveux, les tendons fermes & son extrémité platte.

Le Jarrêt. Le Jarrêt doit être plat & fort large depuis sa jointure intérieure jusqu'à sa pointe, où l'on peut sentir la grosseur & la fermeté des tendons : ses autres qualités sont les mêmes, que celles du genou, dont j'ai parlé.

Les

Les Bras, les Boulets, les Jointures, les Couronnes, les Sabots, & les Talons de derrière, exigent les mêmes perfections que ceux de devant.

Autres parties des Jambes de derrière.

Lorsque la circulation des humeurs s'arrête en quelque endroit des Jambes, elles y forment des *Stases*, des grosseurs, des enflures, des crévasses, &c. qui, par rapport à la matière dont elles sont remplies, & à la partie qu'elles incommodent, prennent des noms différens. Delà les Epervins, les Vessigons, les Soulandres, les Varices, les Eperons & les Campanes aux Jarrêts; les Malandres aux Genoux; les Surots, les Osselets, les Molettes, les Queues de rat aux Bras; les Grapes & les Poiraux aux Bourlets: les Crapaudines, les Formes, les Javars, les Crévasses aux Jointures; les Peignes à la Couronne; les Soyes & les Seymes aux Sabots; les Bleymes & les Crapaux sous les Pieds; le Farcin, la Galle & les Dartres sur la Peau.

Maladies des Jambes.

Je m'arrêterois trop si j'expliquois tous ces maux en particulier par leurs symptomes, leurs causes & leurs effets différens: ceux qui souhaiteront les connoître, n'auront qu'à consulter mon Traité *des Maladies des Chevaux*, où ils trouveront de quoi satisfaire leur curiosité, & remplir leurs intérêts, par le long détail que j'y fais de tous ces maux, de leurs espèces différentes, de leurs dangers & de leurs remèdes. Il me suffit de les faire connoître ici en général, pour n'y être pas surpris dans la rencontre d'un Cheval qui en seroit secrétement attaqué. Voici pour cela des principes que tout Acheteur doit savoir.

Principes que tout Acheteur de Chevaux doit savoir, pour connoître leurs bonnes ou leurs mauvaises qualités.

I. Les Jambes chargées de poil sont plus sujettes que les autres à ces sortes d'accidens, parce qu'elles sont plus remplies d'humeurs, comme on peut remarquer aux Chevaux élevés & nourris dans des Paturages gras & humides.

Premier Principe.

II. Que tous ces défauts se rendent toujours plus ou moins sensibles, ou par quelque enflure, soit dure, comme les Epervins, les Surots, les Osselets, &c. soit molle, comme les Vessigons, les Molettes, &c. ou par quelque ulcère, comme les Crévasses, les Dartres, les Javars & Mules traversines, ou par quelque Supuration & écoulement d'humeur, comme les Malandres, les Soulan-

Second Principe.

 dres,

dres, les Peignes, &c. ou par quelque meurtrissure, comme les Bleymes & les Crapaux sous les pieds.

Troisième Principe. III. Quand on voit dans les Fanons, ou dans les Paturons, ou dans les Couronnes, de petites Crévasses d'où se filtrent des humeurs âcres, qui mouillent sensiblement les poils de ces parties & les rassemblent par filasses comme des dents de peigne : quand on remarque des inégalités, soit dures ou molles, soit grosses ou petites, qui s'attachent à quelque Jointure, quelle qu'elle soit, Genou ou Jaret, Boulet ou Couronne ; en dedans ou dehors, derrière ou devant : quand on distingue, aux côtés de la Fourchette sous le Pied, quelque tache rouge, ou quelque partie de la Solle, comme pourrie ou amollie : quand on sent quelque grosseur contre nature entre l'os du Bras & les Nerfs : quand on apperçoit plusieurs parties de la Peau ulcérées de boutons, ou dégarnies de poil ; alors la prudence suggère qu'on ne se presse pas d'acheter de pareils Chevaux, parce que la plupart sont sujets à être boiteux, & qu'ils sont tous incapables de travailler.

Quatrième Principe. IV. Pour remarquer bien les inégalités contre nature, il faut regarder toutes les jointures deux à deux, c'est-à-dire confronter les deux Genoux ensemble, les deux Bras, les deux Jarrêts, &c. car on voit bien par ce moyen-là que, s'il y a la moindre chose dans une Jambe, qui ne soit point dans l'autre, alors cette superfluité ou ce défaut est contre nature.

Cinquième Principe. V. On remarque plutôt ces défauts, en regardant de quelques pas, vis-à-vis du Poitrail, l'intérieur & l'extérieur des Jambes, de sorte que l'on puisse sans branler la tête, voir tous les côtés latéraux des quatre Jambes. C'est dans cette situation que l'on distingue aisément quantité de défauts, & sur-tout celui qu'on nomme Genoux de Bœuf, parce que le Cheval a les Genoux serrés l'un contre l'autre, & les Pieds fort écartés. De tels Chevaux sont de petite valeur, nullement propres à monter, ni à aucun travail honorable ou fatigant ; mais seulement pour le labourage ou pour tirer quelque charette, parce qu'en ces sortes de travaux, ils ne vont que pas à pas, & qu'ils sont soutenus des épaules par le colier ou le harnois.

Sixième Principe. VI. Après avoir examiné toutes les parties l'une après l'aul'autre, il faut les regarder toutes ensemble, afin de connoître leur proportion, leur action, leurs qualités ou leurs défauts communs: ce qui se doit pratiquer de la manière suivante. On s'écartera du Cheval pour se placer devant les flancs, & de-là regarder: 1. Si les quatre Jambes se plantent fermes & égales sur quatre pas quarrés. 2. Si les Jambes de devant ne sont point arquées, c'est-à-dire, si les Genoux avançans en dehors beaucoup plus que les pieds, elles ne forment pas un arc de cercle depuis le défaut de l'Epaule jusqu'à la couronne des Pieds. Cet accident seul doit faire rebuter un Cheval, tout parfait qu'il soit d'ailleurs, parce que ne pouvant être ferme sur de telles Jambes, il n'est bon à aucun usage. 3. Quelle est la qualité des Pinces aux quatre pieds: si celles de devant sont fermes pour tirer, si celles des pieds de derrière sont inébranlables pour se dresser, courir & sauter. 4. Quel est le rapport de l'Avant-main à l'Arrière-main, c'est-à-dire, si le côté des Epaules est plus haut, ou plus bas, ou égal au côté des Cuisses; plus haut, il rend l'Animal agréable à la vue, excellent pour les Airs relevés, pour la Selle, la Chasse & les Promenades: plus bas, il fait l'Animal pesant, incliné aux Airs de terre-à-terre, fort à tirer, & indisposé à porter: étant égal, il forme dans l'Animal une disposition à tirer & à porter, selon que les autres attitudes du Corps exigent.

VII. Il faut ensuite s'écarter encore sept ou huit pas du Cheval, & le faire marcher doucement le pas, pour examiner l'action de chaque partie: 1. S'il n'y a point d'inégalité & de boitissement dans les Epaules & les Cuisses. 2. S'il n'y a point de roideur ou de foiblesse dans les Jarrêts, les Genoux & les autres Jointures. 3. Si les Pieds s'élèvent & se placent également. 4. Si les deux Pieds étant élevés, les deux autres soutiennent le Corps ferme, sans faire boiter les Cuisses & les Epaules: ceci est très remarquable pour juger de la fermeté des Jambes, de leur fléxibilité & de la force de leur ressort; pour peu que l'on soit exercé en ces sortes de considérations, l'on apperçoit bientôt des défauts, même les plus cachés, la moindre roideur se découvre par l'inégale élévation des Pieds, par l'infléxibilité de la Jointure roide, qui est devenue paresseuse ou impuissante à flé-

Septième Principe.

fléchir. On distingue d'abord le boitissement des Epaules & des Cuisses par une défectueuse alternative, qui fait baisser l'Epaule ou la Cuisse droite, pendant que la gauche s'élève: c'est une marque de foiblesse, & de la pesanteur des Pieds.

Huitième Principe.

VIII. Sans changer de place, ni de vue, il faut regarder le Cheval troter, pour examiner les mêmes actions qu'à l'article précédent, pour voir la régularité de leur mouvement, leur dégagement & leur adresse: c'est par cette épreuve qu'on découvre suffisamment: 1. la facilité ou la difficulté que les Jointures ont à se plier, selon qu'ils retournent plus ou moins habilement les Pieds & qu'ils en élèvent la Solle au jour. 2. La foiblesse des Jambes de devant, lorsque l'on entend les Pinses des Pieds de derrière fraper sur le bout des branches des fers de devant: on dit en ce cas que le Cheval forge, & l'on doit être assûré qu'un tel Animal, qui forge, n'est pas capable de grand travail, les Jambes de devant étant trop foibles pour s'élever au même tems que celles de derrière doivent occuper leur place. Les Maquignons donnent plusieurs raisons pour excuser ce défaut; mais il ne faut pas donner aveuglément dans leurs discours, crainte d'être la dupe de leurs fourberies. 3. Le mouvement plus ou moins rude ou doux, quand il y a quelque accident caché dans les Jointures qui en rend l'action roide, alors le Cheval en trotant tombe rudement, aulieu que l'action des Jointures étant libre & dégagée, la cadence de tout le Corps est douce & nullement fatigante.

Neuvième Principe.

IX. Ayant fait toutes les remarques possibles sur le Trot, il faut ordonner tout de suite qu'on presse le Cheval au Galop, pour examiner: 1. la force des Jambes de derrière, car plus le Cheval avance, plus les Jointures de derrière sont fortes, leur ressort ferme & puissant, & les Pinses des Pieds assurées. 2. La vitesse de l'Animal, parce que, s'il galope, les Pieds de devant près du tapis, c'est-à-dire, les élevant fort peu de terre, son galop sera doux & rapide, mais dangereux sur des terrains inégaux: au contraire, si en galopant, il élève fort haut les Pieds de devant, il aura moins de vitesse à courir, & plus d'avantage à sauter. 3. La légereté du Cheval, lorsque

que se soutenant ferme sur les Jambes de derrière, il retombe doucement sur celles de devant, pour se relever au même instant : de-sorte qu'il paroisse avoir toujours les pieds de devant élevés, au-lieu qu'un Cheval pesant galope en bondissant, c'est-à-dire en s'appuiant & s'élevant alternativement devant & derrière. 4. La bonté ou le défaut de son tempérament, car le Cheval qui porte la tête haute, en galopant, est plus doux & plus docile que celui qui la tient roidement basse, avec une encolure hérissée & allongée, qui emporte souvent son homme, & le renverse en avant par ses bondissemens & les violentes élevations du derrière, qu'il opère avec d'autant plus de facilité & d'inclination, que l'abaissement de sa tête le détermine naturellement à ces sortes de mouvemens, dans lesquels il ressent le soulagement de quelque équilibre. 5. La qualité de son air, s'il a l'air relevé, & s'il se ramasse sur les Pieds de derrière, ou s'il prend l'air de terre-à-terre, & s'allonge beaucoup sur le devant. Toutes ces dispositions sont remarquables pour discerner la convenance de l'Animal, & à quel usage il est propre.

X. Dès que l'on aura pesé les circonstances du Galop, comme je viens de le marquer, il faut quitter vitement place, & aller se présenter à la rencontre du Cheval, pour le saisir par la bride, &, sans perdre de tems, regarder : 1. Si le Cheval n'a aucun défaut caché dans les Poumons ou dans les entrailles, lequel se manifeste ordinairement après quelque Galop, par le battement des Flancs, par quelque expiration violente & serrée. 2. Si les Jambes de devant ne flageollent pas, c'est-à-dire, ne tremblent pas: on voit ce tremblement sur la partie plate, extérieure & mitoyenne des Canons entre l'Epaule & les Pieds. Cet accident ne se montre jamais mieux, que lorsque le Cheval est un peu reposé ensuite d'un Galop: ce défaut est considérable, il rend l'Animal incapable de fatigue, & tout accompli qu'il soit d'ailleurs, il n'en vaudra pas mieux pour agir; car ce flageollement vient d'une foiblesse de muscles, que rien ne sauroit corriger ni guérir. Dixième Principe.

Après avoir montré la manière de connoître les avantages & les défauts de tous les Chevaux, que l'on puisse ſe rencontrer, il me paroit très à propos d'expliquer le raport que toutes ces qualités ont avec les différens uſages auxquels on deſtine les Chevaux, ſoit pour le plaiſir de l'Homme, ſoit pour ſa gloire, ou pour ſon intérêt. Afin que chaque article ſerve d'introduction au ſuivant, & pour ne m'expoſer pas à des redites, je commencerai par les emplois les plus ſimples, pour leſquels on n'a point coutume de choiſir des Chevaux ſi parfaits.

CHAPITRE XIX.

Des Chevaux de Bât, & des qualités qu'ils doivent avoir pour bien remplir les fonctions auxquelles on les deſtine.

Ce que c'eſt que les Chevaux de Bât.

LE Cheval de Bât eſt celui que l'on deſtine à porter ſur un Bât des Balots de meubles ou de Marchandiſes. On en voit communément dans les grands équipages, dans les Armées, & dans les Provinces où les voitures d'eau ſont rares.

Leur perfection.

Toute la perfection requiſe pour ces ſortes de Chevaux, ne conſiſte qu'en trois choſes, ſavoir : que les Reins ſoient forts, les Jambes fermes & les Pieds bons.

Qualités que doivent avoir les Reins de ces Chevaux.

Plus les Reins ſont naturellement élevés, plus ils ſont forts, & pour me ſervir de l'expreſſion vulgaire, plus ils ſont doubles. Il eſt vrai que les Reins fort élevés gâtent la taille & la beauté du Cheval, lui faiſant paroître l'encolure engourdie & les épaules ſerrées; mais ces imperfections, qui ne ſont d'aucune conſéquence dans un Cheval de Bât, ſont bien récompenſées par l'avantage de la puiſſance des Reins auxquels il faut principalement s'arrêter : pourvu qu'ils ſoient ſolidement bons, que d'ailleurs l'Animal ſoit difforme, peu importe.

Leurs Jambes.

Il ſeroit fort inutile que le Cheval eût de la force dans les Reins ſans fermeté dans les Jambes: tout dépend néceſſairement de celles-ci: elles doivent avoir les Canons, les Cuiſſes & les Bras gros, nerveux & chargés de muſcles épais & fermes; les Genoux, les Jarêts & les autres Jointures maigres, ſolides, dures, & autant étroites qu'il eſt poſſible, c'eſt le meilleur.

La bonté des Pieds n'eſt pas moins importante que la fermeté des Jambes & la force des Reins; car quelle apparence y a-t-il qu'un Cheval chargé peſamment puiſſe ſe bien ſoutenir dans des chemins pierreux, montueux & creuſés de vallons, s'il n'a la Solle des Pieds creuſe & dure, pour ne pas ſe meurtrir ſur les cailloux; les quatre Pinſes roides & fermes, pour monter; les Talons dégagés & appuians bien ſur les branches des fers, pour deſcendre. *Et leurs Pieds.*

Je ſai que la plupart des Palfreniers, des Valets & des Marchands, ne ſongent guère à prendre toutes ces précautions, mais auſſi combien voit-on tous les jours de Chevaux que les hommes ſacrifient à leur ignorance? Car rencontre-t-on rien à l'Armée & dans les grandes routes plus communément que des Chevaux de Bât, ou arrêtés aux pieds des montagnes, ou acculés dans les deſcentes, ou eſtropiés, ou bleſſés à la Jambe, ou au Garôt, ou ſur les Reins? D'où viennent tant de fâcheux accidens, ſinon qu'on ne connoît point la tendreſſe des Reins & la foibleſſe des Jambes pour le poids dont on les charge, ni la molleſſe des Pieds pour la rudeſſe des chemins qu'ils doivent pratiquer? *Accidens qui arrivent faute de bien choiſir ces Chevaux.*

Je ne repète point ici ce que j'ai dit ailleurs, que plus le Cheval eſt haut du devant, plus il porte commodément, pourvu qu'on ait ſoin d'empêcher que le Bât ne deſcende ſur le défaut de la Croupe, & ne bleſſe les Reins.

CHAPITRE XX.

Des Chevaux d'Attelage, de leurs différentes espèces, & des qualités qu'ils doivent avoir.

Où doit résider la force des Chevaux d'Attelage.

ON a dû remarquer plus haut la différence qu'il y a entre porter & tirer: les Chevaux bas & pesans de Poitrail sont excellens pour le Harnois, & non pas si bons pour le Bât, encore moins pour la Selle. Dans le Harnois le Cheval s'appuie des Epaules & des Pieds, & sous le Bât il ne peut se soutenir que des jambes: en tirant il a l'aisance de s'affermir sur les Pinses, & en portant il ne peut se poser que sur la solle des Pieds & les Talons: en tirant il n'a pas continuellement les traits tendus, & en portant il a sans cesse les Reins chargés: ce qui suffit pour faire comprendre qu'un Cheval de Bât, toute autre proportion gardée, doit être plus ferme sur ses pieds qu'un Cheval de Harnois.

Chevaux propres à tirer & à porter.

Malgré toutes ces différences, il n'est point rare de trouver des Chevaux qui servent également bien à ces deux usages, qui se trouvent tantôt sous deux Balots très pesans, tantôt dans le timon d'une charette très chargée: ce qui n'est point surprenant, puisque ces sortes de Chevaux, tels qu'on en emploie fréquemment pour l'Artillerie, sont doués de toutes les qualités requises pour les gros ouvrages, ayant tous les Reins forts, le Poitrail plein & robuste, les Jambes de fer & les Pieds d'acier. Cependant, on ne peut douter que ces Chevaux, tout puissans qu'ils soient, ne se fatigueroient & ne s'useroient pas tant, si l'on ne varioit point ainsi leur service, & qu'on les laissât toujours agir sous la direction d'une même habitude, ou toujours porter, ou toujours tirer; par-là ils se fortifieroient de plus en plus, au-lieu que le changement les affoiblit.

Trois sortes d'Attelage.

Je ne puis spécifier les autres qualités requises pour tirer, sans distinguer auparavant trois sortes d'Attelage, qui se pratiquent avec des Chevaux tout différens, savoir, le Labourage, les Voitures & les Carosses.

1 Le Labourage.

Le Labourage, dans un terrain léger & uni, exige moins de perfections dans un Cheval, que s'il devoit tra-

travailler dans des lieux gras, durs, ou pierreux: dès qu'il a l'épaule assez remplie pour ne pas se blesser dans le Harnois, la Pinse assez bonne pour l'affermir, & la Solle du Pied médiocrement ferme pour ne pas se meurtrir, c'en est assez pour le labourage & pour de petites Voitures qu'on a coutume de conduire dans des champs & des chemins terreux & unis.

Il n'en est pas de même pour les grandes Voitures, que l'on charge considérablement, & que l'on tire sur de rudes pavés & dans des chemins difficiles par les fonds & les hauteurs. On voit bien que, pour un pareil usage, il faut des Chevaux qui aient: 2. Les Voitures.

I. Le Poitrail large & charnu, avec des Epaules bien remplies; car s'ils étoient maigres d'Epaules & de Poitrail, ils se blesseroient bientôt dans le Harnois, & succomberoient à l'instant.

II. Les Reins droits, qui sont les plus forts pour tirer, les Reins élevés sont les plus forts pour porter & les plus foibles pour tirer.

III. La Pinse des quatre pieds ferme, d'une corne vive, qui ne soit ni grasse, ni molle, ni cassante, afin que l'Animal se puisse bien affermir en montant, & qu'il soit capable de fouler aux pieds, sans danger, toutes les duretés qu'il rencontre.

IV. Les Talons bien dégagés, qui ne soient ni trop serrés l'un contre l'autre, ni encastellés l'un dans l'autre, ce qui incommoderoit bientôt le Cheval, & le rendroit incapable de bien arrêter en descendant. Pour la même raison, il doit avoir la Solle des pieds creuse, la Fourchette & les Talons ne s'avançans pas trop haut, de peur que la corne posant trop rudement sur quelques cailloux aigus, ne se meurtrisse & ne fasse boiter le Cheval.

V. Bon Ventre, afin qu'il prenne beaucoup de nourriture & qu'il soit capable de continuer la route, quand les entrepos sont éloignés.

VI. La taille haute, pour se tirer avec plus d'aisance hors des creux boueux & des gués qu'il faut passer. Toutes ces qualités suffisent pour montrer comment on doit raprocher ensemble les talens du Cheval, & toutes les circonstances des devoirs qu'il doit remplir.

3. Les Carosses. Les Chevaux de Carosse tiennent un rang tout différent des précédens; car ce n'est point assez qu'ils soient capables de tirer sur toutes sortes de terrains & de pavés, mais il faut encore qu'ils puissent tirer avec grace, & qu'ils rehaussent par leur embonpoint la pompe qu'ils accompagnent.

Qualités que doivent avoir les Chevaux de Carosse. C'est-pourquoi un Cheval de Carosse doit avoir :

I. De la beauté & de la justesse dans sa taille, rien de défectueux & d'inégal, tous les membres complets & bien proportionnés.

II. La Tête bien élevée, & se portant au grand air, avec une belle Encolure, qui se dégage fiérement des épaules.

III. Le Poitrail large & élevé, les Jambes fortes & les Pieds bons, trotant bien quarrément, c'est-à-dire, que les Pieds de derrière doivent suivre la même ligne, & reprendre la même place des Pieds de devant.

IV. Une Croupe fort large, avec une Queue bien toufue de crins pendans jusqu'aux talons : une Cuisse conforme à la Croupe, s'étrécissant bien à mesure qu'elle descend aux jarrêts.

V. Les Jambes déchargées d'humeurs & dégarnies de poil.

VI. Les Jarêts plats, larges, maigres & déliés.

VII. Les Sabots fort droits, la Solle dure, &c.

VIII. Les Epaules larges, afin de mieux porter le Harnois; car pour peu qu'un Cheval ait les Epaules décharnées, plates ou creuses, il ne tarde guère à se blesser avec le Harnois qu'il soutient, dès qu'il travaille en route, soit en été, à cause des sueurs fréquentes qui attendrissent de plus en plus la Peau, & la déchirent à la fin, soit en hiver, lorsque les chemins sont mauvais, & que le Cheval est obligé de forcer davantage sur le Harnois.

IX. Les Reins droits, comme étant les plus parfaits, ou pliés doucement depuis le Garot jusqu'à la Croupe, ce qui ne contribue pas peu à dégager mieux l'Encolure & le Garot.

X. La ressemblance & l'uniformité de taille, de couleur, d'air & de genre : car il n'y a rien qui choque plus le goût des gens d'honneur, & qui rende l'action plus

plus difforme que d'atteler à un Carosse deux Chevaux inégaux en taille, contraires en couleur, opposés par leurs airs, & constitués différemment par leur sexe: il faut donc que chaque couple de Chevaux de Carosse, (il en est de même pour un train de quatre & de six), soit composée de Chevaux qui aient la même encolure, le même poil, la même hauteur, la même grosseur, la même longueur, les Reins, les Croupes & les Queues semblables ; le Poitrail pas plus haut ni plus épais dans l'un que dans l'autre; l'âge, le tempérament & la force se raprochans autant qu'il est possible, afin que l'un ne violente point l'autre, & qu'ils produisent conjointement leur action avec cet accord, qui en fait toute la beauté; le genre semblable, deux Chevaux entiers, ou deux Hongres, ou deux Jumens: quand cela manque, il est rare que le reste s'accorde.

XI. Quand l'Attelage est de plusieurs couples, celle du Timon doit être la plus forte, la plus modérée & la mieux dressée, parce que c'est d'elle que dépendent les arrêts & les directions de la voiture.

Voila tout ce qu'on doit exiger des Chevaux de Carosse, sans se mettre beaucoup en peine quelle peut être leur vitesse, leur ardeur & leur air particulier ; parce que n'étant pas obligés de galoper, ni de sauter, ni de se dresser, il suffit qu'ils puissent troter légerement, & qu'ils soient capables de soutenir leur embonpoint avec grand appétit & bon ventre.

Trois usages différens des Chevaux de Selle.

Après avoir dévelopé les qualités requises pour les Chevaux de Bât, de Voiture & de Carosse, l'ordre que j'ai commencé exige que je vienne aux Chevaux de Selle, dont nous devons distinguer encore trois usages différens, savoir la Course, la Chasse & la Guerre.

CHAPITRE XXI.

Des trois eſpèces de Chevaux de Courſe, qui ſont les Chevaux de Courſe forcée, les Chevaux de Poſte, & les Chevaux de Promenade ou de Manège.

Trois ſortes de Courſes.

IL y a trois ſortes de Courſes; la première conſiſte dans un Galop forcé & extraordinaire, que la ſeule curioſité a ſuggeré, & que l'émulation exerce fréquemment en Angleterre: la ſeconde eſt un Galop commun & ordinaire à tous Chevaux de Poſte: la troiſième eſt un Galop racourci que l'on pratique dans les Promenades ou dans les Manèges pour le plaiſir & l'exercice.

La Courſe forcée & extraordinaire. Chevaux propres pour cette Courſe.

Pour la Courſe forcée, qui ſe pratique ſur un terrain nivelé & parfaitement uni, les Chevaux les plus allongés, dès qu'ils ſont nerveux & fermes des Pinſes, ſont les meilleurs, parce que plus ils ſont allongés de corps, plus ils ont les Pieds de devant près du tapis, c'eſt-à-dire, près de terre en galopant, ce qui avance d'autant plus rapidement, que galopant ainſi, ils décrivent une ligne beaucoup plus droite, que ceux qui galopent d'un galop plus élevé de terre. Il faut donc faire attention, pour de pareils Chevaux, à la longueur de leur Corps, de leurs Jambes, & ſur-tout des Jointures, qui ſont entre les Boulets & les Couronnes des Pieds; car plus ces Jointures ſont longues, plus le Cheval a de viteſſe, dès que le reſte du corps y répond. Le moins qu'ils puiſſent avoir de Poitrail, d'Encolure & de Ventre, c'eſt le plus commode pour ces Courſes, où l'Animal doit s'élancer avec une rapidité preſque incroyable. On eſt tellement prévenu que la legereté du Cheval contribue à cette viteſſe, qu'on ne manque jamais de peſer ſcrupuleuſement les deux Concurrens, & de les égaliſer en tout.

Pourquoi ces Courſiers ne ſont pas bons à d'autres uſages.

Mais ces Courſiers qu'on eſt obligé de dreſſer ſpécialement pour ces ſortes d'exercices, ne ſont plus bons à d'autres uſages; car n'élevant jamais haut les Pieds de devant, il ſeroit dangereux de courir avec eux ſur des terrains inégaux & des chemins pierreux, comme à

la

la Chasse & dans la route des Postes, où ils ne rencontreroient pas la première motte de terre, ou le premier caillou, qu'ils ne bronchassent & ne renversassent peut-être leur homme en avant, &, comme l'on dit, le cul par dessus tête: ils ne sauroient non plus servir à porter, parce que leur longueur les expose à avoir les Reins très délicats: ils ne conviennent point non plus pour les Promenades, parce qu'étant fort allongés, ils ont de la peine à s'élever beaucoup du devant, & sont conséquemment incapables d'être dressés aux airs relevés, qui conviennent à tout Cheval de main pour les voyages de plaisir: ils sont encore moins propres pour le Manège & la Guerre, comme il est aisé de le remarquer.

Les Chevaux de Poste, étant obligés de faire des courses plus longues que les premiers, & dans des chemins souvent très-difficiles, très-incommodes par les inégalités, les fonds & les hauteurs, doivent avoir aussi d'autres dispositions, savoir: *Chevaux de Poste. Quelles dispositions ils doivent avoir.*

I. Leur Corps ne doit pas être si allongé, qu'ils aient de la peine à soutenir un Galop plus élevé que le premier, afin de courir avec plus de sûreté.

II. Les Reins forts, les Jambes fermes & les Pieds bons; parce qu'ils sont exposés à porter souvent des hommes & des valises assez pésans pour les blesser & les crever bientôt, s'ils avoient le dos délicat, tendre & pliant.

III. Les Jointures longues, tous les articles maigres, & doués, en un mot, de toutes les qualités requises pour qu'ils soient fermes, sans roideur, & flexibles sans foiblesse.

IV. Les Pieds durs, la Solle creuse, les Pinses bien proportionnées à la figure du Sabot, qui est le Pied; les Talons fermes pour surmonter habilement toutes les difficultés des grandes routes.

V. Le Poitrail grêle, l'Encolure courte, la tête petite, les Epaules plus hautes que la Croupe, parce que plus le devant du Cheval est léger & élevé, plus l'Animal a de l'aisance à courir.

VI. Le Ventre petit, comme un Levrier; car pourvu qu'il ait appétit, & qu'il mange bien, il n'est pas avantageux qu'il ait le Ventre grand, ce qui le rendroit pesant & incapable de courir: il n'en est pas de même d'un Cheval de guerre, ou de voiture, ceux-ci n'ayant point leurs heures de repos & de rafraichissement si fréquentes que les Chevaux de Poste, ce qui fait qu'il leur est inutile, pour ne pas dire préjudiciable, de prendre beaucoup de nourriture à la fois.

VII. La vue bonne, pour courir avec adresse, le naturel hardi & accoutumé à tout, pour ne s'émouvoir pas, ni s'arrêter à la vue ou au bruit de mille objets extraordinaires, que l'on rencontre & que l'on découvre subitement dans les grands chemins.

Chevaux de Promenades ou de Manège, pour le plaisir & l'exercice. Qualités qu'ils doivent avoir.

Les Chevaux de Promenade doivent être choisis dans un goût encore tout autre que les précédens; parce qu'on n'exige pas dans ceux-ci la rapidité des premiers, ni la vitesse des seconds, mais l'agrément & la douceur d'un Galop racourci & aisé. C'est-pourquoi de pareils Chevaux doivent avoir:

I. Le Corps fort ramassé, afin qu'ils puissent se tenir fermes sur les Hanches & galoper avec grace.

II. La Tête se ramenant fiérement, avec une Encolure qui s'élève agréablement des Epaules, & qui ne plie que vers sa hauteur, soit dessous, soit de côté.

III. Le Poitrail élevé, ouvert & disposé naturellement aux grands airs.

IV. Les Epaules remplies sans pesanteur, le Garot élevé, les Reins un peu pliés; la Croupe large; la queue grosse, haute, longue; les Jambes droites, dégagées, quarrées; les sabots légers, unis, creux sous la Solle, en un mot, tous les membres bien proportionés pour leur beauté & leur légereté.

V. L'humeur gaie, douce & docile.

VI. La Bouche assez sensible pour obéïr, & assez ferme pour ne pas se blesser.

VII. Le Ventre rempli sans pésanteur, & pas plus vaste que l'embonpoint.

VIII. La finesse convenable à la qualité du Maître qu'il doit porter & divertir.

IX. Qu'il soit non seulement agréable dans le Galop, mais encore léger dans le Trot, & juste dans le Pas: la légereté vient de la force des Jambes, & la justesse du Pas se soutient par le dégagement & la flexibilité des Jointures.

CHA-

CHAPITRE XXII.

Des Chevaux de Chasse, & du choix qu'on en doit faire, suivant les différentes sortes de Chasses, & les endroits où elles se font.

POur juger plus sûrement des qualités convenables à un Cheval de Chasse, il ne faut jamais perdre de vue les Principes suivans, que mille expériences ont rendus incontestables.

Principes à l'aide desquels on peut juger des qualités convenables à un Cheval de Chasse.

I. Plus le Cheval a le corps allongé, plus il avance & coule mieux sous l'Homme; mais il a moins d'aisance à se dresser sur ses Hanches, & moins de sûreté à galoper dans des endroits raboteux, creux & montueux.

II. Plus le Cheval est ramassé, plus il a les Reins fermes, plus il se dresse aisément sur les Hanches, par conséquent mieux il se dispose à sauter.

III. Le Cheval saute plus ou moins loin qu'il a de fermeté dans les Reins & les Hanches, de force dans les muscles des Cuisses, de ressort dans les nerfs des Jambes, & d'appui sous les Pinses des Pieds.

IV. Quand le Cheval est fort élevé de devant, il a autant de facilité à descendre que de difficulté à monter: c'est tout le contraire quand il est fort bas de Poitrail.

V. Quand le Poitrail est fort bas ou pesant, l'Animal a le Galop & le Trot plus rudes, & les Sauts plus raccourcis.

VI. Quand les terrains sont fermes & durs, comme les Campagnes d'Argille & de Marne, les Prairies séches & les grandes avenues des Bois: dans ces lieux le Cheval agit plus puissamment, & ne se fatigue pas sitôt que dans les lieux spongieux, comme les Marais; ou mouvans, comme les Campagnes de Sable; ou légers, comme les Guérets.

Il est aisé de voir, suivant ces Principes, que pour choisir un bon Cheval de Chasse, il faut peser les circonstances du lieu où l'on veut chasser; car il est visible, que dans un endroit coupé de chemins, de ruisseaux & de

Choix qu'on doit faire des Chevaux de Chasse, conformément à ces Principes.

de haies, il faut un Sauteur plus ou moins fort, ſelon que la Plaine eſt ferme ou molle, & que la Chaſſe eſt forcée: dans les Provinces remplies de Collines, l'avantage eſt pour un Courſier qui a l'Epaule égale à la Croupe; mais dans la Plaine l'Epaule haute lui ſeroit préférable.

Dans les Chaſſes forcées, telles que celles du Cerf, du Loup, du Sanglier, du Lièvre, du Renard, &c. les Chevaux les plus allongés ſeroient les meilleurs, ſi toute la Forêt & la Campagne étoient unies, & qu'il n'y eût ni mottes, ni ruiſſeaux à franchir: au contraire, lorsque tout cela ſe rencontre fréquemment, comme dans les Provinces toutes coupées de ruiſſeaux & de buiſſons, ces ſortes de Chaſſes ſeroient impoſſibles ſans le ſecours d'un Cheval ramaſſé, léger d'Epaules, fort de Cuiſſes, de Jambes & de Pieds de derrière, que l'on reconnoit aiſément, par la groſſeur des Muſcles, des Nerfs & des Tendons, par l'agilité & le reſſort des Jointures, par la bonté des Sabots capables de toutes épreuves, c'eſt-à-dire, capables de fouler tout caillou, & d'émouſſer toute épine. On connoîtra aiſément les autres qualités particulières aux Chevaux de Chaſſe, par ce que j'ai dit des Chevaux de Poſte.

CHA-

CHAPITRE XXIII.

Des Chevaux de Guerre, de leurs Qualités, & de la manière de les exercer.

DE tous les Animaux il n'en est point qui exige plus de perfections, que celui, dont j'entreprends de faire connoître les Qualités par les devoirs: car quand on refléchit à tout ce qu'un Cheval de Guerre, j'entends celui d'un Cavalier, est obligé de faire & de souffrir, quand on pense aux difficultés & à la longueur des marches qu'il doit soutenir, sans rafraichissement, à la variété & à la promptitude des mouvemens, que l'ordre d'une Armée exige, à la pesanteur des équipages & des trousses dont on le charge, à toutes les rigueurs des Saisons qu'il doit essuier, au grand air, durant toute une Campagne, à la rapidité & à l'intrépide courage dont il a besoin pour se tenir ferme dans l'horrible bruit des actions, & voler dans la précipitation des déroutes; quand on s'arrête sérieusement à considérer la mesure, le poids, le nombre de tous ces travaux, on reconnoit bientôt que pour les opérer adroitement & longtems, il faut un Cheval du premier ordre, qui soit doué de grands talens.

Pourquoi les Chevaux de Guerre doivent être doués d'un grand nombre de grands talens.

Pour en venir à un détail aussi parfait, & aussi juste qu'il m'est possible, je suivrai ma méthode ordinaire, en démontrant les Qualités de ce noble Animal, selon l'arrangement de ses parties.

Détail des Qualités que doivent avoir les Chevaux de Guerre.

I. Il y a beaucoup à risquer, si le moindre membre du Corps n'est pas rempli de puissance; car la moindre foiblesse d'une partie anéantit bientôt toute la vigueur des autres dans une manœuvre telle qu'est celle de la Guerre, où il n'y a rien de délicat ni d'aisé. Il est donc essentiel de visiter savamment ces sortes d'Animaux, avant de les acheter, de ne pas donner lâchement ou aveuglément dans les spécieuses raisons de Maquignons, qui mettent tout en usage, jusqu'aux sermens les plus sérieux, pour déguiser les plus grands défauts, & rehausser les moindres avantages: mais l'expérience militaire rebute absolument tout ce qui paroît imparfait.

II. Le Poil, la Taille & le Genre doivent être de même pour tout le Régiment: car l'inégalité cause une difformité, que le bel ordre des Armes & l'œil des Inspecteurs ne souffrent point.

III. L'Avant-main ne doit respirer que de grands airs: la Tête, l'Encolure, le Poitrail & les Jambes de devant montées à la plus grande hauteur, que la Taille puisse soutenir: car l'Encolure élevant fiérement la tête, couvre son homme, & lui procure en même tems plus d'avantage pour se défendre: l'oreille roide, droite & inflexible à tout bruit: les Yeux vifs & fort ouverts pour des regards hardis: l'intrépidité étant une Qualité aussi nécessaire au Cheval qu'à l'Homme, afin qu'il puisse entendre & voir sans émotion le tonnère continuel des batteries, le feu des armes, les soupirs, les cris, les hurlemens des Combattans, les ruisseaux de sang & les tas de Cadavres, qui l'environnent de toutes parts. Les Os des Ganaches ouverts, parce que le Cavalier doit le ramener souvent dans la main, ce qui gêneroit beaucoup l'Animal, si ces deux Os étant trop serrés, il en avoit la respiration embarrassée.

IV. Les Salières remplies; car celles qui sont creuses, rendent toujours l'âge & la génération suspectes: l'âge doit être capable de soutenir fortement les travaux: aussi voit-on que les Troupes bien réglées ne reçoivent les Chevaux que lorsqu'ils sont tout formés, & qu'on les reforme dès que la vieillesse commence à les affoiblir.

V. La Bouche nette, toutes les Dents tombantes à plomb l'une sur l'autre: les Gencives charnues, ainsi que le Palais haut & bas; les Lèvres fermes & attachées roidement aux Machoires: ce sont-là des marques de Jeunesse & de Santé, sur lesquelles on peut se fier.

VI. Les Barres larges & dures, pour saisir le Mords sans se blesser. Lorsqu'un Cheval ne desserre que très-difficilement les Dents, & qu'il a la Mâchoire inférieure dure à émouvoir, il est à craindre qu'une bouche si forte ne se soustraie souvent à l'obéissance, & n'emporte violemment le Cavalier contre tous les efforts de la main.

VII. Le Garot relevé, les Reins un peu racourcis & pliés doucement: ces dispositions rendant un Cheval aisé sous la Selle, puissant à porter & libre à tourner.

VIII. La Croupe fort large, les Hanches & les Cuisses remplies de Muscles gros, durs & nerveux: puisque c'est en cela que consiste la force du ressort de l'Animal, & ce qui prouve le mieux la capacité d'un Cheval à se retirer habilement des terrains gras, boueux & profonds, où plusieurs échouent.

IX. Le Ventre grand, capable de recevoir beaucoup de nourriture, pour se soutenir sans foiblesse les jours de détachemens, les veilles des Actions, durant toute l'opiniâtreté des Combats & les fatigantes suites des Victoires. C'est dans ces momens sérieux qu'on a besoin de tout le feu & de toute la puissance d'un Cheval, lors même qu'il n'est pas possible de lui donner le moindre rafraichissement.

X. Le Poitrail ouvert & large sans pesanteur; les Muscles des Epaules & des Canons forts, charnus & nerveux, afin qu'ils soutiennent le Corps ferme dans le Trot & le Pas, & que n'excitant pas ces bondissemens fatigans, si ordinaires aux Chevaux décharnés & foibles de devant, tous les mouvemens du Cheval soient doux, coulans & aisés.

XI. Les Jarets, les Genoux, les Boulets, les Jointures & les Couronnes, ayant toutes les Qualités requises à la fermeté des Muscles, à la flexibilité & au dégagement des Nerfs, à la force & à la vitesse des Jambes. J'ai expliqué toutes ces Qualités plus haut, en faisant voir en quoi consiste la bonté du Jarret & des autres Jointures: ce point seul exige une attention la mieux réfléchie, & une connoissance la plus profonde; parce qu'on ne peut s'assurer trop de la perfection des Jambes, dont le moindre défaut est capable de ruiner en un moment toutes les plus riches qualités du Corps: car à quoi peuvent servir l'embonpoint de l'Animal, sa vigueur, sa force, son adresse & ses meilleures habitudes, s'il a la moindre foiblesse dans une Jambe, ou quelque autre défaut incurable caché dans un Pied, qui en deviendra boiteux.

XII. La Corne des Sabots doit être de bonne consistance, ni grasse, ni cassante; parce qu'étant grasse, tendre & molle, elle est sujette à se meurtrir ou à se piquer dans des terres pierreuſes ou jonchées d'épines: lorsque la Corne eſt caſſante, ſéche & ſquameuſe, le Cheval eſt expoſé à de grands dangers ſur des chemins durs, raboteux, & remplis de trous, de glaces & de pierres, où le moindre faux pas ſuffit pour briſer le Sabot, & mettre l'Animal hors d'état d'avancer.

XIII. Les Pinſes roides & inflexibles, appuiant pleinement ſur le corps des fers, qu'elles doivent couvrir à propos, ſans excès ni défaut; la Solle creuſe, ferme & impénétrable; les Talons dégagés l'un de l'autre, & la Fourchette abaiſſée, pour qu'elle ne ſurmonte pas le niveau des Talons, & beaucoup moins celui des fers, ce qui gêneroit & briſeroit bientôt le pied ſur des pavés rudes, tels qu'on en pratique par-tout.

Il eſt palpable que toutes ces conditions ſont abſolument requiſes pour que le Cheval ait le pas ferme, ſûr & aiſé à monter, à deſcendre & à courir: car on voit bien que plus les Pinſes des Pieds ſont roides, plus le Cheval monte aiſément: plus les Talons ſont dégagés, & proprement appuiés ſur les extrémités des fers, plus le Cheval eſt ferme en deſcendant: au contraire, ſi les Pinſes ſont plates & flexibles, ſi les Talons, étant ſerrés ou encaſtellés, ne peuvent rien preſſer ſans douleur, qui ſoutiendra le Cheval dans des chmins roides, gras & gliſſans à monter ou à deſcendre? ce ſeroit un accident plus incommode encore, ſi la Solle des pieds, loin d'être creuſe, étoit comble & remplie, tellement que le Maréchal ne pourroit la vuider ſans découvrir le petit pied & aller juſqu'au ſang, ce qui ne peut qu'incommoder le Cheval, & rendre la Solle incapable de pratiquer le moindre chemin, ſi peu qu'il y ait de pierres pointues ou d'épines.

XIV. Le Naturel gai, patient, docile, doux & ſenſible à la main, ſans quoi il eſt impoſſible d'obſerver les principaux articles de la Guerre, qui ſont le ſilence dans les Poſtes avancés, l'ordre dans les Lignes de Bataille, & durant toutes les marches; les circulations différentes pour les évolutions des Eſcadrons, les attaques & les retraites; car il importe extêmement que tout cela ſe pratique avec une manœuvre réglée, égale & conſtante, te, la moindre confusion y causant souvent des déroutes très-ruineuses.

XV. On doit bien se garder d'entrer en Campagne avec un Cheval, sans s'être assuré comme il faut de sa capacité; car si le Cheval vient à manquer pour quelque cause que ce soit, la faute devient irréparable dans des tems & des lieux où il ne se trouve aucun bon Cheval à louer ni à vendre, chacun ne conduisant à l'Armée que les Chevaux nécessaires, & personne n'aimant à se défaire, ni même à prêter un Animal, dont il a éprouvé la bonté. Je sai qu'il s'en trouve presque toujours dans les Quartiers généraux, où les Maquignons, les Partisans & les Juifs en vendent de tout âge & de toute espèce; mais, outre que ces lieux de marché sont souvent très-éloignés de l'endroit, où l'on se trouve embarassé, & d'où néanmoins il faut se tirer précipitamment, afin de sauver sa fortune, ou son honneur, ou sa vie, l'on n'a jamais le loisir d'éprouver, comme il faut, ces sortes de Chevaux, dont la plupart sont neufs, sans exercice, sans aucune habitude de Guerre, & par conséquent incapables de servir, avant qu'on ne les ait dressés avec beaucoup de peine, de patience & de risque.

XVI. Un Cheval n'est pas plus officieux ni plus adroit dans les actions de la Guerre, pour avoir été dressé aux grands airs de Manège; au contraire, cela ne peut lui être que très-préjudiciable, & dans mille rencontres très-funeste: car un Cheval de Combat doit couler légerement & continuellement sous l'Homme, se tourner à toute main selon la volonté du Cavalier, sans jamais s'arrêter pour se présenter à Courbettes & se tenir élevé sur les Hanches, ce qui ne peut servir qu'à déranger l'ordre & à exposer plus dangereusement son Maître aux coups des ennemis, soit devant, soit derrière. Voilà cependant à quoi les Chevaux de Manège sont tellement habitués, qu'à chaque fin de reprise, soit au Galop ou au Trot, soit pour avancer ou tourner, on les voit s'arrêter d'abord, & se dresser sur les Hanches pour opérer des graces de Manège très-disgracieuses à la Guerre.

Je sens parfaitement la violence que je causerai ici aux préjugés des Nourrissons de Mars, à qui l'expérience n'a point encore ouvert les yeux: tous remplis des grandes apparences du Manège, qu'ils fréquentent, ils s'imaginent que les airs les plus relevés sont les meilleurs pour combattre, & que pour remporter des lauriers, l'on ne peut être plus avantageusement monté que sur un Sauteur vigoureux & alerte. Telle est la fausse idée qu'ils se forment des Chevaux, sur lesquels les Heros ont triomphé. Aussi à peine ont-ils achevé leur cours de Manège, que tout leur goût se termine à se dresser des Chevaux aux airs les plus apparens, croyant que ce qui saisit l'admiration du Peuple dans un tems de Parade, saisit également l'Ennemi dans la mêlée d'une Action. Mais leur erreur est grande, & leur prévention ne peut paroître que très-ridicule dans l'esprit des Guerriers mêmes, & de ceux qui ont blanchi sous les Etendarts, & qui par le nombre des Campagnes, qu'ils ont vaillamment soutenues, ont traversé mille fois les écueils de la mort.

Il s'en faut bien que l'expérience de ces grands Capitaines approuve une conduite si opposée à la manœuvre d'un Combat: ils savent trop le danger, pour ne pas dire l'impossibilité qu'il y a d'attaquer, de soutenir, de poursuivre ou de fuir, avec un Cheval, qui s'arrête & se dresse à chaque mouvement de main qu'il ressent: ils aiment bien mieux pénétrer dans le feu d'une Bataille, avec des Chevaux coulans comme des Cerfs, & plians comme des Serpens.

XVII. Quelque adroit que paroisse un Cheval à sauter dans un Manège, ce n'est point une preuve certaine qu'il sera également propre à s'élever au dessus des haies & des fossés, si l'on ne l'exerce auparavant à les sauter: car selon l'aveu de tous les experts, ceci est toute autre chose que de cabrioler dans le Manège: aucun Homme de Cheval ne doit négliger ce point, avant d'entrer en Campagne, il n'en est pas de plus important; car il arrive souvent qu'en poursuivant ou fuiant l'ennemi, tout l'avantage est pour celui qui a un Cheval capable de l'élever au dessus des buissons, des ruisseaux & des barrières, comme je l'ai éprouvé plusieurs fois dans les plus grands dangers de ma liberté & de ma vie, dont je ne me serois jamais tiré, si je n'avois été sûr de la capacité du Pégase que je montois.

XVIII. C'eſt une conduite très-prudente & digne d'un noble Guerrier, de diſpoſer tous ſes Chevaux long-tems avant qu'on ouvre la Campagne, de les habituer de bonne heure aux différentes Actions qui ſe pratiquent à l'Armée; tantôt en émouſſant toute leur ſenſibilité, avec le bruit & le feu des Armes, par le trajèt des gués & des ponts: tantôt en réformant leur humeur ſauvage par de fréquens exercices de Marches & d'Evolutions différentes; tantôt les dreſſant au Pas, au Trot & au Galop, s'appliquant ſur-tout à les rendre dociles, & à les accoutumer aux impreſſions de la main.

Voilà le vrai & le ſeul ſecret de dreſſer bien les Chevaux pour la Guerre. Par cette manœuvre on découvre les bonnes & les mauvaiſes Qualités de ces Animaux, on a tout le tems d'éprouver leur capacité, de corriger ou de réformer ce qu'il y a de mauvais, de perfectionner le reſte, & de prévenir une infinité de fautes, de dangers & de malheurs.

CHAPITRE XXIV.

De la manière d'équiper les Chevaux.

Instrumens de la Cavalerie, & ce que c'est.

IL eſt de la Cavalerie comme de tout autre Art mécanique: pour que ſon Traité ſoit complet, il ne ſuffit pas de donner l'explication de ſes Principes & le diſcernement de ſes Sujets, il faut encore produire les Inſtrumens qu'elle emploie pour faciliter ceux-ci dans l'exécution de ceux-là. L'on conçoit bien que ces Inſtrumens ne ſont autre choſe que ce qui ſert à harnacher les Chevaux & à les conduire, ſoit en portant, ſoit en tirant.

Grande diverſité des Equipages.

La différence de tous ces Equipages eſt grande: les uns ſervent à conduire le Cheval & à le retenir dans les bornes d'une obéiſſance aſſurée; ce ſont les Brides, les Bridons, les Caveçons de toute eſpèce: d'autres ſe placent ſur les Reins pour la commodité de l'Homme & l'aiſance du Cheval; ce ſont les Selles & les Bâts de toutes ſortes: les autres s'attachent au Poitrail pour appuier toute la force du Cheval qui tire; ce ſont les Coliers & tous les Harnois différens. Pour expoſer toutes ces pièces dans un beau jour & éviter les ombres de la confuſion, je traiterai de chacun en particulier.

Importance de cette matière.

Je ne me crois pas dans le cas de prouver l'importance de cette matière; mille accidens fâcheux, qui ruinent tous les jours la Bouche, le Garot, les Reins, le Poitrail, & tout le Corps des Chevaux les mieux choiſis, dont on ne peut imputer la perte plus certainement qu'à l'ignorance ou à l'étourderie, ou à la négligence de ceux qui les ont mal bridés ou ſellés, ou attelés ſans juſteſſe; tout cela perſuade aſſez vivement que de tous les points du grand Art que je traite, ceux-ci ne ſont pas les moins intéreſſans.

CHA-

Planche. I.

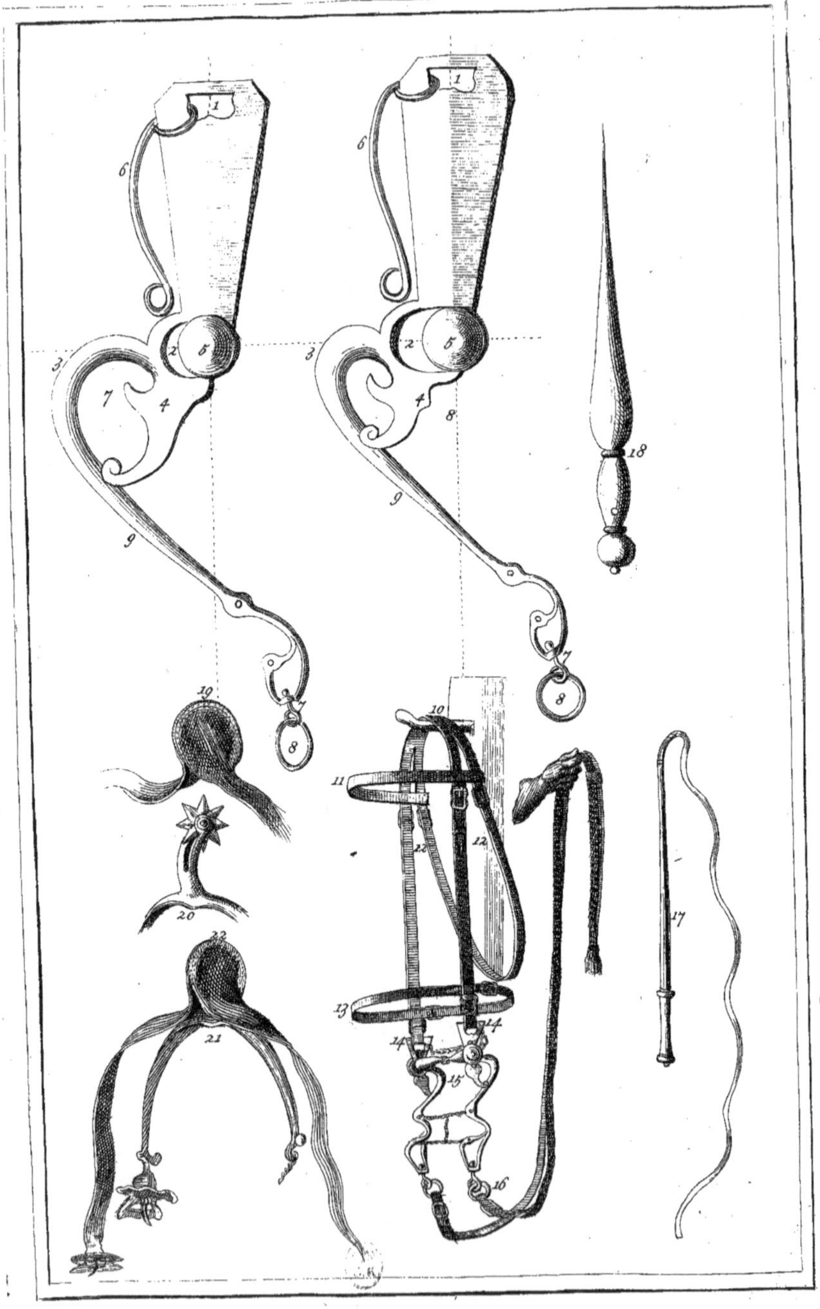

CHAPITRE XXV.

Des Brides.

JE ne puis faire mieux comprendre les qualités & les proportions d'une Bride, qu'en donnant les raisons de toutes les pièces qui la composent, leur nom, leur forme, leur différence, leur usage & leur union.

On distingue d'abord dans une Bride la Monture & le Mords: ces deux parties sont composées chacune de plusieurs pièces, qu'il nous faut examiner successivement l'une après l'autre.

La Monture ou la Garniture de la Bride est l'assemblage de toutes les bandes de cuir, figurées & nommées dans la *Planche* I. savoir la Têtière, le Frontal, le Portemords, la Sougorge, la Muserolle & les Rênes. On doit ajuster comme il faut, toutes ces pièces: car pour peu que l'une ou l'autre soit serrée ou lâchée, il arrive le plus souvent que le Cheval étant gêné, secoue la tête, bat à la main, & se rend desagréable au Cavalier: plusieurs n'y prennent pas garde, croyant que c'est la mauvaise habitude du Cheval. Il est vrai que cela peut être, si quelque ignorant a commencé de le monter, mais ordinairement la cause n'est pas si éloignée, & quand on la recherche de plus près, on la trouve souvent dans le dérangement d'une Bride mal assortie, dont voici les défauts. Monture de la Bride. *Planche* I.

Le Frontal serrant trop le coin des Oreilles, ou lâchant la Têtière sur le cou. Le Frontal.

La Sougorge trop serrée gêne la respiration, & lorsqu'elle est trop large, le Cheval est plus sujet à se débrider, sur-tout lorsqu'il est attaché à quelque chose. La Sougorge.

La Têtière trop longue baisse le Mords sur le devant de la Bouche, & porte sur les Crochets & les autres dents sur lesquelles les canons descendent: lorsqu'elle est trop courte, elle fait monter le Mords trop haut dans la bouche, fait froncer les lèvres, & les blesse souvent. Pour remédier sûrement à ces défauts & les prévenir, il faut tellement ajuster le haut de la Têtière, La Têtière.

Planche I. que les Canons du Mords tombent juste sur les Barres, qui sont les parties de la Mâchoire entre les Crochets & les Dents mâchelières.

La Muserole trop serrée gêne les Mâchoires, leur ôte la liberté de se mouvoir aisément, & par conséquent empêche le Cheval de prendre aucun plaisir dans son Mords: lorsqu'elle est trop lâche, chaque Oeil des Branches du Mords balance continuellement avec l'*Esse*, & le Crochet sur les parties des Joues auxquelles elles répondent, les incommode & les blesse souvent, parce que ces endroits sont tendres & très-sensibles à la plupart des Chevaux.

Les Rênes. Les Rênes sont des liens qui tiennent le Cheval captif sous la main de l'Homme; c'est par elles que cet Animal connoit tous les desseins que l'on peut former sur lui, les routes, les changemens & tous les devoirs qu'il doit pratiquer; c'est d'elles qu'il reçoit la forme & la perfection de ses plus belles habitudes, son adresse, son air, sa modération, sa docilité & tous les avantages que le Manège opère. Mais pour cela, quelle justesse, quelle expérience, quelle délicatesse ne faut-il pas dans la main qui ambitionne de bien conduire ce double gouvernail: de tous les points de l'Art je n'en connois pas qui demande plus d'attention, ni plus d'exactitude que celui-ci: car pour peu que la main soit habituée de tenir les Rênes trop courtes, ou trop longues, ou inégales, ou de les ramener sans raison, sans justesse, sans douceur, cela excite dans l'Animal des impressions qui l'inquiètent, qui confondent ses habitudes & qui renversent ses meilleures dispositions, ce qu'il m'est aisé de démontrer.

1. Quand les Rênes sont trop courtes, le Cavalier ne peut faire tourner aisément son Cheval à droite ni à gauche, parce qu'il ne peut faire bien sentir à l'Animal ce qu'il exige de lui: car dès qu'une main tire la Rêne du côté que le Cheval doit tourner, l'autre Rêne, que l'autre main retient, étant trop courte, lui résiste & empêche l'obéissance du Cheval, qui, se sentant violenté de deux côtés opposés, ne peut manquer de s'inquiéter, & de résister à la main qui le conduit si mal.

2. Lors-

2. Lorsque les Rênes sont trop longues, la tête du Cheval manquant d'appui, baisse à mesure qu'elle agit, & perd peu à peu tout l'agrément d'un air relevé, vigoureux & jeune: d'ailleurs il arrive souvent que l'une ou l'autre des Rênes, trop longue, s'embarasse dans l'un des quartiers de la Selle, & retient le Cheval d'un côté, pendant que la main veut le tirer de l'autre. Planche I.

3. La main, tenant les Rênes inégales, ne peut ramener le Cheval que la tête ne tourne sitôt du côté que la Rêne est plus courte, ce qui produit un effet très-desagréable; & l'on s'imagine que l'Animal est rétif, pendant qu'il n'est rien moins que docile.

4. Il n'est rien de plus fatigant pour un Cheval, rien qui l'inquiète davantage que de le ramener rudement à la main & souvent, comme plusieurs Rusteaux font, sous prétexte de le réveiller ou de lui corriger le Pas; mais bien loin que cela produise l'effet qu'ils desirent, l'Animal au contraire s'étourdit de plus en plus, & apprehende tellement les saccades violentes que ce tiraillement lui cause, qu'à la suite, pour la moindre impression de la main, il secoue la tête, sans sentir ni comprendre ce qu'on veut de lui.

5. Beaucoup d'autres, sans agiter le Mords, le tiennent roidement saisi, ne rendant presque jamais la main, ce qui produit encore un défaut plus pernicieux & plus irréparable que le précédent; car l'expérience fait voir tous les jours que cette roideur durcit de plus en plus la bouche du Cheval, qu'elle émousse toute sa sensibilité, & qu'elle anéantit par conséquent tout le fond de son obéissance. Les Cavaliers, les Laboureurs, les Cochers, les Charetiers & la plupart des Palfreniers sont sujets à cet abus, sur-tout lorsqu'ils ont des Chevaux vigoureux ou neufs, parce qu'ils s'imaginent les dompter aisément, ou les soutenir dans un air relevé, en leur tenant sans cesse les Rênes tendues, ce qui fait que la plupart des Chevaux, que ces sortes de gens conduisent, ont la bouche si dure, si forte, que rien n'est plus capable de les faire obéir avec grace.

De tout ceci il est facile de juger que, pour bien dresser un Cheval, & le conduire dans les règles, il faut savoir gouverner les Rênes avec poids & mesure, jamais Manière de bien dresser & conduire un Cheval.

Planche I. avec violence ni ſans raiſon, mais toujours avec modération & à propos, ſoit pour ſoutenir la tête du Cheval, la ramenant de tems en tems avec douceur, & lui rendant de même la main ſans excès, ſoit pour le faire tourner à droite ou à gauche, en lâchant tant ſoit peu une Rêne, en ramenant légerement l'autre, & ainſi pour tout autre effet que j'ai expliqué dans mes leçons de Manège; ce qui prouve qu'un Homme de Cheval doit avoir la main poſée ſans négligence, active ſans violence, & experte ſans diſtraction.

Après avoir vu les proportions & les défauts de la Garniture d'une Bride, il nous faut conſidérer ceux du Mords, plus obſcurs & beaucoup plus difficiles à connoître que les précédens; c'eſt-pourquoi j'ai cru devoir m'étendre un peu dans leur explication, &, pour ne traiter rien qu'avec ordre, je ferai voir 1. ce que c'eſt qu'un Mords de Bride; 2. ſes eſpèces différentes par raport aux Branches; 3. par raport aux Canons; 4. par raport aux Gourmettes.

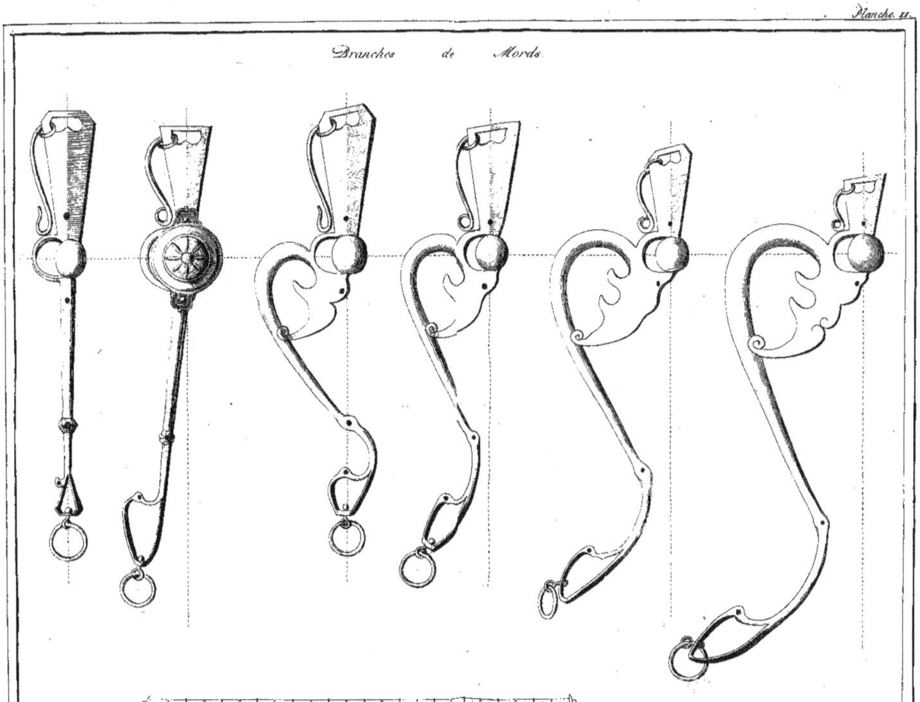
Branches de Mords
Regle de douze pouces

CHAPITRE XXVI.

Du Mords de Bride.

LE Mords eſt un aſſemblage de pluſieurs pièces de fer, qui ſont une Gourmette avec ſon *S* ou *Eſſe* & ſon Crochet, deux Branches, deux Canons, deux Boſſettes, deux Chainettes, pluſieurs Tourets & leurs Anneaux. On diſtingue eucore dans chaque Branche pluſieurs parties, l'Oeil, le Banquet, le Coude, la Soubarbe, le Jarêt, le Banquet du bas de la Branche & pluſieurs Trous, dont nous parlerons en leur place. Pièces du Mords de Bride *Planches*, I, II, III.

On ne peut ſe former une idée plus juſte du Mords, ni plus conforme aux règles de la Mécanique, que de le conſidérer comme deux leviers unis enſemble, dont les puiſſances ſont aux Anneaux des Rênes, les points d'appui aux endroits des Canons, qui poſent ſur les Barres, & les forces, au nombre de quatre, ſont au bout de chaque Oeil & à la pointe de chaque Canon: par-là on conçoit d'abord comment le Mords ſert puiſſamment tantôt à lever la tête, à la fléchir, tantôt à la tourner à droite ou à gauche, tantôt à exciter ſon feu ou à calmer ſa violence, en un mot, à lui faire opérer tout ce que l'on ſouhaite; mais pour cela il faut que le Cheval ſoit bien embouché, qu'il n'ait rien dans ſon Mords, qui ne ſoit aiſé, juſte & efficace. Uſage du Mords.

C'eſt ce qu'un Eperonnier, tout habile qu'il ſoit dans ſon Art, n'eſt pas capable d'exécuter, s'il ne connoit d'ailleurs les diſpoſitions de la Tête & de la Bouche du Cheval qu'il doit emboucher, & quelles ſont les qualités du Barbouchet, de la Langue, des Barres & des Lèvres, dont les différences exigent des Mords formés auſſi tout différemment; car il faut d'autres Branches pour relever la Tête, que pour la ramener; d'autres Canons pour une Langue épaiſſe, que pour celle qui eſt mince & déliée; d'autres Canons encore pour une Bouche tendre, que pour celle qui eſt forte ou peſante, pour des Barres remplies & charnues, que pour celles, qui ſont maigres & tranchantes; d'autres Banquets pour Raiſon de la différence des Mords.

des Lèvres ridées & épaisses, que pour celles qui sont fermes & minces; d'autres Gourmettes pour un Barbouchet gras & charnu, que pour celui qui est maigre & sensible; d'autre Oeil pour une Tête pesante, que pour celle qui se dresse avec excès, & ainsi de toute autre qualité, à laquelle le Mords doit être proportionné, comme on le verra dans la suite.

Je ne saurois m'empêcher de marquer ici mon étonnement à la vue de ce qui se passe dans la plupart des écuries, où l'ignorance & le préjugé saisissent tellement les esprits, que dès que l'on voit un Mords travaillé par une main reputée habile, cela suffit pour croire que le Cheval sera bien embouché, & s'il arrive que l'Animal ne puisse prendre aucun plaisir à ce Mords, ni agir avec aisance, l'honneur reste toujours à l'Ouvrier, & la faute s'impute au Cheval: on dit que l'Embouchure est faite dans les règles, mais que la Bouche est dure & pesante.

Mais que j'aime à relever ces erreurs, & à montrer, par les différentes sortes de Mords que je représente, les proportions requises à une bonne Embouchure, afin qu'on reconnoisse que la plupart de ces défauts, dont on accuse la Nature, ne sont effectivement que des fautes de l'Art.

CHA-

CHAPITRE XXVII.

De la différence des Branches de Mords.

ON doit remarquer d'abord, par les figures de Branches que j'ai données, que leur différence consiste, ou dans l'Oeil plus ou moins haut, ou dans le Banquet plus ou moins grand, ou dans la Branche droite ou tournée, ou dans le jaret plus ou moins flasque ou hardi, ou dans les Anneaux percés à côté ou au bout, ou dans l'extrémité des Branches plus ou moins éloignée du Canon. En quoi consiste la différence des Mords. *Planches* I & II.

Pour comprendre la raison de toutes ces différences, il faut se rappeller l'idée que nous avons donnée du Mords dans le Chapitre précédent, où nous l'avons considéré comme deux Leviers unis ensemble.

Personne n'ignore que plus le point d'Appui est près de la Force & éloigné de la Puissance, plus l'action du Levier est efficace & aisée. Ce principe seul suffit pour faire comprendre que plus l'Oeil est court & la Branche longue, plus le Mords abaisse & ramène puissamment la Tête du Cheval: au contraire, plus l'Oeil est haut & l'Anneau des Rênes rapproché du Canon, moins l'action est violente. Comment les Mords agissent.

A mesure que la main attire la Puissance d'un côté, la Force conduit le poids de l'autre: delà les effets contraires des Branches flasques & des hardies: on appelle Branche flasque celle dont le Jaret & la Puissance ne sont pas dans la même ligne de l'Oeil & du Canon; mais rentrent en dedans du côté du Poitrail. On nomme Branche hardie celle dont le Jaret & la Puissance s'écartent aussi de la ligne de l'Oeil & du Canon, mais en dehors, & d'une manière opposée aux Branches flasques. Quand les Rênes tirent des Branches flasques, pendant que la Puissance ramène la Bouche au Poitrail, la force du Levier allonge le cou du Cheval, & éloigne le front du Garot: le contraire arrive, quand les Rênes tirent une Branche hardie, parce qu'alors la Puissance éloigne la Bouche du Poitrail, & la Force par conséquent doit ramener le cou & raprocher la Tête du Garot. Branches flasques & hardies. *Planche* II.

 Les

Les Chevaux ont la tête plus ou moins difficile à ramener ou à relever, ſelon qu'ils la portent plus ou moins roidement haute, ou foiblement baſſe: c'eſt-pourquoi j'ai donné le deſſein de faire des Branches beaucoup plus flasques ou plus hardies les unes que les autres.

Les Branches droites ont le même effet que les Branches tournées, lorsqu'elles ont l'Oeil également haut, & la Puiſſance, c'eſt-à-dire l'Anneau des Rênes, également éloignée du point d'appui, qui eſt le Canon; ainſi la prémière Branche n'a point d'autre efficace que la troiſième, ni la ſeconde d'autre que la quatrième. Mais, dira-t-on, pourquoi donc cette différence? En voici la raiſon, c'eſt que les Branches droites, quoique beaucoup moins agréables que les tournées, ſont cependant beaucoup plus difficiles à rompre, par conſéquent ſont beaucoup plus propres à dreſſer des Chevaux neufs, dont il faut briſer les violences à tout bout de champ, & arrêter ſans ceſſe les emportemens, ce qu'on ne doit pas risquer de faire avec une Branche tournée, laquelle, à cauſe de ſa délicateſſe, n'eſt propre qu'à un Cheval dreſſé & accoutumé au Mords.

Quand les Lèvres ſont fort groſſes dans les coins de la Bouche, ou qu'elles ſont peu fendues vis-à-vis des Barres, il arrive que ſe trouvant preſſées des deux côtés, par les Branches du Mords qui les retiennent, elles rentrent en dedans ſur les Barres, empêchent les Canons de poſer ſur les Barres, & rendent par conſéquent le Cheval peſant à la main. Pour remédier à ce défaut, il faut que les Banquets ſoient plus grands, afin que les coins des Lèvres trouvant à s'y loger, ne rentrent point en dedans.

Suivant ces principes, il eſt facile de juger de la bonté & des défauts de chaque Branche qu'on peut former, pourvu qu'on connoiſſe auſſi d'ailleurs les diſpoſitions du Cheval qu'on doit emboucher.

Planche II. Ainſi l'on voit que la première figure eſt une Branche propre à dreſſer les jeunes Chevaux, ſur-tout ceux qui n'ont pas la tête exceſſivement haute ni défectueuſement baſſe; car n'étant ni flasque ni hardie, elle ſert à ſoutenir la tête dans une ſituation médiocre, pouvant tantôt la relever, tantôt la ramener; c'eſt par elle qu'un

Ecuier

Ecuyer habile peut distinguer bientôt quel est naturellement l'air du Cheval, & quelle Branche de Mords lui sera propre. Planche II.

La seconde Branche est aussi pour un Cheval neuf qu'on ne peut ramener suffisamment avec la première; parce qu'il porte trop haut le nés au vent, & s'il arrivoit que les Rênes, étant attachées à l'Anneau d'en-bas, ne le ramenassent pas encore bien; pour lors il faudroit les attacher à l'Anneau percé à côté, dont l'action est beaucoup plus puissante que celle du précédent. Ces deux premières Branches se nomment tantôt Buades, tantôt Branches à Pistolet, tantôt Brides à Poulain, &c. On ne les monte qu'avec des Canons simples, dont nous parlerons plus bas.

La troisième Branche n'est ni flasque ni hardie, ainsi que la première, elle sert également comme elle à un Cheval, qui a la Bouche légère, & qui porte la tête médiocrement haute, parce qu'elle est propre à la ramener doucement & à la relever de même.

La quatrième, la cinquième & la sixième sont des Branches plus flasques l'une que l'autre, propres aux Chevaux, qui portent le nés au vent, selon qu'ils sont plus ou moins difficiles à ramener.

Il faut remarquer que plus la Branche est flasque, plus le Jaret & l'Anneau des Rênes s'éloignent du Canon, & plus l'Oeil doit s'accourcir: au contraire, plus les Branches sont hardies, plus le Jaret & l'Anneau des Rênes se raprochent du Canon, & plus l'Oeil doit s'élever. On verra les proportions de tous ces changemens, en consultant la règle de douze pouces, qui est au bas de la *Planche* II.

CHAPITRE XXVIII.

De la différence des Canons.

Définition des Canons. *Planche* III.

LEs Canons sont deux pièces de fer égales, de figure conique, unies ensemble par leurs pointes annelées & entrelassées, ayant leurs Fonceaux (*a*) attachés aux Branches à l'endroit du Banquet. De tout le Mords il n'y a que ces deux pièces qui entrent dans la Bouche; c'est-pourquoi on les nomme simplement l'Embouchure, qu'on doit placer juste sur la Langue, & au milieu des Barres, entre les Crochets & les grosses dents.

Différences des Embouchures.

Toute la différence des Embouchures consiste en ce que les Canons sont plus ou moins gros par leurs Fonceaux, ou qu'ils ont leur pointe dans la même ligne, comme la première & la seconde, ou que ces pointes sont élevées au dessus des Talons (*b*), plus ou moins haut, comme les Embouchures 3, 4, 5, 6, qu'on nomme Canons montans, ou que ces mêmes pointes sont separées par un Anneau vacillant, comme les Embouchures 7, 8.

Raison de ces différences.

La raison de toutes ces différences est que les Chevaux n'ont pas les Barres & la Langue semblables, les uns ayant les Barres plus grosses, plus charnues & plus tranchantes, c'est-à-dire, plus maigres & plus pointues: la Langue aussi plus épaisse ou plus mince, ou quelquefois pendante hors de la bouche; car plus les Barres sont sensibles & tendres, plus l'Embouchure doit être douce & légère; plus la Langue est épaisse, plus les Canons doivent être montans, afin que la Langue ait la liberté de se mouvoir dessous; plus les Barres sont grosses & charnues, plus les Talons des Canons doivent porter dessous, enfin pour empêcher que la Langue ne descende, il n'y a pas de moyen plus aisé ni plus efficace que les Embouchures 7 & 8, suivant la grandeur de la Bouche.

C'est-

(*a*) On appelle *Fonceaux* les deux extrémités du Canon, où les Branches sont attachées. Voyez la *figure* 3 de la *Planche* III.

(*b*) On donne le nom de *Talon* à la partie située entre le Fonceau & le milieu du Canon. Voyez la *figure* 3 de la *Planche* III.

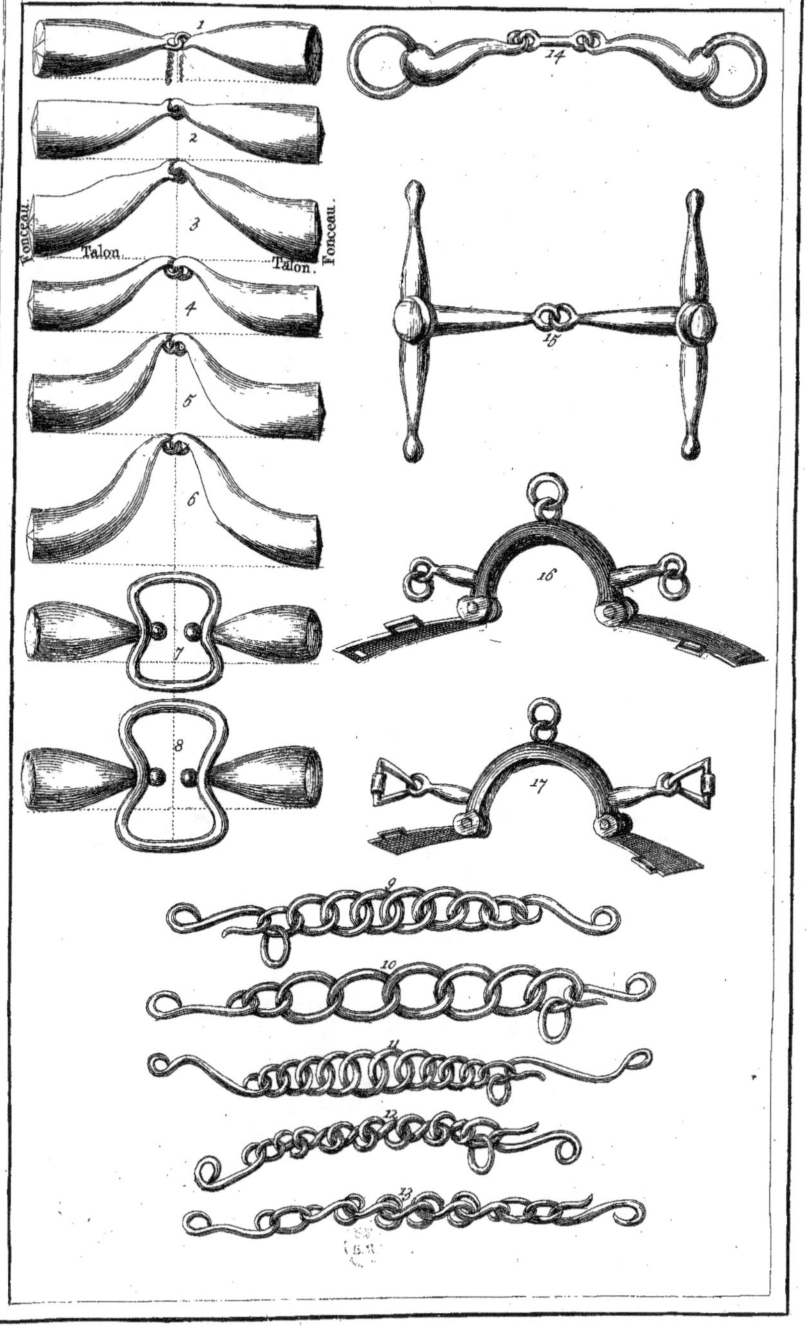
1
2
Fonceau.
3
Fonceau.
Talon.
Talon.
4
5
6
7
8
9
10
11
12
13
14
15
16
17

C'est-pourquoi la première Embouchure, qu'on appelle *à Canons simples*, convient aux jeunes Chevaux, qui n'ont pas encore eu de Bride; elle peut aller à toutes sortes de Branches, mais ordinairement on ne l'emploie qu'avec des droites, dites Branches à Poulains, pour commencer à dresser un Cheval avec le Caveçon. Cette Embouchure est la plus douce qu'on puisse donner à un Cheval, parce qu'étant toute simple, c'est-à-dire, les Canons étant tout droits, elle porte entierement sur la Langue & sur le bord des Lèvres, mais nullement sur les Barres, ce qui fait qu'il faut être le plus mauvais Homme de Cheval pour lui gâter la bouche avec une telle Embouchure. Planche III. Usage & effet des différentes sortes d'Embouchures.

La seconde Embouchure est pour un Cheval, qui a déja eu la Bride, parce qu'étant un peu plus voûtée que la première, elle donne quelque liberté à la Langue de couler dessous les deux Canons, dont les Talons posent légerement sur les Barres; elle peut servir longtems aux Chevaux, qui ont la Langue très-mince & les Barres sensibles, parce qu'elle ne peut poser que très-peu sur les Barres.

La troisième donne plus de liberté à la Langue, & porte davantage sur les Barres, c'est-pourquoi elle est propre aux Chevaux, qui ont la Langue épaisse & la Bouche un peu forte.

C'est une règle générale pour toute Embouchure, qu'il faut qu'elle soit plus large que la Bouche, parce que si elle étoit trop étroite ou trop juste, il seroit dangereux & même inévitable que les Branches serrant trop contre les Lèvres, les feroient rentrer en dedans sous les Canons, qui ne portant plus sur les Barres, rendroient la Bouche pesante à la main & le Cheval insensible à l'obéissance.

La quatrième Embouchure donne à la Langue plus de liberté que les précédentes, les Canons portent aussi plus sur les Barres: si le Cheval avec une telle Embouchure avoit encore la Bouche un peu forte à la main, il faudroit prendre la cinquième, ou la sixième, qui donneront beaucoup plus de liberté à la Langue, les Canons portant aussi davantage sur les Barres deviennent plus sensibles & dirigent plus facilement la Bouche. Cependant il faut bien prendre garde que la pointe de l'Embou-

Planche III. bouchure ne soit trop haute, & qu'elle ne touche au palais, ce qui tiendroit toujours la Bouche ouverte, inquiéteroit le Cheval, & produiroit un effet très-desagréable; ce qui arrivoit fréquemment dans les siècles passés, lorsque l'on donnoit aux Chevaux des Embouchures extrêmement hautes, qui leur ouvroient la Bouche excessivement & les faisoient paroître comme des Chevaux enragés, comme on peut le remarquer par les vieilles Estampes & les anciens Livres de Cavalerie; mais à présent qu'on a trouvé le secret d' emboucher les Chevaux, sans leur causer cette violence, ce feroit une faute impardonnable, si on ne les conduisoit avec douceur & avec toute l'aisance que l'Art a rendu facile.

La septième & la huitième Embouchures sont pour empêcher la Langue de descendre hors de la Bouche, comme il arrive à plusieurs Chevaux, sur-tout à ceux de carosse, par la faute de ceux qui les conduisent; parce qu'en leur tenant les Rênes continuellement tendues, sous prétexte de les tenir fermes dans un air relevé, ou de s'en rendre maître, ils échaufent tellement les Barres & affoiblissent tant la machoire d'en-bas, que celle-ci cedant à leur violence, ne peut que comprimer la Langue dans le gosier & la forcer jusqu'à se relâcher & s'allonger hors de la Bouche.

Les Maîtres préviendroient aisément ces abus, s'ils examinoient de plus près comme l'on conduit leurs Chevaux, ils verroient que la plupart des Cochers & des Palfreniers, élevés à la charue & habitués à de gros ouvrages, ont l'inflexible coutume de conduire rudement tous les Chevaux, les ramenant toujours avec violence, sans leur rendre jamais la main. Une rudesse si outrée produit bientôt ou l'indomptable dureté de la Bouche, ou le relâchement de la Mâchoire & l'allongement de la Langue.

Je sais que ce défaut ne diminue pas la bonté du Cheval, & qu'il ne cause aucunes entraves à sa liberté d'agir; je vois même Milord Duc *de Newcastel* briser sa plume sur ce défaut, & marquer dans son Livre qu'il ne s'embarrassoit pas qu'un Cheval tirât la langue ou non; mais je suis bien persuadé que ce Grand-homme, qui

qui aimoit extrêmement les Chevaux, y auroit remedié s'il en eût sçu le secret: car on ne peut disconvenir que ce ne soit là un défaut très-desagréable à la vue, & toujours incommode au Cheval, puisqu'il l'empêche de prendre aucun plaisir dans son Mords, à moins qu'on ne corrige l'Embouchure avec un Canon brisé, afin qu'il ne gêne pas dans la bouche, & qu'il se prête facilement à tous les mouvemens de la Langue. Planche III.

Ces deux dernières Embouchures ne diffèrent entre elles, que par leur grandeur; la septième, comme plus petite, convient à un Cheval de Selle, qui n'a pas ordinairement la bouche si grande qu'un Cheval de carosse, à qui l'on ajusteroit mieux la huitième.

Plusieurs attachent à l'Embouchure de leurs Chevaux des Chainettes, telles qu'on en voit à la première: ces petites pièces, toutes foibles qu'elles soient, ne laissent pas d'avoir souvent plus d'effet qu'on ne pense, en ce que portant sur la Langue elles la chatouillent, la font remuer & agiter le Mords. La bouche se remplit d'écume, & paroit d'autant plus agréable, que c'est la marque d'un très-bon tempérament, d'un naturel gai, & d'un Cheval bien embouché: car, pour peu que le Cheval soit incommodé, ou que l'Embouchure le blesse, on ne le verra jamais badiner sur son Mords.

FINIS

CHAPITRE XXIX.

Des Gourmettes.

Planche III
Usage & utilité des Gourmettes.

LA perfection du Mords ne dépend pas seulement des Branches & des Embouchures, mais encore de la Gourmette, qui ne contribue pas moins à rendre le Cheval doux & agréable, lorsqu'elle est bien proportionnée à la délicatesse ou à la fermeté du Barbouchet, sur lequel elle produit son action.

Son utilité se manifeste, 1. lorsqu'en ramenant le Cheval à la main, la bouche s'ouvriroit d'abord, comme il arrive avec le Bridon seul, si la Gourmette pressant sur le Barbouchet ne retenoit la Machoire inférieure serrée contre l'autre, & ne soutenoit par conséquent la bouche fermée avec un air doux & agréable. 2. La Gourmette pressant sur le Barbouchet à mesure que l'Embouchure presse sur les Barres, saisit tellement le Cheval, que plus sa violence veut l'emporter, plus la Gourmette lui cause de douleur par son saisissement & l'arrête; mais il faut bien prendre garde que ce qui doit contribuer à l'agrément de la bouche & à la modération du Cheval, ne le blesse & ne le fasse battre continuellement à la main, ce qui seroit inévitable, si la Gourmette n'étoit pas bien proportionnée au Barbouchet, & ne lui étoit bien ajustée: c'est-pourquoi il importe beaucoup de connoître les qualités de l'un & de l'autre, & de savoir la manière de placer bien celle-ci; c'est ce que je me propose d'expliquer par les Règles suivantes.

Règles à observer touchant les Gourmettes.

1. Lorsque le Barbouchet d'un jeune Cheval est maigre, & qu'on n'y sent que la peau avec les os de la Machoire, il est très délicat & dangereux à blesser, pour peu que la Gourmette manque de douceur: ce qui n'est pas de même pour un Cheval âgé, & exercé depuis longtems sous la Bride, dont le Barbouchet, quoique décharné, peut être durci par l'usage & devenu si insensible, qu'à peine la Gourmette la plus rude sauroit l'incommoder.

2. Plus

2. Plus le Barbouchet eſt gros & charnu, plus il eſt ferme & moins ſenſible, & cela encore ſelon que l'Animal eſt accoutumé de porter le Mords depuis longtems; parce qu'on ne peut douter que cette partie ne s'affermiſſe de plus en plus par l'uſage, quand rien ne la bleſſe. *Planche III.*

3. Les Gourmettes ſont douces autant qu'elles ont les mailles groſſes, plates & ſerrées l'une contre l'autre: comme la première Figure *Numero* 9. Au contraire elles ſont tranchantes & rudes ſelon que les mailles ſont minces, tournées & écartées l'une de l'autre, comme la dernière, *Numero* 13.

4. Plus le Barbouchet eſt ſenſible & délicat, plus la Gourmette doit être douce, parce que la moindre rudeſſe bleſſeroit bientôt l'Animal & lui rendroit le Mords inſupportable: au contraire, plus le Barbouchet eſt gros, ferme ou durci, plus la Gourmette doit être rude, pour que ſon action ſoit efficace & qu'elle puiſſe modérer par ſa rigueur les violences du Cheval.

On voit, par ces 4 Règles, que la première Gourmette *Numero* 9, eſt la plus douce de toutes: elle peut ſervir à touts ſortes de Chevaux qui ont le Barbouchet délicat; car ſi elle eſt bien faite & bien unie avec des mailles groſſes & ſerrées, elle ne pourra jamais endommager l'Animal; on la doit toujours mettre à la première Bride d'un Cheval neuf, à moins qu'il n'ait le Barbouchet trop gros.

La ſeconde Gourmette, *Numero* 10, presque ſemblable à la première, eſt moins douce, ayant les mailles plus allongées & par conſéquent plus écartées les unes des autres, quoiqu'elles ſoient auſſi groſſes & auſſi plates que celles de la première: elle convient à un Cheval qui a le Barbouchet un peu gros ou affermi.

La troiſième, *Numero* 11, eſt encore une Gourmette plate, comme les deux précédentes; mais elle a les mailles plus menues & plus écartées que les autres, ce qui la rend encore moins douce: elle eſt propre pour un Barbouchet gras & charnu, qui ne pourroit ſentir l'effet de la première ni de la ſeconde.

La quatrième, *Numero* 12, eſt une Gourmette Françoiſe, qu'on nomme *Gourmette ronde*, quoiqu'elle pa-

Planche III. roiffe triangulaire; quand fes mailles font bien faites & tournées également, elle a de bons effets fans qu'elle puiffe gâter le Barbouchet; mais elle eft rude, ayant les mailles minces & tournées de façon qu'elles preffent toujours le Barbouchet par leur côté tranchant, ne pouvant fe pofer fur leur plat: elle eft bonne pour un Cheval qui a le Barbouchet dur & habitué au Mords depuis longtems.

La cinquième, *Numero* 13, quoique fort femblable à la précédente, eft néanmoins encore plus rude, en ce que fes mailles font plus menues, & qu'elles font attachées par des crochets plus allongés que ceux de la Gourmette Françoife. On ne doit s'en fervir que pour des Chevaux qui ont le Barbouchet très-endurci, & auquel toute autre Gourmette deviendroit inutile.

Je fais qu'il y a beaucoup d'autres Gourmettes, dont la forme eft encore différente de ces cinq fortes; mais elles n'ont point d'autre effet, finon qu'étant plus difficiles à faire, elles coutent plus de tems à l'Ouvrier & plus d'argent au Maître. La fimplicité, felon mon opinion, eft toujours meilleure: c'eft-pourquoi je ne me fers jamais que des plates, comme la prémière, *Numero* 9, ou des rondes comme la quatrième, *Numero* 12, ou la cinquième, *Numero* 13.

5. La Gourmette doit pofer jufte fur le Barbouchet, tellement que la groffe maille du milieu ne foit de côté ni d'autre, & les autres mailles doivent auffi fe répondre également l'une à l'autre à mefure que leur groffeur diminue, parce que cette proportion fait que la Gourmette agit uniformément fur le Barbouchet, & rend fon action plus agréable au Cheval. Or pour que cette jufteffe fe trouve, il faut que l'*S* & le Crochet foient égaux en longueur, fans quoi la groffe maille ne fe placera jamais fur le milieu du Barbouchet: pour la même raifon l'*S* & le Crochet doivent être longs plus ou moins, felon que le Barbouchet eft plus bas que l'Oeil de la Bride; car il eft vifible que fans cette proportion, la groffe maille porteroit fon effet plus haut ou plus bas que le Barbouchet, ce qui rendroit la Gourmette inefficace, ou blefferoit le Cheval, fi elle étoit trop courte.

6. Il y a des Chevaux, qui ont les deux côtés deffous l'œil

l'œil des Branches si délicats, si tendres, qu'ils se blessent d'abord pour peu que l'*S* & le Crochet y touchent: c'est-pourquoi ces deux pièces doivent être tellement tournées qu'elles ne puissent s'accrocher à ces endroits, & nécessiter le Cheval de battre à la main. Planche III.

On peut voir comment ces deux pièces doivent être tournées, dans les figures de Branches des *Planches* I & II, chacune ayant son Crochet ou son *S* attaché à l'extrémité de l'Oeil, comme il convient: où l'on peut remarquer que l'*S* & le Crochet ne font qu'un simple contour depuis l'oeil de la Branche jusqu'au premier Anneau de la Gourmette; au-lieu que s'ils étoient droits cela trancheroit sur les angles de la Mâchoire & blesseroit inévitablement le Cheval: plusieurs, pour remédier à ces accidens, envelopent ces pièces avec du cuir ou du linge, mais ces précautions sont inutiles, le plus assuré est que l'*S* & le Crochet soient bien tournés, avec une surface intérieure, plate & unie. Planches I & II.

7. On peut remarquer dans les figures des Gourmettes qu'il n'y a qu'un Anneau du côté de l'*S*, & deux du côté du Crochet; la raison de cela est que souvent l'on veut monter un Cheval qui n'a point de Bride faite pour lui, car alors si cette Gourmette se trouvoit trop courte, on peut l'allonger en mettant le premier Anneau dans le Crochet; car ordinairement on ne doit accrocher que le second, en qui seul consiste la justesse de la Gourmette. Mais, dira-t-on, dans l'autre cas la Gourmette se trouvera placée de côté: cela est vrai; mais si le Cheval est déjà dressé au Mords, cela ne peut l'incommoder, pourvu qu'on n'en continue pas longtems l'usage; mais pour dresser un Cheval neuf il faut absolument que la Gourmette soit juste, parce qu'il ne faut le gêner que le moins qu'il est possible. Planche III.

CHAPITRE XXX.

Des Bridons.

Différentes sortes de Bridons. *Planche* III.

IL y a plusieurs sortes de Bridons selon le goût de chaque Nation, ce qui fait qu'on les nomme *Bridons à l'Angloise*, *à la Françoise*, *à l'Allemande*, &c. Mais toutes ces différences ne servent de rien, parce qu'ils ont tous l'effet semblable.

Grand usage qu'en font les Anglois.

Les Anglois se servent plus de Bridons que de Brides, soit pour les promenades, soit pour les Chasses forcées, comme celle du Renard, dont ils sont grands amateurs, soit pour les Courses forcées, qu'ils font journellement, & en quoi ils sont inimitables.

Dans quels cas il faut se servir ou de la Bride ou du Bridon.

Presque toutes les autres Nations préfèrent la Bride au Bridon, pour tenir mieux le Cheval en respect; mais le meilleur à mon avis est de se servir de tous les deux ensemble soit pour la Chasse, soit pour la Promenade, soit pour la Guerre, où le Bridon est absolument nécessaire pour sauver le Cavalier de plusieurs accidens, dont la Bride seule ne le délivreroit pas. Je sais que dans un Combat l'on ne se sert point de Bridon pour conduire le Cheval, & qu'en combattant l'on est assez embarrassé de tenir de la main gauche les Rênes de la Bride, afin d'avoir la droite libre pour se défendre; mais cela n'empêche pas qu'on ne puisse avoir encore un Bridon, dont on lâche les Rênes sur le cou; & alors si quelque Rêne de la Bride vient à se rompre par hazard, ou qu'elle soit coupée par l'ennemi, ce qui arrive souvent dans un choc ou dans une bataille, le Cavalier a recours au Bridon pour se tirer d'affaire. J'ai vu plusieurs fois l'expérience de ceci, & il n'est arrivé que trop souvent que des Cavaliers sont restés dans la mêlée faute de n'avoir pas eu de Bridon avec la Bride le jour de l'Action.

Il en est de même pour les Promenades & la Chasse, où il peut arriver que la Bride se casse en quelque endroit à l'Embouchure ou aux Branches ou aux Rênes: le Bridon y étant, servira à conduire le Cheval le reste du tems. D'ailleurs le Bridon a encore cet avantage, que si

l'on

l'on rencontroit devant ſoi quelque haie ou quelque foſſé à franchir, pour faire ſauter le Cheval, il vaudroit mieux le ſoutenir du Bridon que de la Bride, parce que l'Animal peut s'allonger davantage, & prendre par conſéquent plus de liberté que s'il étoit ſoutenu par la Bride. *Planche* III.

Je n'ai repréſenté que deux ſortes de Bridons. Le premier, *Numero* 14, eſt à l'Angloiſe; on ne ſe ſert pas d'autres pour les Courſes forcées. Lorſqu'il eſt délicatement fait, il eſt excellent pour un Cheval de Guerre & de Chaſſe. Bridon à l'Angloiſe.

Le ſecond Bridon, *Numero* 15, eſt de ceux dont les Valets ſe ſervent pour promener les Chevaux ou les mener à l'abreuvoir, afin qu'ils ne gâtent pas la bouche de ces Animaux, comme ils feroient bientôt avec une Bride, ayant la plupart la main groſſière & peſante: car lorſqu'on mene un Cheval avec le Bridon ſeul, on ne peut lui gâter la bouche, parce que l'Embouchure du Bridon ne porte pas ſur les Barres, mais ſur la Langue & ſur le bord des Lèvres; c'eſt-pourquoi il eſt bon que ces Embouchures aient encore une petite Barre à chaque côté, comme on en voit au ſecond Bridon, *Numero* 15, parce que cela retient l'Embouchure juſte ſur la Langue & ſur les Lèvres. Bridon dont ſe ſervent les Valets.

CHAPITRE XXXI.

Des Caveçons.

Bons effets du Caveçon. *Planche* III.

LE Caveçon a de bons effets. Quand il eſt conſtruit dans les règles, c'eſt-à-dire, quand il eſt bien arrondi en dedans comme en dehors, & qu'il eſt tellement garni de bourre & de cuir, qu'il ne puiſſe bleſſer le deſſus du Nés du Cheval, pour lors il ſert avantageuſement pour commencer à dreſſer un jeune Cheval, qui ne connoit pas encore la Bride, pourvu que ce ſoit entre les mains d'un Cavalier qui eſt déjà en état de le conduire doucement; car c'eſt un abus que pluſieurs Maîtres de Manège commettent en apprenant leurs jeunes Diſciples à conduire un Cheval avec le Caveçon, ce qui leur rend ſouvert la main rude & peſante pour toute la vie, parce que le deſſus du Nés n'étant pas ſi ſenſible que la Bouche, ils ſe forment l'habitude de ramener rudement le Cheval.

C'eſt-pourquoi, pour apprendre à conduire un Cheval, il vaut mieux commencer avec la Bride dans la main ſur un Cheval qui a la Bouche bonne & aiſée; par-là le Diſciple ſe formera une main plus légère, ce qui n'eſt pas un petit avantage dans l'Art de la Cavalerie.

Deux ſortes de Caveçons, & manière de s'en ſervir.

J'ai repréſenté deux Caveçons différens par raport aux deux manières de s'en ſervir. Le *Numero* 16 a ſes Anneaux arrondis & ſimples, parce que ceux qui s'en ſervent y attachent les deux Longes, qu'ils tiennent à la main comme des Rênes. Le *Numero* 17 a ſes Anneaux applatis & garnis de viroles tournantes ſur les côtés plats, parce que dans ſon uſage on attache les Longes au devant de la ſelle ou au haut des ſangles, & on les fait paſſer dans ces Anneaux pour les faire revenir à la main, & cela, diſent les amateurs de cette ſorte de Caveçon, afin de mieux ramener le Cheval à ſoi & de le plier mieux. J'approuve les deux manières, pourvu qu'un Ecuyer ſache faire la différence de la nature du Cheval & de ſes qualités avant de lui donner l'un de ces deux Caveçons,

parce

parce qu'ils ne conviennent pas également à toute sorte de Chevaux, les uns ne pouvant pas se plier comme les autres. Planche III.

L'Anneau du milieu sert pour les premières leçons du Manège, pour commencer à apprendre au Cheval le Pas & le Trot; parce qu'on lui attache à l'Anneau du milieu une longue Longe pour commencer à le faire aller autour de soi, d'abord au petit Pas, ensuite au Trot; ce qu'on appelle faire troter le Cheval autour du Pilier.

Le Caveçon doit être placé tellement qu'il ne soit pas plus haut que la Muserole ni plus bas: car trop haut il n'a point d'effet, trop bas il gêne la respiration des Narines, & rend l'Animal moins docile.

Plusieurs sont dans l'opinion que plus le Caveçon est rude & sensible, plus il est aisé de plier le Cheval; mais aussi plutôt il se gâte le dessus du Nés, où le poil étant une fois tombé, ne revient pas de longtems, ce qui le rend extrêmement difforme. Il est donc plus à propos, en cas que l'Animal ait la tête rude à ramener, de faire les Branches des Anneaux plus longues, afin que l'action des Longes soit plus efficace; par ce moyen la rudesse du Caveçon ne peut blesser le Cheval, & le violente beaucoup moins. J'espère que ceux qui en feront l'expérience, me rendront justice, & qu'ils préféreront sans peine ma pratique à leur abus.

Cependant je dois faire observer qu'on ne doit faire allonger les Branches des Anneaux que pour des Chevaux difficiles à plier; parce que pour ceux qui ont la tête douce & légère, les Branches les plus courtes sont préférables, non seulement parce qu'elles sont moins embarassantes, mais encore parce que rendant l'action des Longes plus modérée, l'Animal n'est pas si contraint, & goute plus facilement l'Embouchure de la Bride.

Dans beaucoup de Manèges on se sert de Caveçons jusqu'à ce que le Cheval soit tout-à-fait dressé, & même en Italie & en Allemagne, ils les conservent toute la vie, & cela, comme ils disent, pour conserver la Bouche des Chevaux; mais je soutiens que c'est un abus, & que cet excès ne peut être que très desavantageux au Cheval & très incommode à l'Homme: car je leur demande,

mande, à quoi un Cheval peut être propre pour un Homme de guerre ſur-tout, ſi ne connoiſſant pas bien la Bride, il obéit plus avec le Caveçon qu'avec la Bride; car il faut ſe ſervir des deux mains pour conduire un Cheval avec le Caveçon & la Bride, comme chacun ſait; de quelle main donc le Cavalier ſe défendra-t-il, s'il les a toutes les deux occupées? Il n'eſt donc rien de plus incommode que cet uſage, ni même rien de plus contraire au bon-ſens, que de laiſſer un Cheval dans l'imperfection, crainte de lui durcir la Bouche.

CHAPITRE XXXII.

De la Martingalle.

Definition de la Martingalle, & ſon uſage.

JE n'en donne pas la figure, parce que je la crois inutile pour comprendre l'explication que j'en veux faire.

La Martingalle, que d'autres nomment Plate-longe, eſt une Longe de cuir large environ de deux doigts, ayant deux Boucles & deux Paſſans, un à chaque bout: on attache cette Longe d'un côté au ſurfaît de la Selle ſous le ventre, & de l'autre côté au deſſous de la Muſerole de la Bride: cela vaut ſouvent mieux que le Caveçon, pour affermir la tête d'un Cheval ſujet à battre à la main. Mais avant de ſe ſervir de la Martingalle, il faut connoître la cauſe pour laquelle le Cheval bat ainſi à la main & ne peut ſe ramener facilement. Si cela vient de la ganache trop ſerrée, qui ne peut ſe rengorger, ou de l'encolure fauſſe, qu'on appelle autrement encolure de Cerf, parce que ces ſortes de Chevaux ont le deſſous de la gorge comme le Cerf, au-lieu qu'il devroit être bien arrondi & cintré également; en pareil cas il faut ſe ſervir de la Martingalle pour corriger le Cheval. Mais ſi le défaut vient de la Bouche trop forte, pour lors il faut choiſir une bonne Embouchure avec des Branches flasques; & ſi cela ne ſuffiſoit pas encore pour le ramener, ſans lui forcer la Bouche & les Barres, il faudra prendre la Plate-longe qui rendra bon ſervice.

CHA-

CHAPITRE XXXIII.

Des Chaperons.

LE Chaperon, *Numero* 19 & 21, eſt compoſé principalement de deux pièces de cuir ſemblables à deux Pattes de pince à feu, ayant chacune un tirant de longueur & de largeur ſuffiſantes pour retenir le Chaperon ferme ſur les Mollettes des Eperons, *Numero* 20, & l'attacher avec une Boucle ſur le devant du Pied: elles ſont unies enſemble, par leurs plus larges extrémités, avec une petite bande de cuir qu'il faut coudre à l'entour pour renfermer leurs bords. Définition des Chaperons. *Planche* I.

Le Chaperon couvrant bien la Mollette des Eperons eſt d'une grande utilité, & tout vil que paroiſſe ce petit inſtrument, il prévient ſouvent de grands & de fâcheux accidens. Il ſert dans les premières Leçons du Manège, 1. pour accoutumer peu à peu un Cheval à ſentir l'éperon ſans danger de le piquer trop vivement, ce qui pourroit l'emporter & lui rendre l'éperon à jamais inſupportable. 2. Pour un Diſciple, juſqu'à ce qu'il ait les Jambes affermies, & les Talons tournés pour le Cheval; car avant cela il eſt dangereux qu'il ait les éperons nuds, ſur-tout quand le Cheval vient à ſauter, parce qu'alors l'Ecolier n'étant pas encore ferme, il ſerre ſubitement ſes Jambes contre le ventre du Cheval, & par conſéquent il le piqueroit vivement & le violenteroit avec danger d'être renverſé, ſi les Molettes des éperons n'étoient chaperonnées.

CHAPITRE XXXIV.

Des Bâts.

Où l'on fait les meilleurs Bâts. IL n'eſt point de Province où l'on conſtruiſe mieux les Bâts que dans l'Auvergne pour l'uſage des Mulets qui y ſont très communs, & dont la force à porter ſurpaſſe de beaucoup celle de tous les autres Animaux de l'Europe.

Leur utilité. Lorſqu'un Bât eſt bien fait, qu'il eſt juſte au dos du Cheval, & qu'il poſe également ſur toutes ſes parties, ſans embaraſſer aucunement le mouvement des épaules ni des hanches, il rend l'Animal ſi à ſon aiſe ſous le poids, qu'il peut porter cent livres davantage ſans en être plus fatigué : c'eſt-pourquoi il faut bien prendre garde, 1. qu'il ſoit également bourré & ferme par tout, ſans aucun vuide, qui rende quelque partie plus dure ou plus molle que les autres. 2. Qu'il ait la longueur & la largeur proportionnées au dos, de ſorte qu'on puiſſe le placer juſte entre le garot & la croupe, ſans qu'il avance ſur les plis des épaules ni des hanches. 3. Qu'il ne ſoit ni trop étroit ni trop large : car trop étroit, il bleſſeroit bientôt les côtés, ou y produiroit au moins des Cors : trop large, il affoibliroit les Reins & gêneroit extrêmement l'Animal, parce qu'il ne poſeroit que ſur l'épine du dos, les deux panneaux battans alternativement tantôt d'un côté, tantôt de l'autre. 4. Que le fardeau ſoit ſoutenu dans l'équilibre, car pour peu qu'il peſeroit d'un côté plus que de l'autre, cela fatigueroit conſidérablement le Cheval qui pourroit en devenir boiteux, ou s'écorcher au moins dans l'endroit ſur lequel le poids peſe davantage. 5. Qu'il ſoit bien arrêté ſur le milieu du dos, plutôt même rapprochant de la croupe que du garot, parce que le poids avançant tant ſoit peu ſur le devant, laſſe davantage le Cheval & le ruine bientôt, quand on néglige quelque tems d'y prendre garde.

Comment ils doivent être faits.

Inconvéniens des Bâts mal placés. Il n'eſt pas ſurprenant que tant de Chevaux périſſent tous les jours ſous le Bât, très-peu de perſonnes étant ca-

capables de les charger avec toutes les précautions & les mesures nécessaires: il en est de même pour les Chevaux de Selle, quand le hazard veut qu'ils tombent sous des Maîtres qui doivent se fier à l'ignorance ou à la négligence des Domestiques pour les équiper. Dès que la Selle ou le Bât leur paroissent bien singlés & affermis, c'est tout ce que leur adresse exige; mais s'agit-il d'examiner si le Cheval est libre à marcher, s'il n'a rien qui puisse le gêner dans la route & l'incommoder, c'est à quoi leur vue ne peut atteindre: le pire est que le mal se forme subitement & devient tout d'un coup considérable, sans que la cause se manifeste pour cela; à peine a-t-on fait une journée de marche qu'on s'apperçoit que le Cheval est boiteux; alors l'embaras est de chercher le desordre dans sa source, l'on se croit bien secouru si l'on rencontre un Maréchal, qui souvent n'en sait pas plus découvrir que le Cavalier; cependant pour affecter son habileté, il tâte par-tout, & voyant l'Animal plus sensible en un endroit, il se persuade d'avoir trouvé le mal, il frotte la partie d'huile ou de baume émollient, ordonne quelques jours de repos, & proteste que le Cheval est guéri: on s'en rapporte aveuglément à sa décision; on remet le Bât ou la Selle comme devant, sans que personne s'imagine & puisse montrer le défaut; mais à peine a-t-on perdu de vue le Maréchal, que le Cheval commence à boiter comme auparavant, l'Animal ne pouvant indiquer la cause de sa douleur on croit que le mal est dans le pied, lorsqu'il est sur le dos ou dans l'épaule, ou dans les hanches, ou plutôt dans la Selle mal placée. Il n'est rien de plus ordinaire que ces sortes d'accidens, & la précaution néanmoins n'en est pas plus grande dans ceux à qui il importe davantage de savoir en juger, comme nous le verrons encore mieux dans le Chapitre suivant.

CHAPITRE XXXV.

Des Selles.

Ignorance des Selliers.

JE n'ai donné aucune figure ni des Bâts ni des Selles, leur fréquent uſage en fait aſſez connoitre la forme & les différences : d'ailleurs leur figure eſt inutile pour comprendre ce que j'en dois dire, car prétendre réformer l'art des Selliers, & leur preſcrire de nouvelles règles, pour rendre leurs ouvrages plus commodes & plus ſolides, c'eſt ce que pluſieurs ont tenté inutilement avant moi, parce que la plupart de ces Artiſans ne connoiſſant point la nature des Chevaux, ne ſont par conſéquent guère en état de donner aux Bâts, aux Selles & aux autres équipages, toutes les proportions requiſes pour le ſoulagement des Chevaux : dès que leur travail peut éblouir l'œil de l'acheteur par quelque apparence de beauté & de force, c'eſt tout ce qu'ils étudient ; mais pour ce qui eſt de la juſteſſe & de la bonté de l'ouvrage, le hazard en décide. C'eſt-pourquoi l'on ne peut être trop entendu dans la connoiſſance de ces ſortes d'équipages, ſur-tout quand un Ecuyer eſt obligé d'en fournir pour des Chevaux de prix, dont la vivacité & la délicateſſe ne ſoufrent rien de gênant.

Uſage des Selles.

Les Selles, de même que les Bâts, ſont pour l'aiſance & le ſoulagement des Chevaux, mais elles ont cela de particulier, qu'elles ſervent encore pour la commodité de l'Homme, ce qui fait qu'elles ont deux ſurfaces à examiner, ſavoir celle de deſſous, qui poſe ſur le dos du Cheval, & celle de deſſus, ſur laquelle l'Homme ſe place.

Comment elles doivent être faites.

La première conſiſte en deux Paneaux ſoutenus par deux Arçons & deux Bandes. Les Panneaux doivent avoir toutes les qualités, que nous avons vues pour les Bâts, les effets étant ſemblables. Les Bandes ſervent à ſaiſir les Arçons & à rendre la Selle ferme : pluſieurs les font faire de fer pour réſiſter mieux à la fatigue ; cependant celles de bois ſont préférables, non ſeulement pour leur

leur légereté, mais encore parce qu'elles ne sont pas sujettes à se courber, comme celles de fer, ce qui rendroit la Selle très-défectueuse, laquelle ne pouvant plus se poser juste & également sur le dos, blesseroit bientôt le Cheval sans qu'on pût s'appercevoir aisément du principe du mal.

Ce n'est point assez qu'une Selle convienne au Cheval, il faut encore savoir l'affermir à propos, l'arrêter juste sur le milieu des Reins avec la Croupière, le Poitrail & les Sangles, qu'on doit serrer avec beaucoup de précaution; car la Croupière trop tendue peut blesser & gêner beaucoup la queue. Le Poitrail trop étroit étrangle la respiration, & fatigue en peu de tems le Cheval. Les Sangles trop forcées incommodent, & sont plus sujettes à se rompre au moindre effort que l'Animal peut faire. Il faut donc que tout soit sans excès ni défaut, & faire sur-tout attention que la Selle soit ferme, sans que le Cheval soit aucunement gêné du Poitrail, des Epaules, du Garot, de la Queue & du Ventre. Manière de les placer.

Pour ce qui regarde le dessus de la Selle, on en juge différemment. Les François sont pour la commodité de l'Homme, les Anglois au contraire portent le scrupule à l'excès pour le soulagement du Cheval. De-là l'origine des Selles à l'Angloise & à la Françoise ou Royale.

La Selle à l'Angloise est la plus légère de toutes celles qu'on puisse pratiquer, ayant le dessus tout ras sans aucune batte, ni trousquin, ni pommeau; cette Selle ne donne aucune fermeté à l'Homme, n'étant propre que pour les Courses où l'on galope sur un Cheval qui coure droit devant soi, sans faire aucune résistance; aussi est-ce par cette sorte d'exercice que l'usage en a commencé; car à peine eut-on goûté le plaisir des Courses, que pour contribuer à la rapidité des Chevaux, on s'avisa de construire des Selles & des Etriers aussi légers qu'il fut possible, le préjugé s'accrut de jour en jour, chacun se persuada que cela soulageoit considérablement l'Animal; & le goût passa bientôt des Courses aux promenades, aux voyages, & aux plaisirs de Chasse, tellement que les Seigneurs Anglois n'en connoissent aujourdhui presque plus d'autre, & se croiroient même hors d'état de courir, principalement à la Chasse, s'ils Selle à l'Angloise.

n'étoient montés ſur une petite Selle très-légère, & ſoutenus d'une ſimple barre qui leur tient lieu d'Etrier, tant ils ſont prévenus que cette délicateſſe contribue beaucoup à la viteſſe du Courſier.

Mais les François traitent tout ce ménagement de bagatelle, ils le regardent plutôt comme l'effet d'un goût biſare, que d'un raiſonnement ſolide. En effet, ſi un Cheval doit être plus fatigué ſous une Selle qui peſe 4 à 5 livres davantage, combien doit-il donc ſouffrir lorsqu'il eſt monté par differens Hommes, dont l'un peut peſer au moins 20 à 30 livres plus que l'autre. Cependant l'on paſſeroit pour ridicule dans l'eſprit des Anglois mêmes, ſi l'on excuſoit la fatigue d'un Cheval parce qu'il a porté un homme peſant 10 à 20 livres plus qu'un autre.

C'eſt-pourquoi les François raiſonnent autrement. Ils ſavent que les Chevaux ſont pour la commodité de l'Homme, qu'on doit bien leur procurer tout le ſoulagement poſſible; mais non pas de cette manière, qui ravit presque toute la fermeté de l'Homme pour n'aider presque en rien le Cheval. Car je ne crois pas qu'une Selle, qui peſe 10 à 12 livres davantage, ſoit capable de fatiguer plutôt qu'une autre, pourvu qu'elle ait toutes les qualités requiſes, & qu'elle ſoit placée ſelon l'art.

Cependant l'on ne peut douter qu'une Selle à l'Angloiſe ne ſoit très-incommode au Cavalier, qui ne peut avoir aucune fermeté devant ni derrière, ni mettre par conſéquent ſon Cheval à la ſoumiſſion, en cas de réſiſtance, comme l'on fait avec une Selle à la Royale, dont il nous faut expliquer les parties.

Selle à la Royale ou à la Françoiſe.

La Selle à la Royale eſt celle qui a un Trousquin derrière le Cavalier avec des Battes devant & derrière, qui ſoutiennent les cuiſſes de l'Homme & le mettent en état de ne point pardonner au Cheval quand il lui réſiſte, ce qu'il n'eſt pas facile d'exécuter ſur une Selle à l'Angloiſe; car je voudrois bien voir un Cavalier Anglois entre deux piliers ſur un Sauteur à croupades, ou à balotades, ou à cabrioles, ſe tenir ferme ſur une Selle Angloiſe, quand même ce ne ſeroit que ſur les voltes de terre à terre avec un peu de viteſſe: je ſerois bien ſurpris, ſi Meſſieurs les Anglois pouvoient bien

bien s'en tirer, je crois qu'ils ſongeroient plutôt à ſe tenir qu'à conduire le Cheval ſelon les règles.

Il eſt vrai qu'ils ſautent fort bien, avec leurs Chevaux & leurs Selles, les haies & les foſſés; mais ces ſortes de ſauts, ſe faiſant droit & en avant, ſans élevation du devant ni du derrière, ne ſont pas difficiles, non plus que les courſes que les Valets de Maquignons font pour éprouver les Chevaux qu'ils vendent & qu'ils montent à poil, car en tout cela il ne s'agit que de ſuivre le mouvement du Cheval, & s'il arrive qu'il faſſe quelque ſaut ou quelque écart, l'on ſonge plutôt à ſe tenir qu'à corriger le Cheval. Or ce n'eſt pas être ferme que de ſe tenir ſur un Cheval qui ſaute malgré le Cavalier; mais la véritable fermeté eſt de ſavoir bien enfermer ſon Cheval entre ſes cuiſſes & ſes jambes, en les accordant bien avec ſes mains, & tout cela par une aiſance, que rien ne contraint, & avec un jugement que rien ne trouble; voilà ce qu'on doit appeller la véritable fermeté. Pour y parvenir il faut s'être exercé longtems ſur toute ſorte de Sauteurs, & avoir monté nombre de jeunes Chevaux; ce qu'il n'eſt pas poſſible de pratiquer ſur des Selles Angloiſes, qui ne laiſſent à l'Homme aucune liberté de faire aux Chevaux ce que l'on ſouhaite, n'ayant pas plus de fermeté qu'il eſt néceſſaire pour ſe tenir. Il vaut donc beaucoup mieux avoir une Selle qui, affermiſſant l'Homme, le rend maître de ſon Cheval pour le corriger & le faire obéir à ſon gré.

Sur quoi je dois faire obſerver, en paſſant, que le châtiment du Cheval doit être léger & appliqué avec prudence, pour lui faire connoître doucement ce que l'on ſouhaite: par ce moyen on le dreſſera comme on voudra, au-lieu que la violence & la multitude des coups de fouets & d'éperons, donnés hors de tems, gâtent conſidérablement plus de Chevaux qu'elles n'en corrigent.

Il y a beaucoup d'autres Selles qui, ſelon le goût d'un chacun, approchent plus ou moins des modes Françoiſes ou Angloiſes. Les unes ſont raſes avec des pommeaux, d'autres ont de petites Battes ſur le devant avec des Pommeaux, d'autres ſont ſans Pommeaux; mais toutes ces Selles ne donnent pas plus de fermeté que ſi elles étoient toutes ſimples: car ce ſont le Trouſquin & les

Battes de derrière, qui donnent toute la fermeté: ce qui fait que plusieurs les nomment *Selles à demi-piquées*, pour les distinguer des Selles de Manège, qu'on nomme *Selles piquées*, dont le Trousquin est plus haut que celui des Selles à la Royale, aussi bien que les Battes de devant, & celles de derrière; ce qui affermit tellement un Disciple dans les premières leçons de Manège, qu'il peut faire travailler son Cheval à son gré, sans aucun danger de tomber.

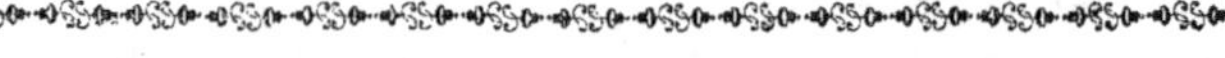

CHAPITRE XXXVI.

Des Harnois.

En quoi consiste la bonté des Harnois.

IL est aisé de juger de la bonté & de la justesse d'un Harnois, chacun s'apperçoit bien que pour faciliter un Cheval à tirer, il doit avoir, 1. le Poitrail bien large & l'Avaloir de même, afin que celui-là ne blesse pas les épaules, ni celui-ci les cuisses, sur lesquelles il agit, lorsqu'en descendant l'Animal doit retenir la voiture; 2. les Traits égaux, afin qu'un côté ne soit pas plus fatigué que l'autre. Pour ce qui regarde toutes les autres parties du Harnois, il n'y a que la pompe qui en fait toute la différence, les uns ambitionnant l'ouvrage plus riche que les autres, ce qui n'est point du ressort de ce Traité.

CHA-

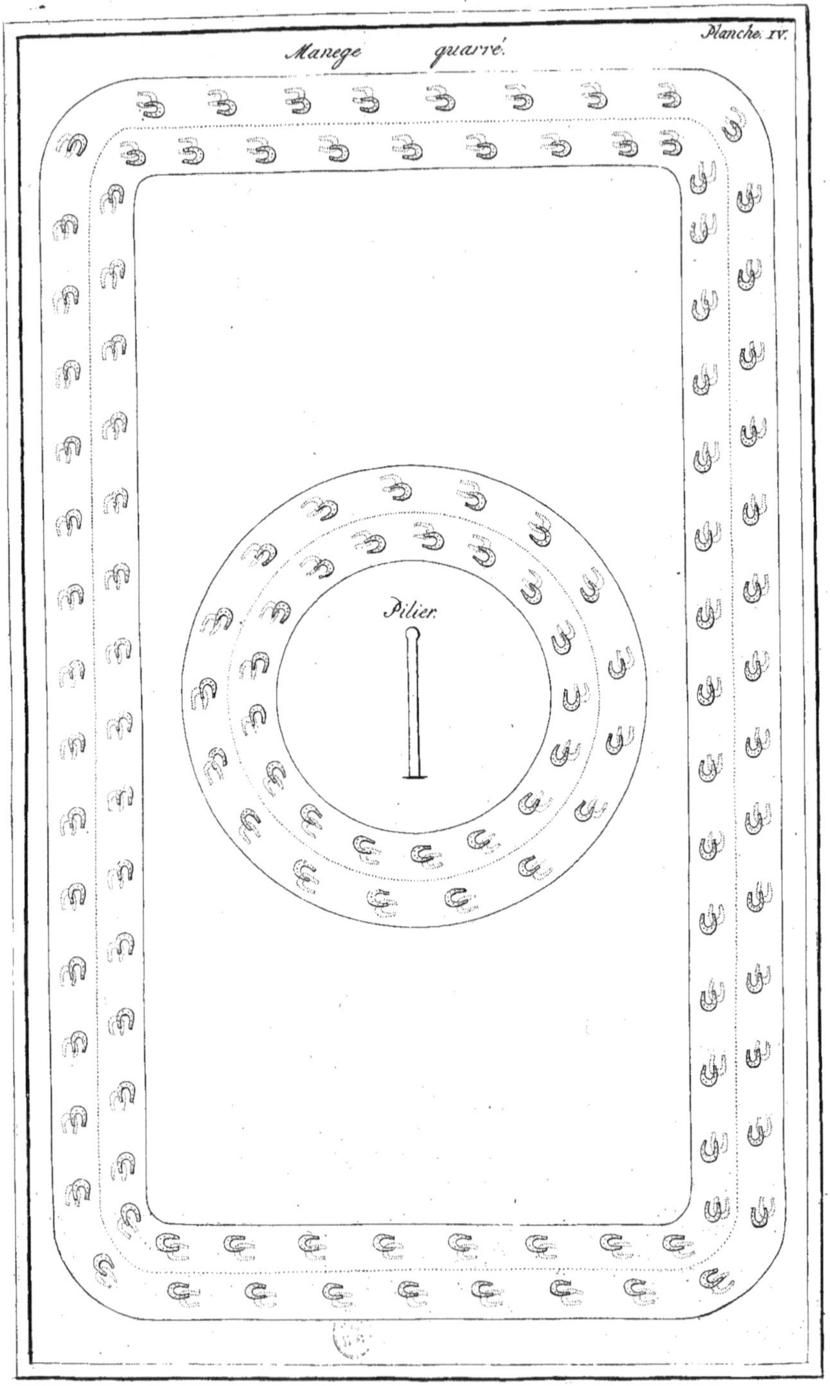
Planche IV.
Manege quarré.
Pilier.

CHAPITRE XXXVII.

Explication des Planches les plus nécessaires, tant pour l'instruction des Disciples, que pour la manière de dresser les Chevaux.

PLANCHES I, II, III.

L'Explication de ces trois premières Planches se trouve en grande partie dans le Texte même des Chapitres précédens: en voici la suite. *Planches* I, II, III.

Planche I.

1. Oeil du Banquet.
2. Arc du Banquet.
3. Coude.
4. Soubarbe.
5. Fonceau.
6. Esse.
7. Touret.
8. Anneau.
9. Branche.
10. Dessus de tête.
11. Frontal.
12. Sougorge.
13. Muserole.
14. Porte-mords.
15. Bride.
16. Rênes.
17. Chambrière.
18. Poinçon.
19. Chaperon.
20. Branche & Molette d'Eperon.
21. Eperon couvert du Chaperon.
22. Chaperon.

Planche II. Toute l'explication de cette Planche est dans le Texte.

Planche III. Les *numero* 1, 2, 3, 4, 5, 6, 7, 8. représentent diverses sortes de Canons.

Les *numero* 9, 10, 11, 12, 13 sont des Gourmettes.

Les *numero* 14, 15 sont des Bridons.

Les *numero* 16, 17 représentent des Caveçons.

PLANCHE IV.

Manège quarré.

Le Rond qui est autour du Pilier fait voir la première Leçon que l'on doit donner à un Disciple, lorsqu'on lui a déja enseigné la manière de monter & de de- *Planche* IV. Manège quarré.

Planche IV. descendre proprement. Si le Cavalier est donc à cheval on doit, suivant notre Plan, le faire tourner au Pas sur le Rond avec une Longe attachée sur le nés du Cheval, soit au Caveçon ou à la Muserole de la Bride.

Lorsque le Cavalier pourra se tenir au Pas autour du Rond, en le faisant changer de main de droite à gauche, ou de gauche à droite, & cela par plusieurs reprises, durant même quelques jours, (car il faut qu'il soit en état de garder l'équilibre), on fera aller le Cheval au petit trot tant à droite qu'à gauche, comme on lui aura fait faire au Pas : on augmentera aussi le Trot de plus fort en plus fort, & si l'on voit qu'il puisse le soutenir autour du Pilier à toutes les deux mains, tant au Pas qu'au Trot, on lui fera faire le Manège quarré, marqué dans le même Plan autour dudit Rond.

Ce Manège quarré apprend au Disciple à conduire son Cheval droit devant lui, quoique l'Écuyer tienne toujours la Longe pour bien diriger la conduite du Cheval dans les coins, jusqu'à ce qu'il puisse voir que le Disciple est en état de mener lui-même son Cheval librement, sans que le Cheval dérobe du terrain au Cavalier, car il faut qu'il entre bien dans les coins, ainsi qu'il est marqué dans le Plan.

Il faut agir de même pour dresser un jeune Cheval qui n'a jamais travaillé, ou qui n'a jamais été monté. Comme j'ai déja dit ailleurs comment il faut s'y prendre pour lui mettre la Selle & la Bride, & quel doit être le poids de l'Homme qui le monte, lorsqu'on ne veut rien risquer, je me contenterai de dire ici simplement que lorsque le Cheval est accoutumé à troter sous l'Homme à toutes les deux mains autour du Pilier, on doit lui montrer la manière de se conduire par le droit autour du Manège quarrément, à toutes les deux mains, ainsi que le marque le Plan. Tout cela doit se faire avec douceur, tant à l'égard du Disciple qu'à l'égard du jeune Cheval, pour tout ce qu'on voudra leur enseigner ; car sans la douceur le Disciple & le Cheval ne comprendront rien. La Cavalerie ayant des règles que doivent suivre tant les Disciples que les Chevaux, on pourra facilement les entendre de la manière que je l'ai dit ; & de tous les Arts qui ont des règles à suivre, je trouve qu'il n'y en a point dont on doive moins s'écarter que de celles de la Cavalerie.

PLAN-

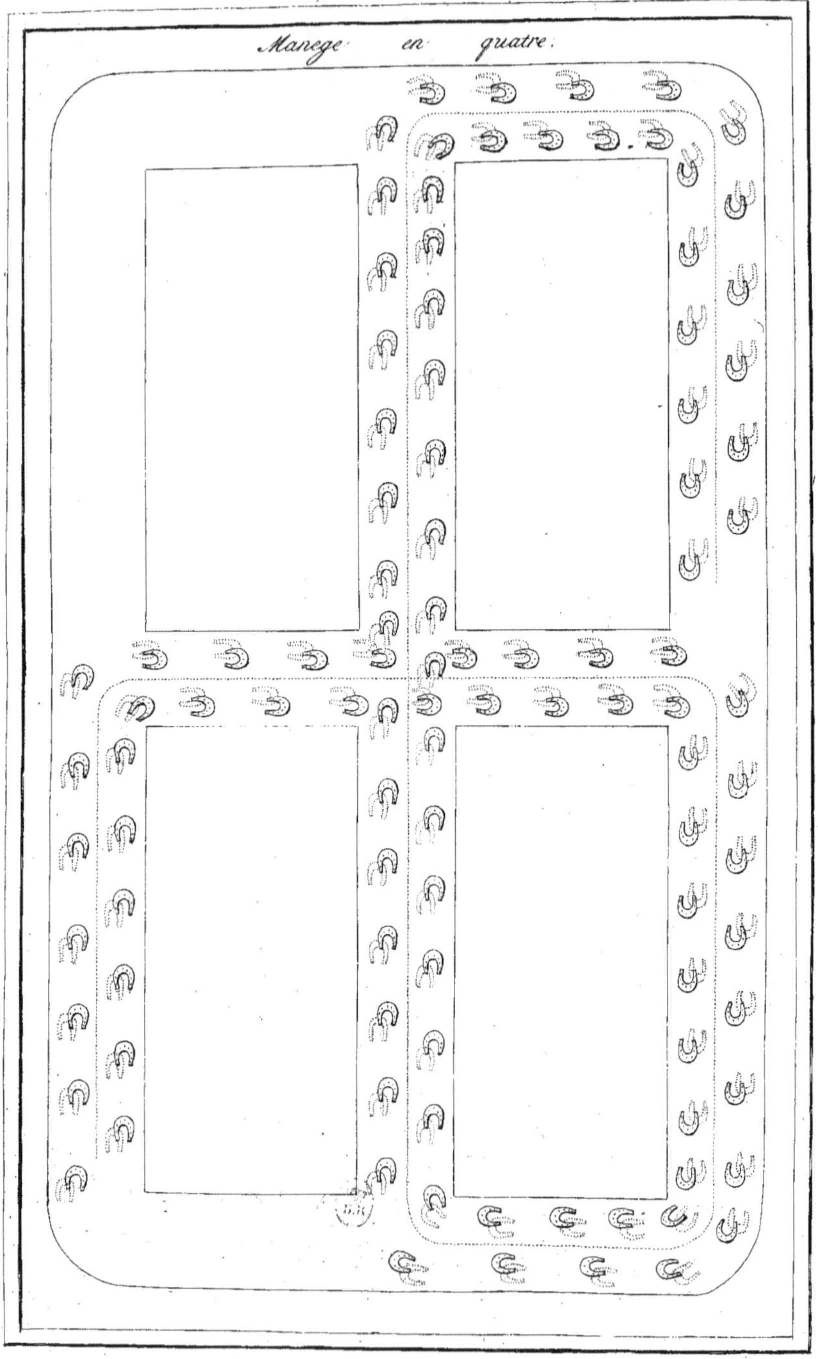
Manege en quatre.

PLANCHE V.

Manège en quatre.

CEtte Planche repréſente un Manège en quatre, lequel ſe nomme ainſi parce qu'il eſt diviſé en quatre parties. Quoiqu'il ſoit très-ſimple, il eſt néanmoins un des plus néceſſaires, tant pour le Cavalier que pour le Cheval, puiſqu'il enſeigne au Cavalier à mener ſon Cheval juſte & ferme devant lui, & à tourner comme il lui plait en entrant bien dans les coins; c'eſt ce qui aſſouplit auſſi fort bien un Cheval dans le Manège. Or comme il faut qu'il tourne douze fois court dans les quatre Quarrés, cela lui aſſouplit extrêmement les épaules. *Planche* V. Manège en quatre.

Pour faire faire des progrès à un Diſciple, il n'y a point de Manège plus utile que celui-ci. Pluſieurs Ecuyers, qui ſe croient fort habiles, l'ignorent cependant, faute de l'avoir pratiqué, quoiqu'il ſoit très-néceſſaire, non ſeulement pour l'inſtruction du Diſciple, mais encore pour celle du Cheval.

Il ne ſuffit pas de faire faire à un Cheval le Manège en quatre, tantôt large à un bout du Manège, tantôt étroit à l'autre, mais il faut que le tout ſe faſſe juſte, & que les quatre Quarrés ſoient égaux, autrement ce ne ſeroit pas le Cavalier qui meneroit le Cheval, mais ce ſeroit au contraire le Cheval qui le meneroit.

Tout Cavalier qui ſaura bien exécuter ce Manège en quatre, ſera en état d'aprendre autre choſe. Il en ſera de même du Cheval; car s'il ſe laiſſe conduire juſte dans ce Manège, on pourra lui donner de plus fortes leçons.

PLANCHE VI.

Manège pour les changemens de main.

Planche VI. Manège pour les changemens de main.

CE Manège montre à un Cavalier la manière de changer de main de la droite à la gauche & de la gauche à la droite, & à faire ces changemens fort juste, de même qu'à bien plier son Cheval à droite lorsqu'il est à droite, & à gauche lorsqu'il est à gauche, parce que, ainsi que je l'ai dit, il faut que le Cavalier sache qu'à chaque main que le Cheval travaille, il doit regarder du côté où il va, c'est-à-dire en dedans du Manège. Il faut aussi que chaque changement de main se fasse si délicatement, que personne ne s'en aperçoive, dans aucun mouvement des Aides tant du corps, de la tête, des jambes, que des mains qui doivent être les premières à agir dans chaque changement secondé des jarrêts.

Il en est de même pour le Cheval, qui ne doit point traverser du corps, des épaules, ni des hanches, puisque ce Manège qui est par le droit, sert à lui assouplir le corps, avant qu'on songe à le plier : car tout Cheval que l'on commence à vouloir plier, avant que d'avoir les épaules assouplies, aussi-bien que le corps & les hanches, ne pourra jamais avoir qu'un faux pli, & sera toujours guindé dans ses allures ; de manière qu'on ne lui verra jamais rien faire de bonne grace, ni être ferme sur ses jambes. Le Manège suivant est à peu près de même, mais il doit servir pour un Cavalier plus avancé.

PLAN-

Planche. VI.

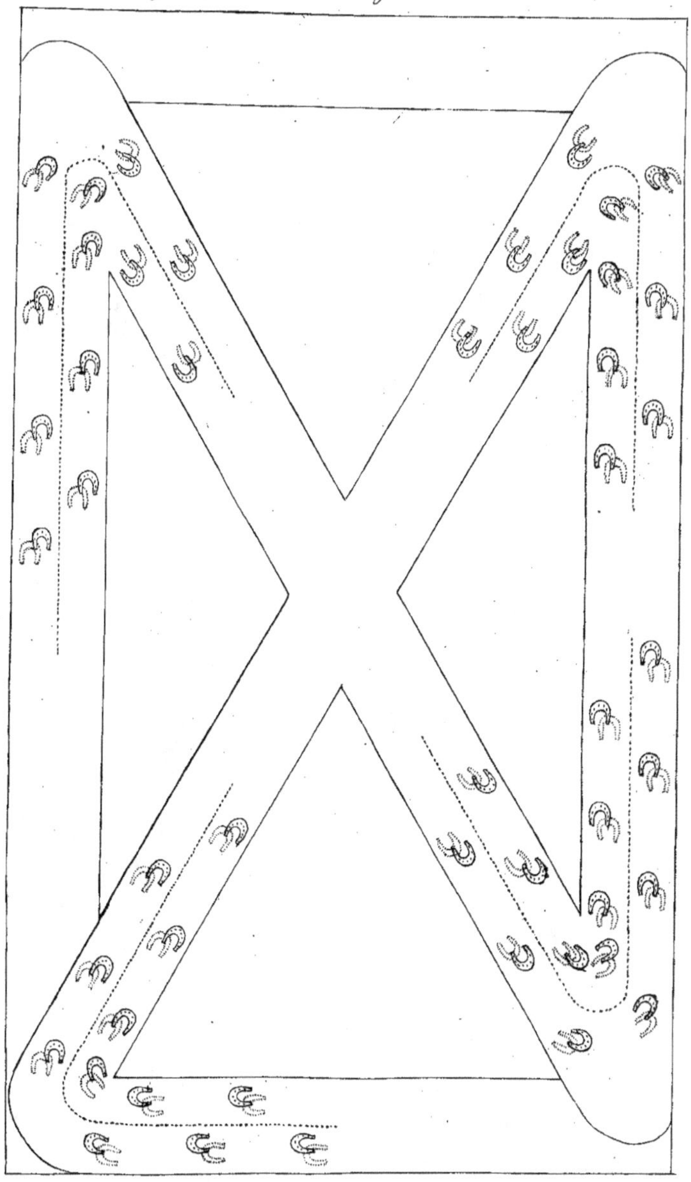

Manège pour les changemens de main.

Manege pour les changemens de mains, de coin en coin.

PLANCHE VII.

Autre Manège pour les changemens de main, de coin en coin.

LE Plan repréſenté dans cette Planche apprend au Cavalier à être plus diligent dans les changemens de main, parce qu'ils ſe font de coin en coin ; au-lieu que celui de la *Planche* VI donne plus de tems au Cavalier à changer de main pour arriver dans le coin, où le Cheval étant parvenu, il faut qu'il regarde en dedans du Manège qui eſt du côté qu'il doit aller ; il faut donc que le Cavalier ſoit attentif à faire regarder ſon Cheval en dedans du Manège. Autrement, ſi le Cheval regardoit en dehors, lorſqu'il tourne dans le coin, outre la mauvaiſe grace, le Cavalier & le Cheval ſeroient en riſque de tomber.

Planche VII. Autre Manège pour les changemens de main, de coin en coin.

Si cette Leçon eſt bonne pour un Cavalier, elle ne l'eſt pas moins pour un jeune Cheval que l'on veut dreſſer, puiſque par ce moyen on lui montre à tourner à droite & à gauche avec facilité, dans l'étroit comme dans le large, à la volonté du Cavalier, dans tout ce qu'il voudra lui faire faire.

Quand le Cavalier & le Cheval feront tout ce qui eſt marqué dans ce Manège, on pourra les faire paſſer au ſuivant ſans rien riſquer ; car tous les malheurs qui arrivent dans les Manèges ne proviennent que du défaut de précaution & de celui de vouloir faire faire aux Chevaux ce qu'ils ne ſont pas capables d'entreprendre, de même que ſi l'on vouloit faire lire un Enfant avant que de lui avoir apris à connoître ſes lettres, ou le forcer à cela à force de coups, comme les demi-Savans font aux Chevaux ſans leur avoir auparavant enſeigné les premiers Principes, ou à marcher par le droit, de même qu'à tourner à droite & à gauche, ſoit dans le large, ſoit dans l'étroit, ou ſans leur avoir aſſoupli le corps, comme je l'ai enſeigné ci-devant. Tout ceci eſt un grand acheminement pour montrer à un Diſciple à connoître ſes Aides ; ce qui étant fait le Manège ſuivant lui enſeignera à s'en bien ſervir.

PLANCHE VIII.

Manège pour les Pirouettes renversées.

Planche VIII. Manège pour les Pirouettes renversées.

CE Manège représente des Pirouettes renversées, la tête au Pilier, par où l'on doit commencer à faire comprendre au Cavalier de même qu'au Cheval, la manière de *fuir les Talons.* Comme tout le monde n'entend pas cette expression, je l'explique ici en disant que c'est faire aller le Cheval de côté. Le commencement doit s'en faire par les Pirouettes renversées, la tête au Pilier, qui en est la base, ou pour mieux dire le commencement qu'un Cavalier doit aprendre, ainsi qu'il est marqué dans ce Manège par les lettres A. B.

Tout Cavalier qui ne saura pas faire exécuter ce Manège à un Cheval, la tête au Pilier, ne pourra jamais venir à bout de lui bien montrer à fuir les talons. Il en est de même d'un Cheval, qui ne pouvant entendre les Aides, la tête au Pilier, ne pourra aussi jamais bien aprendre à fuir les talons.

De plus, les Pirouettes renversées facilitent la main du Cavalier pour porter aisément le Cheval où il veut qu'il aille. Alors si le Cheval y est obéissant, le Cavalier peut entreprendre autre chose, de même que le Cheval; mais il est nécessaire auparavant que tous deux s'aquittent bien de ce Manège, c'est-à-dire qu'il faut qu'ils entendent bien les Aides à toutes les deux mains, la tête au Pilier, des Pirouettes renversées à droite & à gauche.

Le Cavalier pourra aprendre ainsi à faire fuir les talons à son Cheval, la tête à la Muraille, mais non par habitude, comme quelques Auteurs l'ont avancé dans leurs Ecrits. Mr. *de la Guerinière* est lui-même de cette opinion; c'est ce qu'il marque dans son Livre pag. 109.

Le même Manège, *lettre* A, donne à connoître la même Pirouette renversée pour faire fuir les talons, la tête à la Muraille, comme à se servir de ses Aides & à les accorder ensemble, afin que par leur justesse le Cheval puisse

Manege pour les Pirouettes renversées.

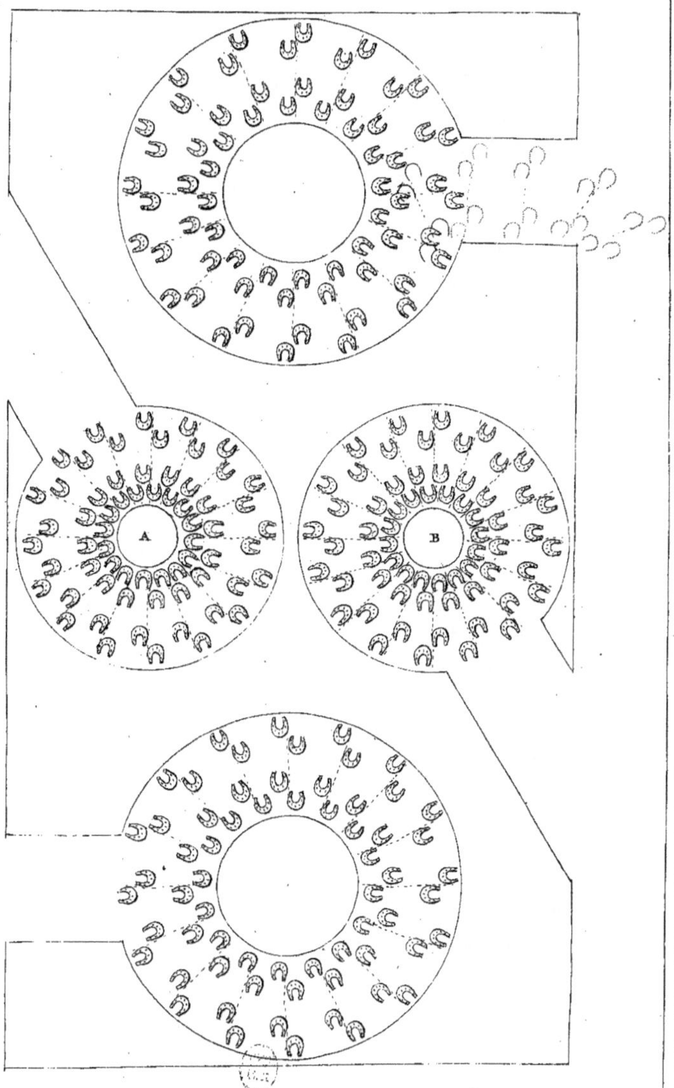

Manege pour les Pirouettes ordinaires.

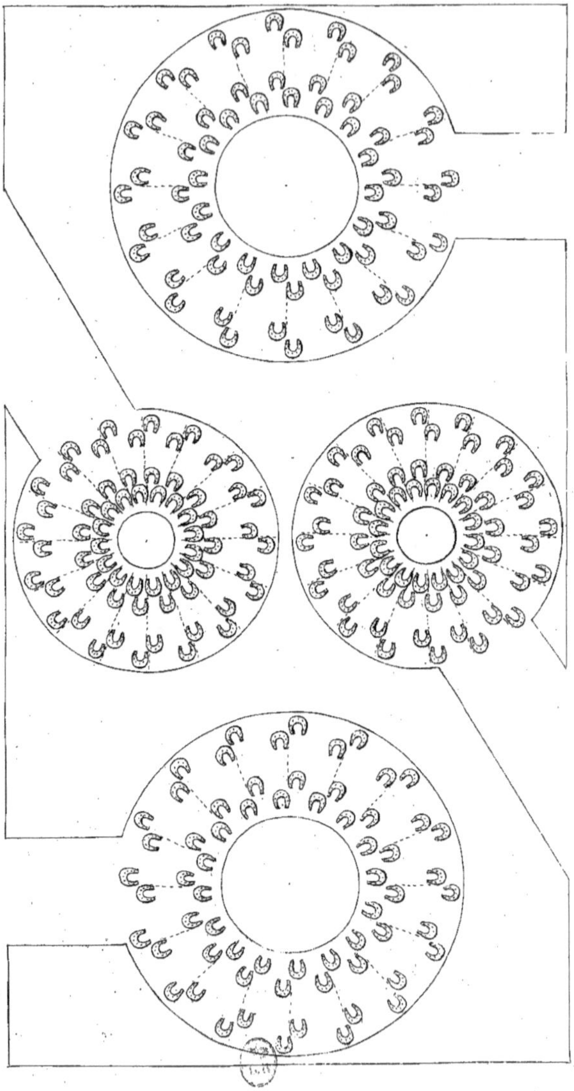

puisse passer ses jambes les unes par dessus les autres sans s'entabler; car comme je l'ai déja dit, il faut que la tête & les épaules du Cheval aillent devant les hanches, sans quoi il ne sera jamais ferme sur ses jambes. De plus il faut que le Cavalier sente comment le Cheval pose ses pieds lorsqu'il marche; car tout Cavalier qui n'a pas cette attention, lorsque son Cheval marche, ne pourra jamais lui donner leçon. Or pour y parvenir avec l'assistance de la main de l'Ecuyer, qui prend le bas du Mords de la Bride du Cheval avec ses mains, étant près du Pilier, il le fait ranger de côté jusqu'à la Muraille, & tâche, le moment d'après, de faire revenir le Cheval de la Muraille au Pilier, ce qui se pratique à diverses reprises. Planche VIII.

Il en est de même, si un Cheval n'entend pas bien les Aides du Cavalier, faute d'avoir été instruit; car il est alors impossible d'en rien exiger de bon ni dans un Manège, ni à la Campagne où l'on est quelquefois forcé de demander d'un Cheval ce qu'il n'est pas en état de faire, & dont il auroit pu être capable, si on l'eût dressé à entendre les Aides.

Lorsque le Cavalier a commencé à connoître l'utilité & l'adresse de ses Aides, en faisant fuir à son Cheval les talons, la tête à la Muraille, il faudra lui faire faire des changemens de main d'un côté à l'autre du Manège, comme cela se voit dans la Planche suivante.

PLANCHE IX.

Manège pour les Pirouettes ordinaires.

LE Manège représenté dans cette Planche est le même que celui de la Planche précédente: il y a seulement cette différence entre l'un & l'autre, que celui-ci montre les Pirouettes ordinaires, au-lieu que dans celui de la Planche VIII elles sont renversées. Planche IX. Manège pour les Pirouettes ordinaires.

PLANCHE X.

Manège pour bien exécuter les changemens de main.

Planche X. Manège pour bien exécuter les changemens de main.

TOut Cheval qui ſait bien fuir les talons, la tête à la Muraille, aprend ici à bien exécuter les changemens de main & à perdre l'habitude dont parle Mr. *de la Guerinière*, lorsqu'il dit, qu'en faiſant fuir les talons, la tête à la Muraille, c'eſt un Manège que les Chevaux n'apprennent que par routine; car par les changemens de main qui ſe trouvent dans ce Manège, il faut que le Cheval quitte la Muraille, puisque quelquefois ſa tête ſe trouvera à la Muraille, & quelquefois ſes hanches, ainſi que je le fais voir.

Un Cavalier qui ſaura bien exécuter ce Manège, ſe verra en état d'apprendre à faire des Paſſades & des Demi-voltes; car ceci n'eſt, pour ainſi dire, que la même choſe, comme il eſt facile de le voir par le Manège ſuivant, qui ne donne d'autre différence que celle de la longueur de l'un à l'autre.

PLANCHE XI.

Manège pour les Paſſades & les Demi-voltes.

Planche XI. Manège pour les Paſſades & les Demi-voltes.

CE Manège repréſente les Paſſades & les Demi-voltes, qui ſont différentes des Plans que j'en ai vu tracés dans quelques Auteurs. On peut, entre-autres, en voir la preuve dans le Livre de Mr. *de la Guerinière in Folio*, *pag.* 134, imprimé en 1733. Les Paſſades & les Demi-voltes que je donne ici ſont plus longues & moins arrondies; car, outre que Mr. *de la Guerinière* dit qu'il faut faire faire des Demi-voltes à un Cheval avant que de lui enſeigner les Paſſades, je ſoutiens, au contraire, que les Paſſades doivent précéder les Demi-voltes, parce que les Paſſades étant plus longues, le Cavalier a plus de tems pour faire changer ſon Cheval de pied & le faire regar-

Planche X.

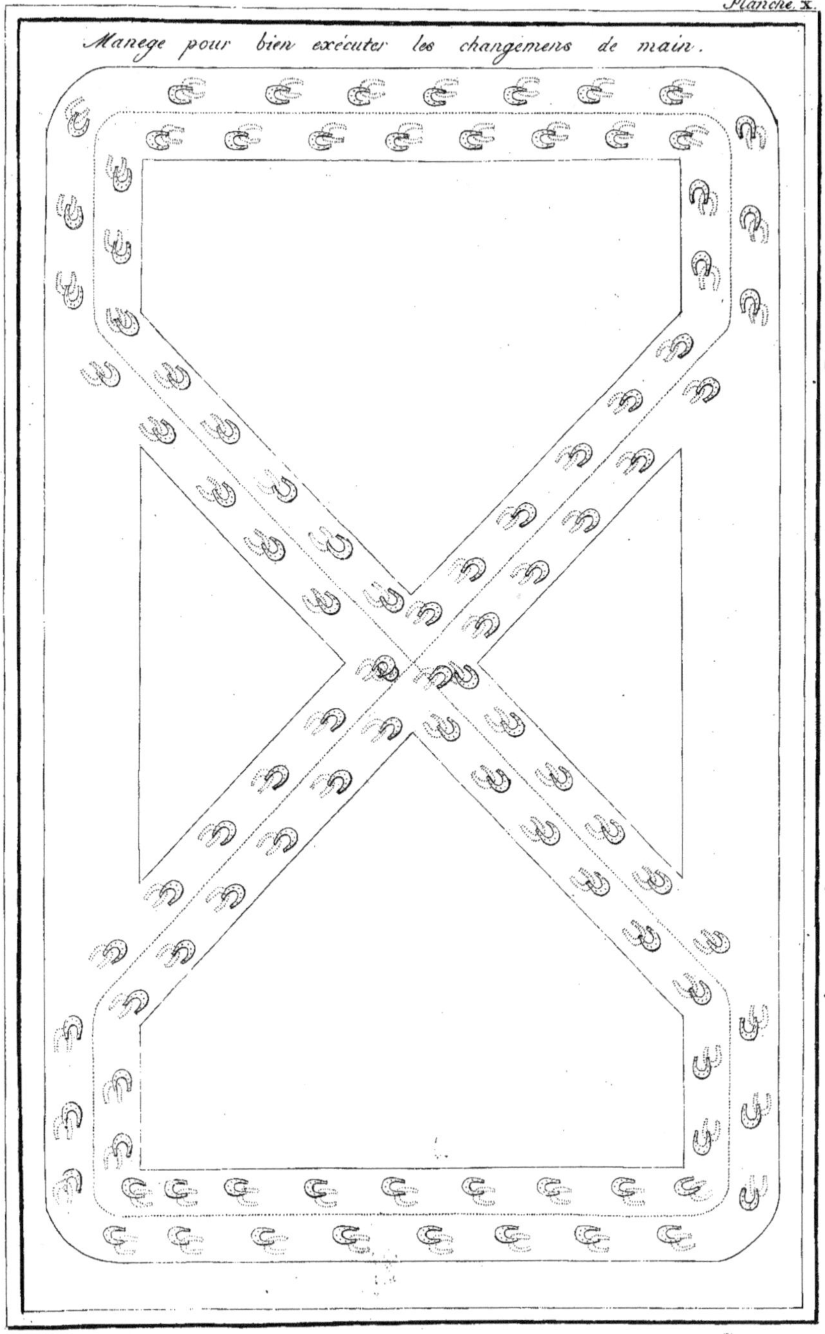
Manege pour bien exécuter les changemens de main.

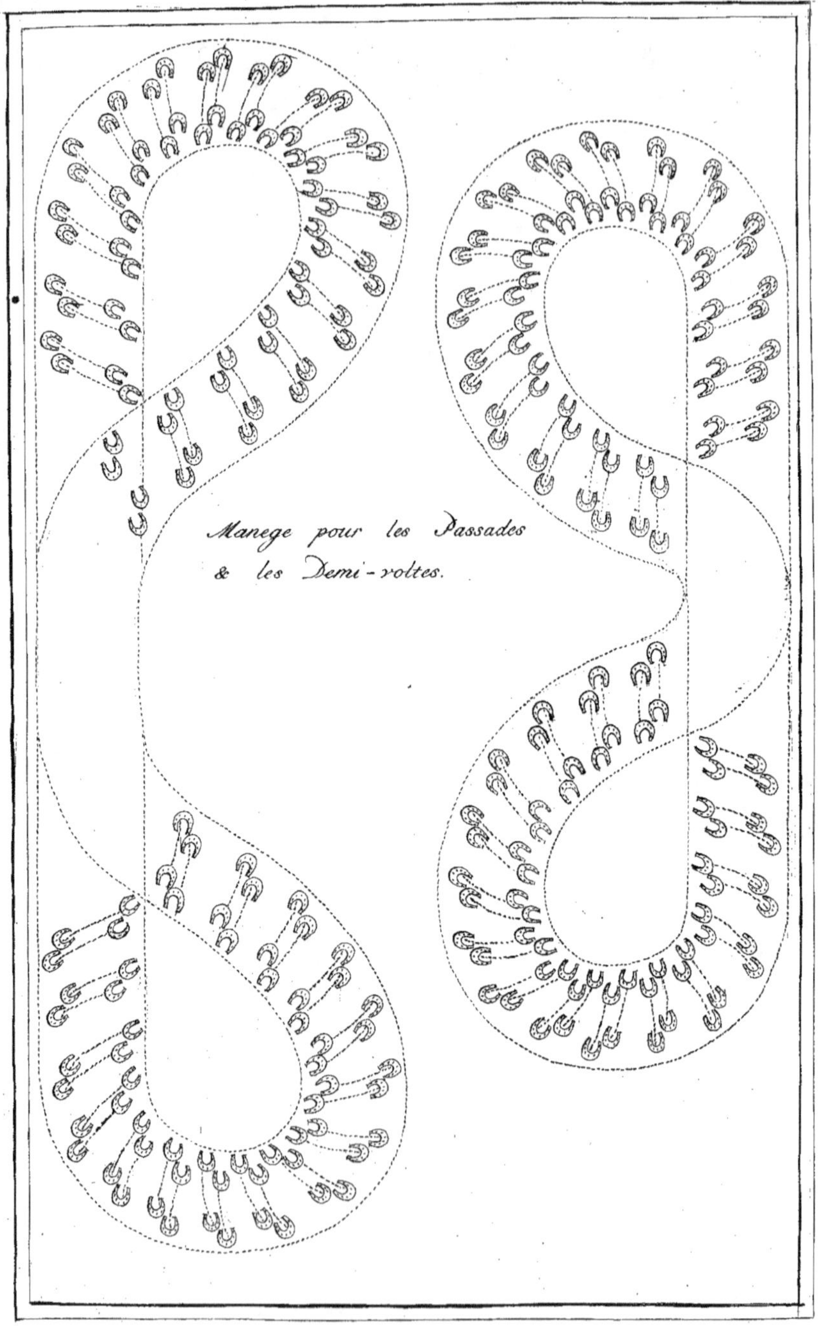

Manege pour les Passades & les Demi-voltes.

regarder en dedans du Manège, au-lieu que dans la Demi-volte cela doit se faire sur le champ. Alors si le Cavalier & le Cheval ne sont pas assez habiles, pour faire promptement ces changemens de main, le Cheval court risque de s'entabler, & de tomber. Planche XI.

Il est facile de comprendre par-là, que les Passades sont plus faciles à exécuter que les Demi-voltes, principalement s'il s'agit de les faire au Galop, & s'il faut que le Cheval change de pied & regarde au dedans du Manège, à chaque changement de main. Or les Passades & les Demi-voltes s'exécutent à l'alternative, en faisant cinq à six Demi-voltes, à chaque bout du Manège, comme je le marque dans le Plan que j'en trace ici.

La raison pour laquelle je les donne plus longues que rondes, n'est que pour éviter les malheurs & apprendre au Disciple à conduire son Cheval en avant, afin de l'empêcher de s'aculer & de s'entabler; car dans les Demi-voltes rondes le Cavalier & le Cheval n'étant pas assez habiles, le Cheval pourroit bien s'aculer & faire la culbute. C'est ce que j'ai vu arriver plusieurs fois à de braves Chevaux, qui se trouvoient mal menés; & les Cavaliers ne laissoient pas néanmoins de mettre la faute sur le Cheval, sans vouloir se l'attribuer à eux-mêmes. Mais, de la manière dont je les donne, un Cheval ne peut être que ferme sur ses pieds, à moins que l'on n'ait afaire à une Rosse qui ne mérite pas d'être montée.

PLANCHES XII & XIII.

Manèges pour les Voltes.

Planches XII & XIII. Manèges pour les Voltes.

LEs Manèges tracés dans ces deux Planches, représentent les Voltes. On peut enseigner à un Cavalier les Voltes anciennes, parce qu'elles sont plus faciles que les Voltes quarrées; mais pour qu'elles soient bien justes, elles ne doivent rien faire perdre ni de l'adresse du Cavalier, ni de celle du Cheval.

Il est bon & même très-utile à un Cavalier de bien savoir les Voltes, à cause du besoin qu'il en peut avoir en différentes rencontres, soit dans des Combats particuliers, ou dans des Batailles générales: car si un Cavalier peut conduire juste un Cheval sur les Voltes, il se tirera certainement plutôt d'afaire que celui qui n'auroit pas cet avantage. J'en donnerai deux raisons principales, sans m'arrêter aux autres.

La première est que si un Cavalier sait bien conduire son Cheval sur les Voltes, il sera en état de lui demander tout ce qu'il voudra, & aura par conséquent toujours un grand avantage sur son Adversaire.

La seconde raison est que si un Cheval sait bien manier sur les Voltes, à toutes les deux mains, il sera en état d'exécuter tout ce que le Cavalier exigera de lui: mais il faut pour tout cela de la justesse, tant de la part du Cavalier que du Cheval; car avant que d'y pouvoir parvenir, il faut du tems, du travail & de l'application.

Sur le Plan de la Volte ronde on peut aussi remarquer celui de la Pirouette, *Planche* XII, 1 & 2: il est semblable à celui des Voltes, dont il ne diffère qu'en grandeur; car les Pirouettes, de même que les Voltes, se font également à droite & à gauche, comme cela est représenté dans le Plan des Voltes quarrées, *Planche* XIII. D'ailleurs les Pirouettes ne sont pas moins utiles dans un Combat que les Voltes, puisqu'elles peuvent servir dans les mêmes occasions. Quant à moi, je préfère les Voltes aux Pirouettes; car tout Cheval qui sait faire les Voltes,

Planche XII.

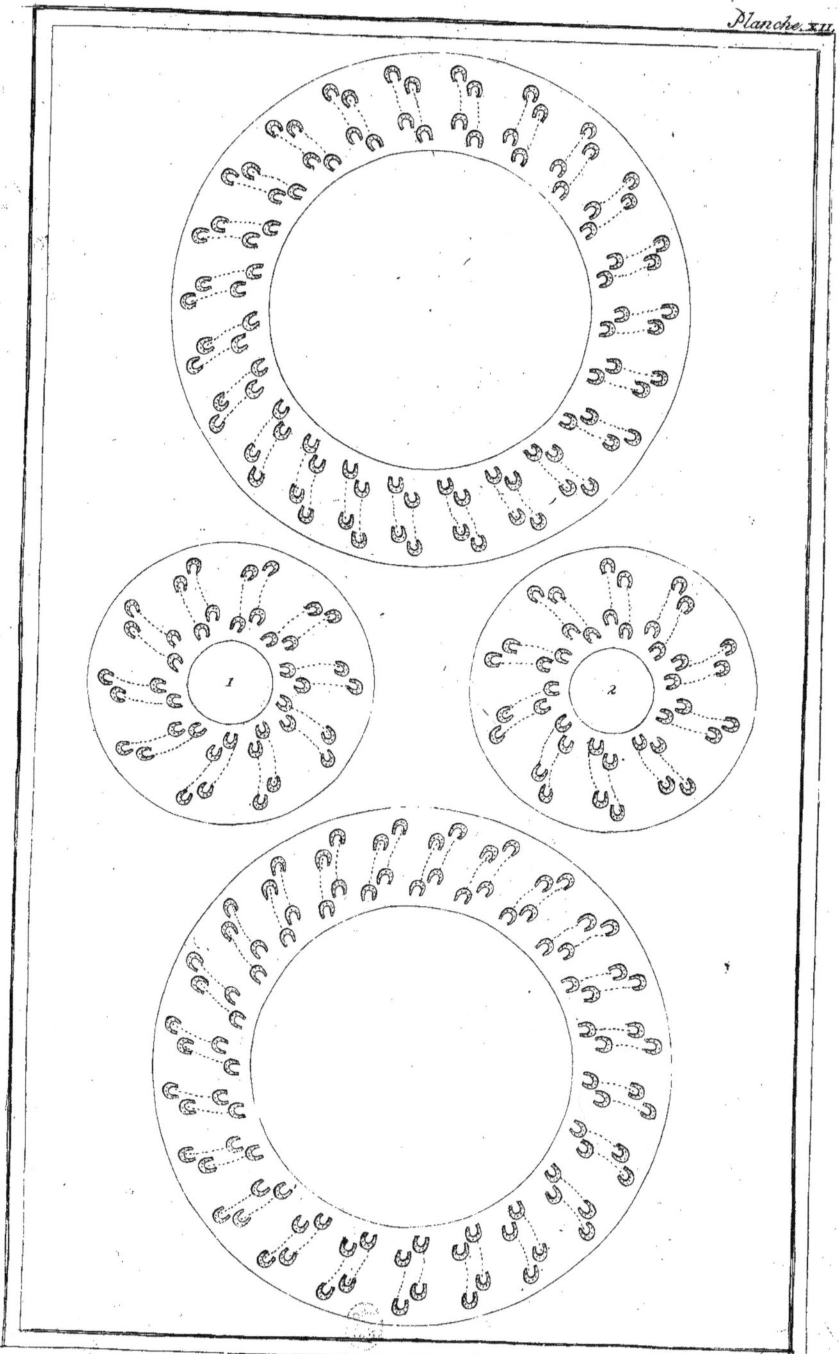

Manege pour les Voltes.

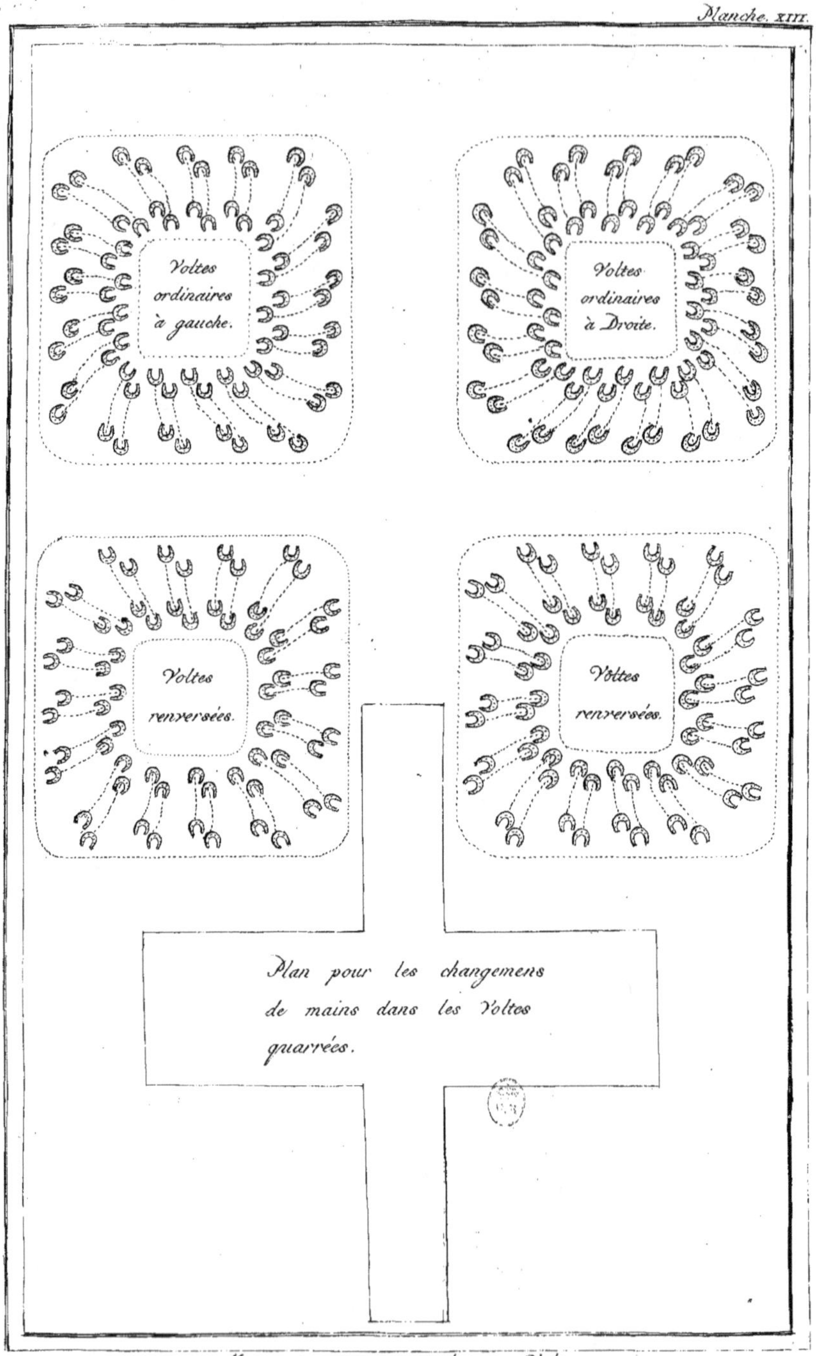

Manege pour les Voltes.

Voltes, fera bien auſſi les Pirouettes, au-lieu que celui qui ne fait que les Pirouettes, ne ſaura point faire de Voltes. Planche XII & XIII.

Je pourrois donner pluſieurs autres deſſeins de Manège, mais comme ils ne tireroient pas à conſéquence, je me contenterai de dire qu'un Cheval bien dreſſé pourra aiſément entreprendre toute ſorte de Manèges, s'il eſt conduit par un bon Cavalier: il ne s'agit pour cela que des changemens de main de la droite à la gauche, & de la gauche à la droite; ſoit pour le faire aller droit devant ſoi, ſoit pour lui faire garder un quart de hanche, ou une demi-hanche, ou même toute la hanche, en dedans du Manège comme en dehors.

Je vais donc paſſer au Plan des Voltes quarrées, *Planche* XIII, qui font connoître & la juſteſſe du Cavalier, & celle du Cheval. Elles enſeignent auſſi à ſe ſervir comme il faut de ſes Aides, qui doivent être juſtes dans le Rond de même que dans le Quarré: ce ſont les mêmes tems & la même cadence, excepté que, pour faire les Voltes quarrées, il faut ſeulement ſoutenir le Cheval de côté, & le ranger aux quatre coins ſur une autre ligne, en le ſoutenant également ſur les quatre lignes & dans les tours de chaque coin; ce qui eſt quelquefois néceſſaire dans un combat contre un Ennemi que l'on veut joindre. Planche XIII.

Les Pirouettes peuvent ſervir auſſi dans les combats, ſuivant les occaſions qui ſe préſentent. A la vérité, il y a plus de juſteſſe à mener un Cheval ſur les Voltes quarrées que ſur les rondes: mais il faut qu'un Cavalier ſache bien cacher les Aides dont il ſe ſert pour faire obéir ſon Cheval, afin que perſonne ne s'en apperçoive; car il y a des Cavaliers, qui, pour faire obéir un Cheval, lui portent un pied à l'épaule & l'autre au flanc, il y en a auſſi qui ont la main placée ſur la moitié du cou du Cheval, tandis qu'ils tiennent l'autre main près de la cravatte: d'autres ont le corps panché tantôt à droite, tantôt à gauche.

Mais, outre que tous ces dérangemens de corps, de tête, de bras & de jambes, déplacent le Cavalier de la belle aſſiette qu'il doit avoir, le Cheval ne peut prendre aucun bon pli, & ne ſera jamais juſte dans aucun des Manènèges qu'on lui fera faire: d'un autre côté il perdra toute la ſenſibilité, que doit avoir un bon Cheval. Un Cheval donc ainſi dreſſé, ne pourra jamais être bien conduit par un bon Ecuyer, & l'ignorant qui l'aura dreſſé pourroit avoir occaſion de rire d'un habile Cavalier, qui auroit de la peine à lui faire faire quelque choſe de bon.

PLANCHES XIV, XV, XVI.

Carrouſels.

Planche XIV. LEs Carrouſels modernes peuvent être pratiqués ſans que l'on coure les riſques que l'on couroit autrefois dans les anciens Tournois, que nous nommons aujourdhui Carrouſels. C'eſt ce que l'on peut encore ſavoir par les anciennes Hiſtoires, qui font aſſez voir que ces ſortes de Tournois ſont tirés de l'Art militaire; mais préſentement, outre que les Carrouſels nous apprennent à combattre, ce ſont auſſi des eſpèces de Jeux que l'on célèbre pour le plaiſir. *Louis* XIV en a donné à Verſailles deux des plus ſuperbes que l'on eût jamais vus, quoiqu'il n'y eût que cinq Têtes pour chaque Cavalier, & que la Tête du Sabre y manquât & qu'elle ſoit une des plus néceſſaires pour un Homme de Guerre. Mr. *de la Guerinière* n'en met que quatre dans ſon Livre, mais dans le Plan que j'en donne on en trouvera ſix pour chaque Cavalier.

Les anciens Tournois ont été inventés pour rendre les Cavaliers plus adroits dans les Combats. Quant à la marche de nos Carrouſels d'aujourdhui, elle dépend des Princes ou Souverains, qui la peuvent rendre plus ou moins ſuperbe. Le nombre des Perſonnes n'eſt donc point fixé, car il ne ſe trouve pas toujours autant de Cavaliers adroits qu'on le ſouhaite. A l'égard des Trompettes, Timbales & Haut-bois, le Prince peut en regler facilement le nombre.

Lorsque les Cavaliers ſont arrivés au Carrouſel, ils doivent ſe ſéparer en deux parties, à ſavoir les uns d'un côté du Carrouſel en dehors, & les autres de l'autre côté

Planche XIV.

Carrousel double.

té de cette Place, qui doit être entourée de barrières: il faut aussi qu'elle soit comme quarrée, je veux dire plus longue que large, si elle doit servir pour la course d'un ou de deux Cavaliers, ainsi que je le marque dans mon Plan; car si la Place doit servir à quatre, il est nécessaire alors qu'elle soit tout-à-fait quarrée. Planche XIV.

Les Cavaliers étant arrivés & placés aux deux côtés de la Place où doit être le Champ de Bataille, ils entrent par les coins marqués *numero* 2. Chaque Cavalier fait en entrant un salut avec sa Lance vers la personne la plus respectable, & tenant ensuite sa Lance, la pointe en l'air à côté de soi, le tronçon à côté du genou droit, sans le toucher, il doit dans cette même situation partir en même tems que son Adversaire, en prenant de même que lui une espèce de Demi-volte, pour joindre la Barrière où est pendue la Bague.

En joignant la Barrière il faut que les Cavaliers levent la Lance tout-à-fait haute, la main qui la tient devant, se trouvant en l'air plus haute que la tête du Cavalier; car la pointe de cette Lance doit être fort élevée.

Comme les Cavaliers partent au petit galop, ils doivent baisser peu à peu leur Lance, en tournant le poignet, soutenant le coude aussi haut que l'épaule, le tronçon de la Lance venant par dessous le bras, à mesure que la pointe baisse, pour arriver à la Bague. Il faut aussi que le Cavalier rende la main à son Cheval, pour qu'il aille de plus en plus vite, & afin qu'il galope à toutes jambes, en passant sous la Bague. De plus, il est nécessaire que les Cavaliers ne perdent pas de vue la Bague, ni la pointe de leur Lance.

Lorsqu'ils ont passé sous la Bague ils doivent relever la Lance fort haut, sans regarder derrière eux, & en même tems ils doivent baisser le tronçon à côté du genou droit, toujours la pointe en l'air, afin de la remettre à un Estafier qui se doit trouver à pied pour la recevoir.

Il faut que le Cavalier n'oublie pas que le long de la course il doit bien garder l'équilibre de la Lance dans sa main. Il est bon aussi de savoir que la Bague doit être placée d'un demi-doigt plus haut que la tête du Cavalier, car si elle étoit placée plus haut, le Cavalier auroit de la

Planche XIV. peine à la prendre, & si elle se trouvoit plus bas, elle pourroit atraper le front du Cavalier. Mr. *de la Guerinière* dit néanmoins qu'elle doit être à la hauteur du front.

Comme les Cavaliers doivent être munis de toutes leurs armes, il faut qu'ils aient deux Dards entre la cuisse & la Selle, les petits bouts des Dards tournés en enbas, & les gros bouts, où sont les fers, tournés en enhaut, derrière le Cavalier, qui en doit tirer un par le gros bout, & en prenant une Demi-volte, le bras tendu en l'air, il tient le Dard par le milieu en équilibre, présentant le petit bout par devant. Dans cet état il s'approche de la tête de *Méduse*, où passant le Dard par dessus sa tête, il fait un tour de poignet, pour que le gros bout ferré puisse être lancé avec vigueur sur la tête de *Méduse*, afin de la darder fermement dans le milieu.

Après qu'il l'a dardée, il doit quitter la Barrière, comme je l'ai marqué, pour faire une autre Demi-volte renversée, en prenant un autre Dard de la même main, afin d'aller de l'autre côté du Manège, darder le *Faquin* dans la même posture. Ceci étant fait, il doit quitter la Barrière, & en prenant le pistolet à la main, il fait une autre Demi-volte renversée, pour aller tirer de l'autre côté sur la tête du *Maure*, où après avoir tiré son coup, il quitte encore la Barrière, & va faire un autre Demi-volte renversée; puis mettant sur le champ le Sabre à la main, il court pour sabrer la tête qui est à côté de celle du *Maure*. Cela fait, il reprend la Barrière par une autre Demi-volte renversée, puis il va se saisir de la tête destinée pour l'Epée. Cette tête est à terre un peu plus loin que la Potence où est pendue la Bague, pour passer entre la Barrière & la tête qui se trouve environ aux trois quarts de la course. Il l'enlevera donc de terre hautement avec la pointe de son Epée pour la faire voir aux Spectateurs. Deux autres Cavaliers se présentent ensuite pour faire les mêmes courses, & sont suivis des autres Seigneurs qui en doivent faire autant. Le milieu du Carrousel est pour les Ecuyers qui doivent juger des courses.

Les Ecuyers ne mettent ordinairement que quatre têtes

Autre Carrousel.

Planche. XVI.

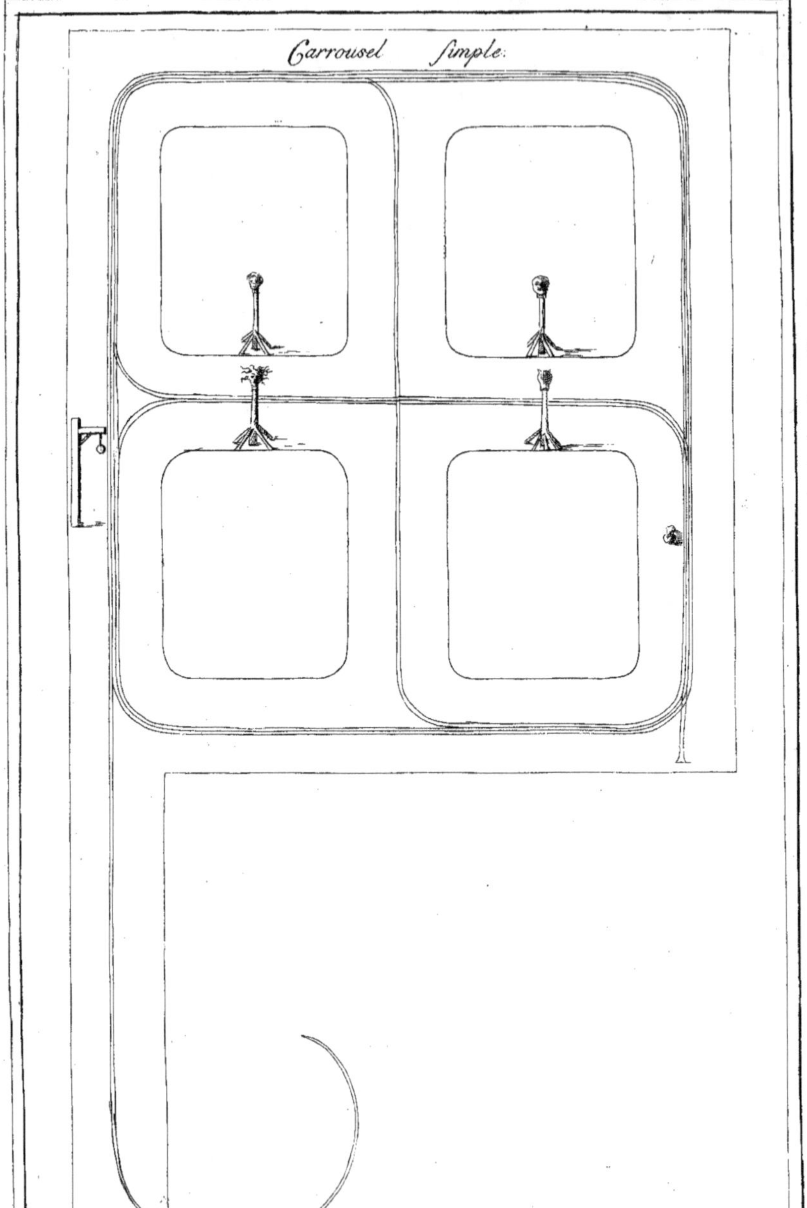

têtes dans leurs Carrousels, savoir celle de la *Lance*, Planche XIV.
celle de *Méduse*, celle du *Pistolet*, & celle de l'*Epée*; mais pour moi, je juge à propos d'en mettre six, en comptant le *Bague* pour la tête de la *Lance*, parce que quiconque prendra une Bague avec la Lance, prendra encore plus facilement une tête qui est bien dix fois plus grande.

D'ailleurs je vois que ces Messieurs ne mettent que la *Méduse* pour le Dard, & qu'ils oublient le *Faquin*, de même que la tête du *Sabre*, qui est une des plus nécessaires pour un Homme de guerre. La preuve en est évidente dans le Plan du Carrousel de Mr. *de la Guerinière*, où l'on ne voit que quatre têtes. Cet Auteur se contente de dire que tout se doit faire seulement de bonne grace, ce qui certainement est très-raisonnable, & il ajoute que, lorsque le Cavalier prend la tête de l'Epée, il doit faire flamboyer la lame, ce qui est aussi véritable; mais il ne parle point de la tête du *Sabre*, où le Cavalier doit agir de même, c'est-à-dire faire flamboyer sa lame.

A l'egard des deux autres Carrousels, ils se doivent Planches XV & XVI. Autres Carrousels.
exécuter avec la même adresse, quoiqu'ils ne soient marqués que pour un seul Cavalier. Il s'agit pour cela du terrain que peut avoir un Ecuyer, pour aprendre un Cavalier à courir seul avant qu'il s'expose à la course avec plusieurs autres Seigneurs. On ne doute point que si le terrain ne le permet pas, plusieurs ne pourront point courir ensemble. Quant au Carrousel, qui n'est marqué que pour courir deux à la fois, il peut néanmoins s'exécuter de la même manière pour quatre, si le terrain le permet.

Il est à remarquer que tout ce que je viens d'avancer, doit se faire de bonne grace, & que l'on doit bien observer les chemins marqués pour que les Cavaliers ne puissent s'embarasser en courant ensemble. Lorsque le Cavalier a passé sous la Bague, soit qu'il l'ait prise ou non, il ne doit jamais regarder derrière. Il faut en faire de même à l'égard de toutes les têtes.

Le Cavalier doit encore avoir soin de mettre son chapeau de bonne grace & ferme sur sa tête, car si pendant la course il le laissoit tomber à terre, eût-il pris la Bague & toutes les têtes, la course ne vaudroit rien. Il

Planches XV & XVI. en ſeroit de même s'il perdoit un de ſes Etriers, car en ce cas tout ce qu'il auroit fait de bien, ne paſſeroit que pour un effet du hazard, & détruiroit tout le mérite de ſon adreſſe.

Les Figures démontrent ſuffiſamment la poſture que le Cavalier doit tenir dans ce noble exercice.

PLANCHES XVII & XVIII.

Des Pièces qui concernent le Carrouſel.

Planche XVII. La Lance. JE commencerai par la Lance, *Numero* 8, laquelle doit avoir environ ſept pieds & demi de long: il faut que le bout, qui eſt de fer, ſoit environ d'un pied, & que la diſtance depuis la pointe de la Lance jusqu'aux pointes de ces Aîles, ait à peu-près quatre pieds, de façon que les Aîles auront auſſi environ un pied & quelques pouces. Le Manche, ou l'endroit par lequel on tient la Lance, & qui eſt entre les Aîles & le Tronçon, doit avoir huit à neuf pouces, & le Tronçon un pied & quelques pouces. Le tout enſemble compoſe une longueur d'environ ſept pieds & demi.

Quelqu'un ſera peut-être ſurpris de ce que je ne donne pas une meſure juſte, & que je m'explique toujours par le mot d'*environ*: mais je répons à cela que les Cavaliers n'étant pas toujours ni de la même force, ni de la même grandeur, & n'ayant pas la même adreſſe, celui qui eſt fort & robuſte, a beſoin d'une Lance plus peſante, & par conſéquent plus groſſe & plus longue, que celui qui eſt foible & délicat. J'en donne donc les dimenſions uniquement pour faire connoître que la Lance doit être en équilibre dans l'endroit où le Cavalier la tient.

Lorsque la Lance ſe trouve trop peſante de la pointe dans la main du Cavalier, on peut faire au bout du Tronçon un trou, dans lequel il n'y a qu'à introduire du plomb fondu, afin de rendre par-là la Lance plus légère de la pointe, & de la mettre en équilibre: car le tout doit être ſi bien proportionné, qu'un bout ne doit

pas

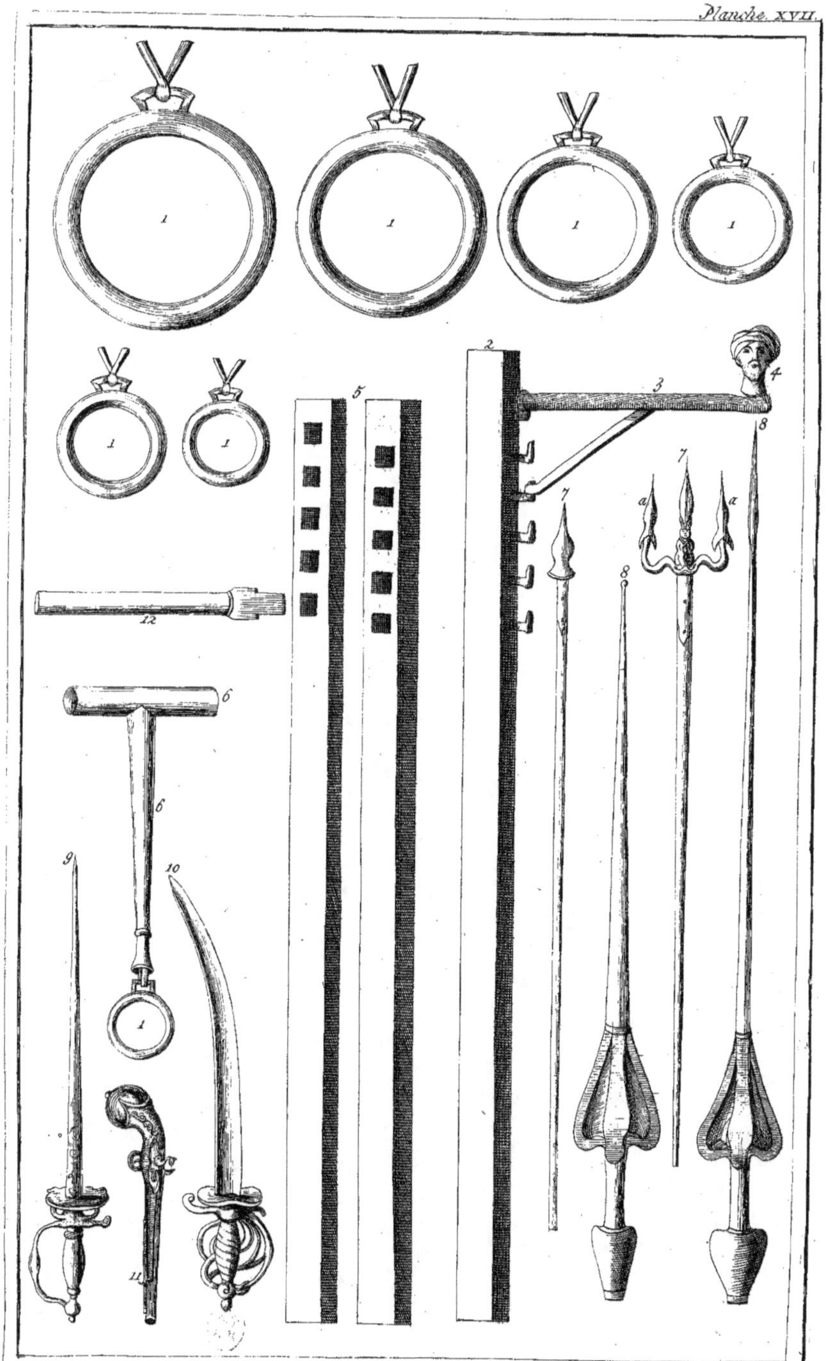
1
1
1
1
1
1
2
3
4
5
7
7
a
a
8
8
12
6
6
9
10
1
11

pas peser plus que l'autre. Cela se regle souvent suivant la pesanteur du bois que l'Ouvrier emploie pour faire le Tronçon, dont le bout, quoique plus court qu'aucune autre partie de la Lance, fait néanmoins que la Lance se trouve juste dans la main du Cavalier, pour qu'il puisse bien donner ou dans la tête ou dans la Bague. Les Aîles de la Lance doivent être au nombre de cinq.

Planche XVII. La Lance.

On se sert de deux sortes de Lances, dont l'une a une pointe pour les Têtes, & l'autre un petit bouton au bout de sa pointe pour les Bagues. C'est pour distinguer ces Lances que je les ai placées l'une auprès de l'autre.

Les Dards ou Javelots, *Numero* 7, doivent avoir environ cinq pieds de long. Lorsque le Cavalier en prend un pour s'en servir, il doit en sentir d'abord l'équilibre dans la main, sans quoi il ne dardera jamais juste, étant impossible que sans cet équilibre le Dard puisse aller droit.

Les Dards ou Javelots.

Il y a aussi deux sortes de Dards, faits de la manière dont je les représente dans la *Planche* XVII. Un Dard, pour être bon & bien juste, doit avoir environ cinq pieds. Je pense que ceux de cinq pieds sont les meilleurs pour bien darder, lorsqu'ils sont bien faits & droits.

L'un des deux Dards que je représente *numero* 7 de la Planche XVII, est destiné pour la tête de *Méduse*, *Numero* 1 de la *Planche* XVIII, l'autre pour le *Faquin*, *Numero* 2. Les Auteurs tant anciens que modernes ne font pas mention de ce dernier, mais comme ils ne parlent des Carrousels que par tradition, on ne doit pas être surpris qu'ils l'aient oublié, de même que la tête du *Sabre*, *Numero* 4, laquelle est néanmoins la plus nécessaire à un Homme de Guerre. Je n'ai cependant pas inventé le Dard que je donne pour le *Faquin*, puisque l'on peut encore en voir de semblables dans les Gardes-meubles de la Grande Ecurie à *Versailles*. Mais après avoir fait attention à la forme qu'on a donnée à ces Dards, je trouve qu'il est comme impossible de les diriger en droite ligne, le bout qui doit aller le premier se trouvant beaucoup plus mince, & par conséquent beaucoup plus léger que celui qui doit le suivre.

Planches XVII & XVIII. Dard pour la Tête de Méduse.

Le Dard que je donne pour le *Faquin*, a deux Cram-

Planche XVII. Dard pour le Faquin. pons, *a*, *a*, en forme de langue de Serpent, qui sont placés à chaque côté de la pointe du Dard. D'ailleurs, quoique ces Crampons ne soient pas si longs que cette pointe, ils ne laissent pas de donner dans quelque endroit de la tête du *Faquin*, soit en-haut, soit en-bas, ou à côté.

Planche XVIII. Les Têtes. Les Têtes dont je parle doivent être de Carton & d'environ la grosseur d'une tête d'Homme. Quoiqu'elles n'ayent pas toutes la même figure, elles doivent être néanmoins de même grandeur, excepté celle de *Méduse*, *Numero* 1, qui étant plus grande doit être appuiée sur une grosse Planche ovale, dans laquelle le Dard reste, lorsque la Tête de *Méduse* est percée d'outre en outre.

Quant aux autres Têtes, je dirai que celle du *Faquin*, *Numero* 2, doit ressembler un peu à la Tête d'un Païsan. Celle du *Pistolet*, *Numero* 3, doit être noire, ce qui lui fait donner le nom de Tête de *Maure*. Celle du *Sabre*, *Numero* 4, a de grosses moustaches, pour représenter la Tête d'un Homme de Guerre. La Tête qu'on voit au *Numero* 5, est une seconde Tête pour le *Dard*. Il ne faut pas que celle de l'*Epée*, *Numero* 6, qui doit être à terre, soit si pesante que les autres, quoiqu'elle ait la même grosseur; car elle doit être faite de façon que l'Epée puisse l'enlever en l'air.

Planches XVII & XVIII. La Girouette, & la Potence. La Girouette est une espèce de Chandelier, *Planche* XVII, *Numero* 3, & *Planche* XVIII, *Numero* 7, qui tourne sur deux pitons, & où l'on met les Têtes tour à tour. Elle doit être de fer, & conforme au dessein que j'en donne: elle tient par deux pantures à un Pilier que l'on nomme Potence, *Planche* XVII, *Numero* 2. Comme les Cavaliers ne sont pas tous de même grandeur, il est nécessaire de mettre au Pilier plusieurs pantures, pour hausser & baisser la Girouette, à proportion de la taille du Cavalier.

Planche XVII. La Potence doit être placée au dessus d'une Barrière, ainsi que les deux autres Piliers, *Numero* 5, qui servent pour les Bagues. Il faut que la Girouette ait environ trois pieds de long, afin que le Cavalier puisse passer juste par dessous la Tête, *Numero* 4, qui est sur le Chandelier de la Girouette, & à telle hauteur que le bord du

cha-

Planche. XVIII.

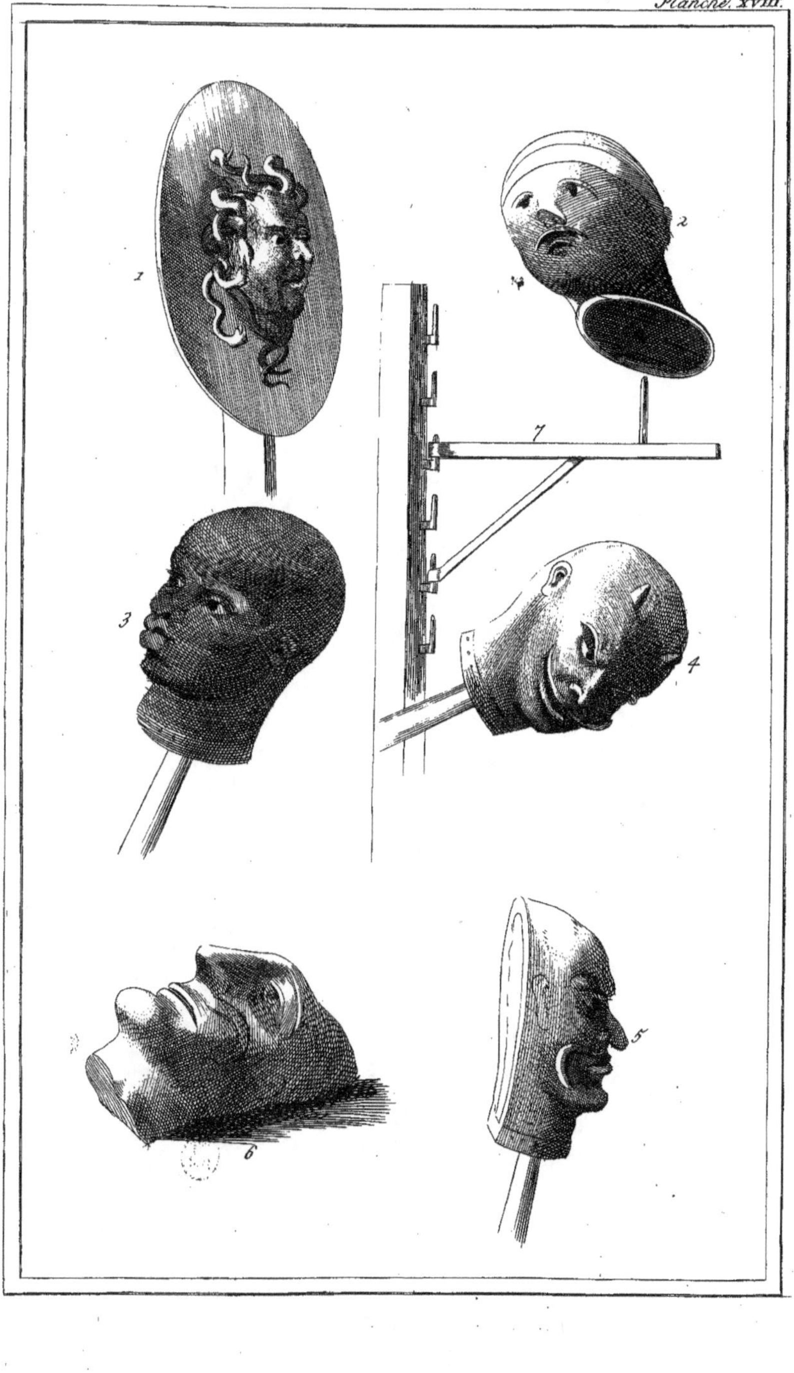

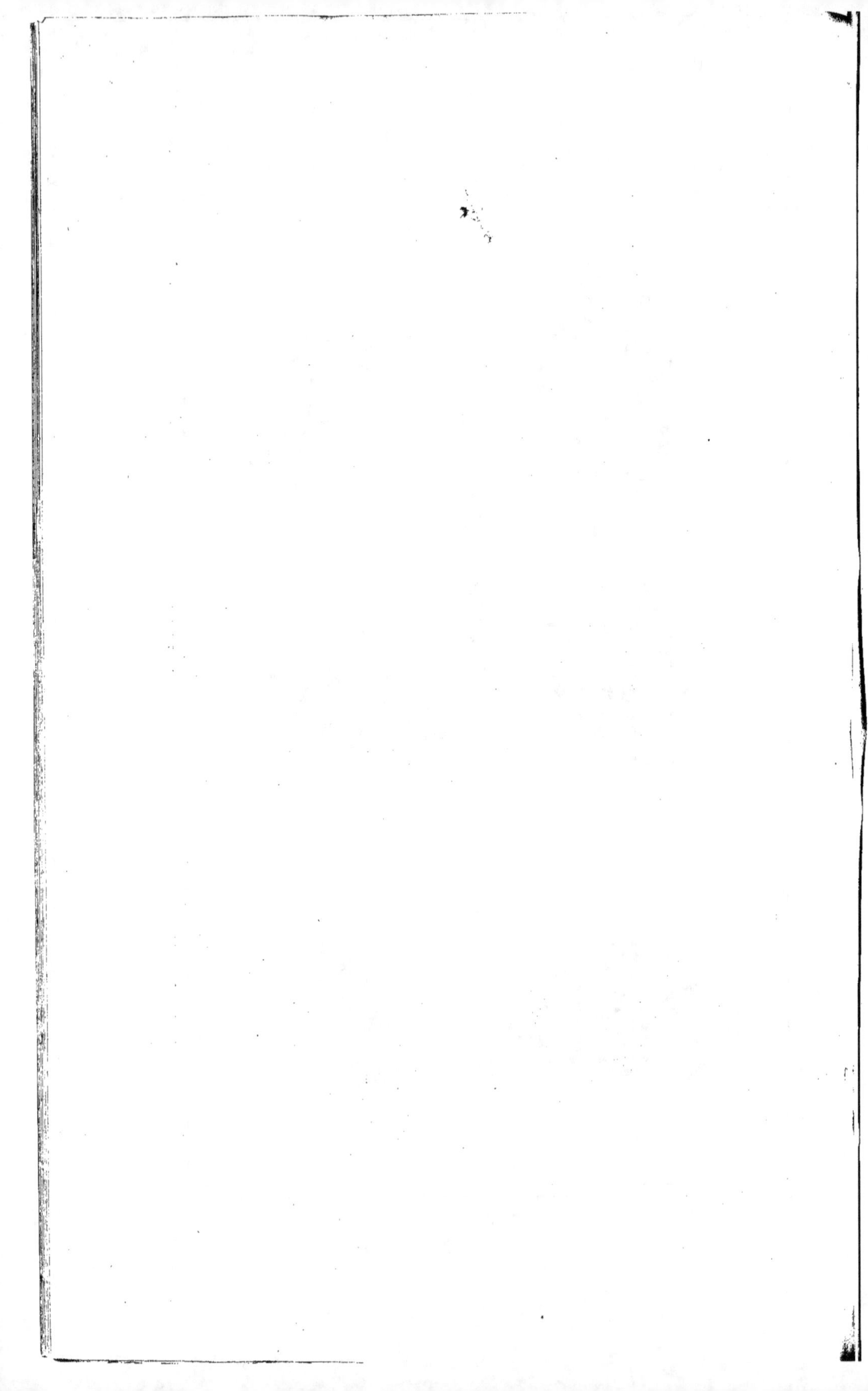

chapeau du Cavalier touche presque le dessous de cette partie du Chandelier qui supporte la Tête. Planche XVII.

Le Canon, *Numero* 6, où l'on met la Bague, *Numero* 1, doit être de fonte. On passe son manche dans un bâton rond, *Numero* 10, tel que je le représente. Ce Canon doit avoir un pied de long, car s'il étoit plus court, les Cavaliers qui n'y sont pas encore accoutumés pourroient casser leur Lance, en la passant par dessus le Bâton, & se mettre par-là en danger d'être blessés. C'est ce que l'on nomme *briser la Potence.* Canon où l'on met la Bague.

Les deux Piliers, *Numero* 5, que l'on voit l'un près de l'autre, sont percés chacun de cinq trous quarrés, où l'on introduit le bout du bâton, *Numero* 10, lequel bout est aussi quarré. Ce bâton peut avoir environ cinq pieds. Si je donne deux Piliers, c'est parce que les Cavaliers, qui doivent courir la Bague & les Têtes, ne sont pas tous de la même grandeur. D'ailleurs, comme ils ne montent pas toujours des Chevaux d'une même hauteur, les trous servent à hausser ou à baisser le Canon auquel pend la Bague, *Numero* 1 & 6. Les Piliers.

Il faut aussi que la Bague soit mise de manière que le Cavalier passant juste dessous, elle ne fasse qu'effleurer le bord de son Chapeau; car si elle étoit placée trop haut, le Cavalier ne pourroit la saisir, & si elle étoit trop bas, elle pourroit blesser le front du Cavalier. Quelques Auteurs prétendent néanmoins que la Bague doit être à la hauteur du Cavalier; mais c'est une erreur, & cette erreur prouve qu'ils n'ont jamais vu ni pratiqué cet exercice.

Les Bagues doivent être au nombre de six, *Numero* 1, car à mesure que le Cavalier se rend à droite, on doit les changer, parce que celle par où il commence, est toujours plus grande que les autres; c'est-pourquoi on la nomme *Porte-cochère.* La suivante est appellée la cinquième, ensuite vient la quatrième, après elle la troisième, puis la seconde, & enfin la dernière qui est la plus petite. Comme tout le monde n'est pas obligé de savoir tous les noms & les termes du Manège, je me contente souvent de donner à chaque pièce un nom qu'on puisse entendre. Les Bagues

Il est bon d'avertir que les Bagues sont de fonte, & composées de trois pièces, qui ont aussi chacune leur

Planche XVII. nom. La Bague, qui eſt toute ronde, tient à une pièce qu'on appelle Nombril, & ce qui embraſſe ce Nombril, pour entrer enſuite dans le Canon, ſe nomme l'Aîle de la Bague, laquelle n'eſt autre choſe qu'un petit morceau de cuivre aplati qui forme un reſſort pour ſoutenir la Bague dans le Canon. Il ſuffit de jetter les yeux ſur ces pièces pour s'en former une idée.

On peut les voir d'un coup d'œil à l'aide des renvois que voici.

1. Les Bagues.
2. La Potence.
3. La Girouette, ou le Chandelier.
4. La Tête.
5. Deux Piliers pour les Bagues.
6. Canon de la Bague.
7. Les Dards. *a*, *a*, Crampons du Dard.
8. Les Lances.
9. L'Epée.
10. Le Sabre.
11. Le Piſtolet.
12. Bâton où l'on fait paſſer le Canon de la Bague.

Planche XVIII.

1. Meduſe.
2. Faquin.
3. Le Maure.
4. Tête pour le Sabre.
5. Seconde Tête pour le Dard.
6. Tête pour l'Epée.
7. La Girouette, ou le Chandelier.

PLAN-

Planche XIX.

Le Pas. — Le Galop uni à droite.

Le Trot. — Le Galop uni à gauche.

D. I. Martini Del. et Sc.

PLANCHE XIX.

Le Pas, le Trot, le Galop uni à droite, le Galop uni à gauche.

LA *Figure* 1 fait voir comment un Cheval leve les jambes, & comment il les poſe à terre. Le pied de devant eſt levé en l'air en même tems que le pied gauche de derrière, tandis que le pied gauche de devant eſt poſé à terre, de même que le pied droit de derrière, lesquels ſont prêts à ſe lever lorſque les deux autres portent à terre. Ceci démontre le mouvement d'un Cheval qui va le *Pas*. Ses quatre pieds ſemblent faire une croix, en levant & repoſant les pieds à terre les uns après les autres. Planche XIX. Le Pas.

La *Figure* 2 repréſente un Cheval au *Trot*, faiſant le même mouvement & ayant la même attitude que celui qui va le Pas, excepté que, dans le Trot, le Cheval allant plus vite que lorſqu'il va au Pas, ce mouvement de ſes pieds & de ſes jambes eſt plus relevé, car il eſt plus violent: le derrière du Cheval depuis le haut de la croupe le long de la cuiſſe jusqu'aux jarrêts, paroît plus allongé que dans le Pas; c'eſt néanmoins à quoi pluſieurs perſonnes ne prennent pas garde. Le Trot.

La *Figure* 3 repréſente un Cheval dans le *Galop uni à droite*, ce qui fait voir la ſituation de ſes jambes, différente des deux autres, puisque le pied droit de devant va le premier, ce qui fait dire que le pied droit entame le chemin: le pied droit de derrière du même côté le ſuit, & par conſéquent les deux pieds gauches ſuivent alternativement les deux pieds droits, & toujours dans la même poſture. C'eſt ce que l'on appelle *Galop uni à droite*, & autrement *galoper ſur le bon pied*. Il en eſt de même pour galoper à gauche, ainſi que je le repréſente dans la figure ſuivante. Le Galop uni à droite.

La *Figure* 4 repréſente un Cheval qui galope uni à gauche. Son pied gauche de devant entame le chemin, & eſt ſuivi du pied gauche de derrière. Cela fait que les deux pieds droits ſuivent les deux gauches, & l'on dit Le Galop uni à gauche.

dit alors que le Cheval *galope bien uni à gauche comme à droite*, & en terme de Manège, que *le Cheval galope également à toutes les deux mains.*

PLANCHE XX.

Le Galop desuni du devant à droite; le Galop desuni du devant à gauche; le Galop desuni du derrière à gauche; le Galop faux à gauche, du devant & du derrière.

Planche XX. Galop desuni du devant à droite.

LA *Figure* 1 fait voir un Galop desuni à droite, parce que le Cheval galopant à droite, le pied gauche de devant va le premier, étant suivi du pied droit de derrière qui va avant le gauche: il est facile de le remarquer par la Figure que j'en donne. De cette manière le Cheval ne peut être agréable ni au Cavalier dans son Galop, ni à ceux qui entendent l'Art de monter à Cheval.

Le Galop desuni du devant à gauche,

La *Figure* 2 représente un Cheval sur le Galop à gauche, qui est desuni du devant du pied gauche, lequel précède le pied droit; au-lieu qu'il devroit entamer le chemin, de même que le pied gauche de derrière fait au pied droit de derrière. Ce Galop n'est pas plus agréable que le précédent.

Le Galop desuni du derrière à gauche.

La *Figure* 3 fait voir un Galop desuni du derrière à gauche. Le pied gauche de devant entame le chemin, & n'est pas suivi du pied de derrière du même côté. C'est ce que l'on appelle un Cheval qui *galope faux du derrière.* Ce Galop est fort incommode & méprisé de tous ceux qui ont quelque connoissance de la différence des Galops d'un Cheval. Ceux qui n'ont pas cette connoissance, s'imaginent que ce Galop est naturel au Cheval, ne sachant pas que si ce Cheval avoit galopé uni, ils ne seroient pas si fatigués.

Le Galop faux à gauche, du devant & du derrière.

La *Figure* 4 représente un Cheval au Galop tout-à-fait faux à gauche, tant du devant que du derrière. Le Cheval regarde à gauche, & le pied droit de devant va le premier, le pied droit de derrière le suivant de même; de-sorte que les deux pieds gauches suivent les droits, qui devroient

Le Galop desuni du devant à droite.

Le Galop desuni du derrière à gauche.

Le Galop desuni du devant à gauche.

Le Galop faux à gauche, du devant & du derrière.

Martini f.

vroient aller devant. C'eſt-pourquoi ſi le Cheval venoit à tourner court à gauche, il ſeroit en danger de tomber à terre. Planche XX.

PLANCHE XXI.

Le Galop desuni, du derrière à droite; le Galop faux à droite, du devant & du derrière; l'Amble; l'Aubin ou Trachnard.

Planche XXI. Le Galop deſuni, du derrière à droite.

LA *Figure* 1 fait voir encore un Cheval desuni du derrière à droite. On peut remarquer que le pied droit du devant entame chemin pour le Galop à droite, ſans être ſuivi du pied de derrière droit, ce qui fait faire au Cheval un Galop tout dégingandé & fort incommode, ainſi que le ſont tous les autres Galops qui ne ſont pas unis, ſoit du devant, ſoit du derrière. Delà vient qu'on dit, en terme de Cavalerie, que le Cheval eſt *entrevaſé dans ſon Galop*; au-lieu que lorsqu'il galope faux du devant comme du derrière en même tems, on dit ſeulement que le Cheval eſt faux dans ſon Galop, ou qu'il ne galope pas ſur le bon pied, tant au Galop à droite, qu'au Galop à gauche.

Le Galop faux à droite, du devant & du derrière.

La *Figure* 2 fait voir un Galop faux à droite, c'eſt-à-dire, que le Cheval eſt desuni tant du devant que du derrière: ſi par conſéquent il tournoit court à droite, les pieds gauches paſſeroient par deſſus les pieds droits du Cheval, & le mettroient en risque de tomber plat à terre. Un ignorant, ainſi qu'il arrive ſouvent, ne manqueroit pas d'en attribuer la faute au Cheval; cet accident n'arriveroit néanmoins alors que faute d'adreſſe de la part de celui qui ſeroit deſſus.

L'Amble.

La *Figure* 3 repréſente un Cheval qui va l'*Amble*, ou pour mieux dire, qui va comme il doit aller naturellement, en portant ſes pieds & ſes jambes, dans les mêmes actions, à-peu-près, d'un Cheval qui eſt au Galop, c'eſt-à-dire que tout un côté du Cheval doit aller le premier & être ſuivi de l'autre côté, ainſi que le fait voir la Figure que j'en donne, excepté néanmoins que les jam-

Planche XXI. jambes & les pieds se trouvent plus écartés les uns des autres, par la distance des pieds de devant à ceux de derrière. Cela n'empêche pas qu'un bon Cheval au Galop de chasse n'avance plus qu'un Cheval franc d'Amble; mais un Cheval, tel que celui que je nomme ici franc d'Amble, peut tenir compagnie en chemin à un Cheval d'un Galop médiocre. De plus un tel Cheval ne peut être suivi que par peu de Chevaux qui iroient au grand Trot.

Malgré les aisances & la commodité d'un Cheval d'Amble, je lui préférerai toujours un Cheval qui ira bien le Pas & galopera légerement, à moins que je ne destine ce Cheval pour un Vieillard & pour les Promenades, parce que tout Cheval qui va bien le franc Amble, a la plus commode de toutes les allures qu'un Cheval puisse avoir: d'ailleurs un pareil Cheval ne dure pas si longtems que les autres, quoiqu'il aille naturellement le franc Amble.

Il y a beaucoup de Chevaux qui ont l'Amble, mais artificiellement, c'est-à-dire que de cent Chevaux qui paroissent aux yeux de tout le monde aller bien l'Amble, il s'en trouve plus des deux tiers, pour ne pas dire les trois quarts, auxquels on l'aura montré. C'est en quoi les Anglois sont fort adroits, aussi bien qu'à faire faire des courses aux Chevaux: c'est même à quoi ils s'attachent le plus dans tout ce qui concerne la Cavalerie. Mais les Chevaux qui sont ainsi dressés, ne durent pas tant que les autres, qui vont l'Amble naturellement.

Pour n'y être pas trompé, il faut prendre le Cheval, sans que personne soit dessus, ensuite on le fera mener à la main, sans que qui que ce soit se tienne derrière avec un Fouet ou une longue Gaule pour le faire marcher plus vite. On le tient aussi de la main, de la même manière que l'on tient un Cheval que l'on fait troter pour voir s'il est boiteux ou non. Si le Cheval va l'Amble étant ainsi conduit de la main, & qu'il ne se mette point à troter, il est à croire que l'Amble est naturel; mais s'il avance au Trot quelques pas, son Amble est artificiel, & il faut s'en défier. Un moyen encore plus sûr de savoir ce qui en est, c'est de mettre un Cheval à l'épreu-

Le Galop desuni du derrière à droite.

L' Amble.

Le Galop faux à droite, du devant & du derrière.

L' Aubin.

l'épreuve durant quelques demi-journées; car on trouvera que se sentant fatigué, il se mettra au Trot pour peu qu'il soit pressé. Planche XXI.

La *Figure* 4 représente un Cheval que j'appelle Trachnard; plusieurs le nomment Aubin. Il a une allure interrompue, ainsi qu'on le voit dans la Figure. Quoique cette allure soit assez commode pour les Cavaliers, & qu'ils fassent avec elle beaucoup de chemin, elle est cependant forcée, parce que le Cheval ne sauroit la continuer longtems, non plus que ceux qui vont l'Amble superficiellement. L'Aubin ou Trachnard.

La plupart des Chevaux qui vont le Trachnard, ont toujours un défaut naturel, puisqu'ils ne prennent souvent cette allure, lors même qu'ils sont encore jeunes, que parce qu'ils manquent de force. Lorsqu'un Cheval commence à se ruiner par les longs travaux qu'ils a essuiés, il se forme aussi cette allure, parce qu'il a de la peine à galoper ou à aller le Trot ou un bon Pas. De-là vient qu'on dit d'un tel Cheval: *voilà un bon reste de Cheval.* Quoiqu'il ne soit pas propre pour un Homme de qualité, il ne laisse pas d'être utile dans l'Ecurie d'un grand Seigneur pour des Domestiques. Le Trachnard suit néanmoins assez bien un Cheval qui va l'Amble; & celui qui le monte n'est guère plus fatigué que celui qui se sert d'un Cheval qui va l'Amble. Ce qui me fait donc dire qu'il n'est pas propre pour une personne de qualité, c'est seulement parce qu'il n'est pas ferme sur ses jambes, car la plupart des Chevaux ne prennent souvent cette allure que par un manque de force.

Il est aisé de remarquer que la figure & l'attitude de ce Cheval est différente de celles des autres; car l'on voit qu'un pied de devant du même côté, est plus éloigné du pied de derrière, & que les deux autres, qui sont en l'air, paroissant plus près l'un de l'autre, se trouvent écartés lorsqu'ils sont à terre, tandis que les deux autres se raprochent, en se relevant de même que ceux qui étoient en l'air. Je crois que les Figures que je viens d'expliquer, doivent suffire pour faire connoître toutes les principales allures des Chevaux.

PLANCHE XXII.

Le Passage; le Terre-à-terre; la Galopade; le Mezair.

Planche XXII. Le Passage. L'Attitude de la *Figure* 1 représente un Cavalier qui passage son Cheval au *Pas*, de bonne grace, & qui le tenant dans la sujettion, s'écoute en le travaillant doucement. Il lui donne le tems de lever ses pieds fort haut, principalement ceux de devant, avant que de lever les autres. Il fait voir aussi l'attitude que tout Cavalier doit avoir à cheval: c'est la véritable Fourchette, que plusieurs Auteurs ont mal entendue, tant dans leurs Ecrits que dans leur pratique. Ces Messieurs placent leurs Ecoliers droits comme un bâton, ayant les fesses en l'air, & ne leur faisant porter le corps que sur les étriers.

Il est impossible, de cette manière, de donner de la fermeté à un Cavalier, au-lieu que dans la Figure que je donne, les fesses du Cavalier se trouvent placées au milieu de la Selle, & ses genoux paroissent flexibles, pour que les jambes descendent le long des Sangles, sans être trop écartées du Cheval, ni placées trop en avant, ni trop en arrière. D'ailleurs les mains du Cavalier se trouvent bien situées, de même que les bras & les épaules: d'un autre côté la main gauche, qui tient la Bride, se trouve à deux ou trois doigts au dessus du pommeau de la Selle, tandis que la main droite, qui tient la Gaule, est placée au dessous, afin de pouvoir tenir la Rêne droite délicatement, & faire regarder le Cheval à droite en dedans. La Gaule que le Cavalier tient à la main, doit être droite, & pancher un peu du côté de l'épaule gauche du Cheval: il ne faut donc pas la lui faire tenir droite devant lui, comme s'il portoit une Chandelle, ainsi que plusieurs l'enseignent.

Le Terre-à-terre. La *Figure* 2 représente un Cavalier qui fait manier son Cheval Terre-à-terre, & qui de tems en tems prend les Rênes de la main droite pour les ajuster, afin que le Cheval ait le cou droit devant soi. Plusieurs plient le cou du

Planche XXII.

Le Passage.

La Galopade.

Le terre-à-terre.

Le Mezair.

du Cheval jusqu'à l'épaule, mais il ſuffit que le Cavalier voie ſeulement l'œil du Cheval à droite, lorsqu'il travaille à droite, & à gauche, lorsqu'il travaille à gauche. Planche XXII.

Cette Figure fait voir en même tems que, lorsque le Cheval manie terre-à-terre, ſes hanches ſont baſſes & ſes pieds de derrière presque placés ſous ſon ventre, tandis que ſes pieds de devant ne ſe levent pas trop haut. Or dans cette ſituation le Cheval travaille près du tapis en levant fort bas les quatre jambes. C'eſt ce que l'on appelle manier terre-à-terre.

La *Figure* 3 repréſente la Galopade, qui eſt un Galop uni, bien enſemble, racourci du devant, & diligent des hanches, c'eſt-à-dire, qui ne traîne pas le derrière, & qui produit par l'égalité des reſſorts du Cheval, cette belle cadence, qui charme autant les Spectateurs, qu'elle plaît au Cavalier. La Galopade.

La *Figure* 4 fait voir un Cheval qui manie à *Mezair*. Elle eſt à peu près la même que la *Figure* 2, les hanches étant auſſi fort baſſes, mais les deux pieds de derrière ſont plus écartés l'un de l'autre & ceux de devant ſe trouvent plus élevés en l'air de même que les épaules. Le Cavalier fait faire au Cheval la même choſe, mais il ne le fait pas aller ſi près du tapis & le tient plus relevé; delà vient qu'on lui a donné le nom de Mezair. Cependant un Ecuier n'eſt pas toujours maître de faire faire à tous les Chevaux ce qu'il voudroit; c'eſt beaucoup pour lui de pouvoir ſe conformer à la portée de chaque Cheval: car d'exiger d'un Cheval des airs relevés, ſi ſa force & ſa legereté ne lui permettent pas plus cet exercice, que celui de faire un beau terre-à-terre, c'eſt travailler inutilement. Quoiqu'un Cheval ne puiſſe manier ſur les airs relevés, il peut néanmoins bien travailler ſur les airs bas. Cependant quelque beaux que ſoient les terre-à-terre, les Mezairs ne laiſſent pas d'être plus nobles, & lorsqu'un Cheval ſait manier juſte ſur ces airs, il eſt plus difficile de le mettre juſte au Mezair qu'au terre-à-terre. Le Mezair.

J'ai néanmoins fait faire ces deux exercices au même Cheval. Après l'avoir fait manier terre-à-terre, je le formois au Mezair, & ceux qui l'avoient vu travailler, ne le reconnoiſſoient que par le poil, & s'imaginoient toujours que ce n'étoit pas le même Cheval.

PLANCHE XXIII.

La Courbette; la Croupade; la Balotade; la Cabriole.

Planche XXIII. La Courbette.

LA *Figure* 1 représente un Cheval bien assis à Courbettes par le droit à droite. Le Cavalier doit garder la même posture que l'on voit dans cette Figure. Les deux jambes de devant du Cheval doivent être bien pliées par les genoux, il faut aussi que les jointures qui sont entre les boulets & les sabots, plient tant soit peu, & qu'on lui voie le dessous des pieds sous lui, & par conséquent les Fers en l'air. D'un autre côté le Cavalier doit marquer délicatement les tems avec la pointe de la Gaule sur l'épaule droite du Cheval.

Je ne parlerai point des Pesades, parce que je ne vois pas de quelle utilité elles peuvent être dans un Manège, je leur préfère des Courbettes faites de bonne grace, comme quelque chose de plus noble, lorsque tous les tems sont marqués bien juste. Les Courbettes font voir aussi la force des hanches & la souplesse des jarrêts. Il faut qu'à chaque tems des Courbettes, les deux pieds de derrière posant à terre, soient égaux; car si un pied avance plus que l'autre, on dit alors que ce Manège *traîne les hanches*; ce qui arrive bien plus souvent dans les Pesades que dans les Courbettes.

La Croupade.

La *Figure* 2 représente un Cheval à Croupades, où il est plus relevé qu'à Courbettes, puisque dans les Courbettes il n'y a que le devant qui se leve en l'air, au-lieu que dans les Croupades le Cheval s'enlève les quatre jambes à la fois, savoir, les deux de devant pliées comme celles à Courbettes, tandis que les pieds de derrière s'enlèvent en même tems, le Cheval pliant les jarrêts pour porter ses pieds sous lui. On ne voit donc dans cette Figure que le dedans des pieds de devant, & non le dedans de ceux de derrière. Il y a des Chevaux qui sautent plus haut que d'autres dans les Croupades; mais cela dépend de la force & de la légereté du Cheval.

La Balotade.

La *Figure* 3 fait voir un Cheval à Balotades: ce sont à peu-

La Courbette.

La Balotade.

La Croupade.

La Cabriole.

peu-près les mêmes Sauts que ceux des Croupades, avec cette différence que, quoique les jambes de devant soient à peu-près pliées également, celles de derrière prennent néanmoins un autre pli; car le Cheval, en pliant les jarrêts derrière soi, fait voir le dedans de ses pieds de derrière. Planche XXIII.

Quant à ce qui regarde la rudesse des Sauts, il faut convenir qu'elle est presque égale, parce qu'il se trouve des Chevaux qui sautent également, ou plus ou moins haut les uns que les autres. Cela arrive suivant la force de leurs Reins; car si un Cheval saute à force de Reins, les Sauts en seront plus rudes, mais s'il saute parce qu'il est léger, sa manière de sauter en sera plus douce. On peut voir aussi par l'attitude du Cavalier, que ses genoux sont flexibles, & que ses fesses étant bien placées dans le fond de la Selle, lui donnent de la fermeté.

La *Figure* 4 représente un Cheval en Cabrioles, comme un Oiseau en l'air: quoiqu'il plie les jambes de devant, le derrière, depuis les hanches & les jarrêts jusqu'aux pieds, se trouve étendu droit derrière lui. Il n'y a pas de Sauts plus nobles & plus beaux que ceux-là: il n'y en a point non plus qui dérangent moins le Cavalier, parce que, outre qu'un Cheval doit avoir beaucoup de force dans les Reins pour faire de pareils Sauts, il faut que la légereté & la souplesse surpassent la force des Reins. Ce ne sont point les Ecuyers qui fournissent aux Chevaux cette force & cette légereté, il suffit qu'ils les sachent bien mettre en œuvre. La Cabriole.

Je sai aussi qu'il y a des Sauteurs qui sautent suivant la capacité des Cavaliers qui les montent; car tel Sauteur sautera fort haut sous l'un, tandis qu'il ne sautera pas sous l'autre. Quelquefois même on verra un Cheval ne pas faire deux Sauts de suite sans contretems sous un Cavalier, tandis qu'il en fera vingt ou trente sous un autre, & même sans contrainte. Il ne suffit pas de se tenir ferme à cheval, il faut encore savoir les tems de rendre la main à son Cheval ou de la lui retenir, à chaque saut qu'il doit faire; car au même instant que le Cheval met les pieds de devant à terre, le Cavalier doit le soutenir de la main de la bride, pour l'aider à prendre le tems de s'enlever. Le Cheval étant en l'air, on doit avoir

Planche XXIII. voir la main légère, & ne le ſoutenir que dans le tems que les pieds commencent à toucher la terre.

Il en eſt de même à l'égard des Chevaux qui ſautent en Cabriole, le Pas & le Saut, c'eſt ce que la Figure 4 repréſente, tant dans l'attitude du Cavalier que dans celle du Cheval. Toute la différence qui s'y trouve eſt, qu'au-lieu de recommencer Cabriole ſur Cabriole, le Cheval fait ſeulement un Pas entre chaque Saut. Je préfère ces dernières Cabrioles, quoique dans le Pas & le Saut, le Cheval ſaute plus haut que dans les Cabrioles reïtérées, parce qu'il faut plus de force & de légereté à un Cheval pour ſauter en Cabrioles, que dans celles qui ſe font au Pas & au Saut. Il en eſt de même des Hommes qui entreprennent de ſauter une Barrière ou un Foſſé : ceux qui prennent leur courſe, les ſautent mieux que ceux qui le font à pieds joints. Lors donc qu'un Cheval fait un Pas pour ſauter, il lui eſt facile de faire un Saut plus haut que celui qui, dès qu'il eſt à terre, eſt obligé de s'enlever pour faire un autre Saut.

Une autre remarque à faire, c'eſt que de tous les Sauts que font les Chevaux, il n'y en a point de ſi dangereux que celui du Pas & du Saut, parce que ſi le Cavalier ne ſait pas prendre à propos le tems pour ſoutenir le Cheval de la main de la bride, au moment qu'il poſe les pieds à terre, & qu'il fait le Pas pour s'enlever de nouveau, le Cheval eſt alors en danger de faire la culbute, ou par deſſus tête. Quoique cela ne me ſoit jamais arrivé en montant ces ſortes de Sauteurs, je l'ai néanmoins vu arriver à d'autres.

Un Cheval peut bien ſauter, quoiqu'il ne ſoit pas ferme ſur ſes pieds. Lors donc qu'un Cheval n'eſt pas fidèle ſur ſes pieds, on ne riſque rien en le faiſant ſauter entre deux Piliers pour donner de la fermeté au Cavalier; mais il y auroit du danger à lui faire faire ſes Sauts en liberté. La raiſon en eſt que, dans le premier cas, le Cheval étant retenu par le Caveçon de cuir, attaché à deux groſſes cordes, une à chaque Pilier, il eſt ſoutenu de façon à ne pouvoir tomber, accident qui ne manqueroit pas de lui arriver s'il étoit en liberté.

Une faute aſſez ordinaire aux Ecuyers, c'eſt de mettre un

Planche. XXIV.

Posture d'un Cavalier qui commence à apprendre, & qui est sans éperons & sans étriers.

un gros anneau de fer à chaque Pilier, où ſont attachées les groſſes cordes du Caveçon: car lorſqu'un Cheval vient à ſe traverſer, comme il arrive ſouvent dans les commencemens, ſi l'on veut entreprendre de le faire ſauter entre deux Piliers, il s'attache près d'un Pilier, ſoit d'un côté ou d'un autre, ſouvent même le Cavalier eſt en danger de heurter des genoux contre cet anneau, qui le peut bleſſer; au-lieu qu'en perçant chaque Pilier, en y faiſant de gros trous qui les traverſent, pour y paſſer les cordes du Caveçon, le Cavalier ne courra alors aucun risque. Planche XXIII.

PLANCHE XXIV.

Attitude d'un Cavalier qui commence à apprendre, & qui doit être ſans éperons & ſans étriers.

CEtte *Figure* repréſente un Cavalier qui commence à apprendre: il doit être ſans éperons & ſans étriers. Ainſi on doit lui montrer, lorsqu'il eſt à cheval, à prendre le bout de ſes Rênes pour les ajuſter, afin qu'elles ſe trouvent égales dans la main gauche & que les jambes ſoient placées tout plat le long des Sangles, de ſorte que le genou fléchiſſe tant ſoit peu en avant pour qu'elles ne paroiſſent pas roides comme des bâtons. Planche XXIV. Attitude d'un Cavalier qui commence à apprendre & qui doit être ſans éperons & ſans étriers.

Quoique je diſe dans mes Leçons qu'il faut qu'un Cavalier regarde toujours droit devant ſoi, entre les deux oreilles du Cheval, je ne prétends pas pour cela que la tête reſte toujours droite & comme immobile; mais lorsqu'un Cheval eſt arrêté, ou même lorsqu'il marche, le Cavalier peut de tems en tems regarder du côté de l'Ecuyer, pour mieux entendre la Leçon qu'il doit recevoir. Ainſi, comme je l'ai dit ailleurs, on peut commencer avec la Longe, en cas que le Cavalier n'ait jamais monté à cheval. Cette Figure & la ſuivante ſerviront ſeulement à montrer la poſture du Cavalier.

PLANCHE XXV.

Autre Poſture d'un Cavalier qui prend ſes premières Leçons.

Planche XXV. Autre Poſture d'un Cavalier qui prend ſes premières leçons.

CEtte *Figure*, de même que la précédente, repréſente la vraie poſture que doit avoir un Cavalier, ſoit qu'il ait des Etriers, ou qu'il n'en ait point. Le Cheval doit aller doucement au Pas, afin que le Cavalier aprenne à le faire regarder en dedans du côté qu'il va. Comme le Cavalier ne voit point la poſture qu'il tient à cheval, il faut qu'il imite, autant qu'il lui eſt poſſible, la Figure que l'on donne ici, parce que l'attitude en eſt très-bonne, & c'eſt ce qui me diſpenſe de m'étendre davantage à ce ſujet.

PLAN-

Planche. XXV.

Autre Posture d'un Cavalier, qui prend ses premières leçons.

Cavalier qui passage.

PLANCHES XXVI & XXVII.

Cavaliers qui passagent.

LEs *Figures* de ces deux *Planches* représentent deux Cavaliers avec leurs éperons & leurs étriers, aussi-bien que l'attitude qu'on doit avoir en passageant un Cheval. On voit, dans la Figure du Cavalier, que le genou n'avance pas tout-à-fait tant que dans la *Figure* de la *Planche* XXIV, où le Cavalier n'a ni éperons ni étriers, parce qu'il seroit difficile, en commençant, d'avoir les jambes placées comme un Cavalier qui auroit déja travaillé quelque tems, & seroit muni d'étriers. *Planches XXVI. & XXVII. Cavaliers qui passagent.*

Il faut aussi remarquer la différence qu'il y a des Mors d'à-présent d'avec ceux d'autrefois, parce que les Mors de l'ancien tems étoient si rudes, qu'ils mettoient presque tous les Chevaux au desespoir, en les forçant à avoir de grandes bouches ouvertes. On voit au contraire, dans les deux Figures ci-jointes, que le Cheval prend plaisir à son Mors, puisqu'il sort de l'écume de sa bouche. Lorsqu'un Cheval écume en travaillant, on dit, en terme de Cavalerie, qu'il a la bouche fraîche, c'est-à-dire, excellente. J'avoue qu'un Cheval qui a la bouche bonne, ne donnera pas toujours de l'écume, principalement lorsqu'il est fatigué: mais tout Cheval qui écume, doit avoir la bouche bonne. C'est pour cela que tous les Maquignons & Marchands de Chevaux ne négligent rien pour procurer de l'écume aux Chevaux qu'ils mettent en vente, & voici ce qu'on pratique pour y réussir.

Pour faire sortir de l'écume de la bouche d'un Cheval, il faut prendre du pain recuit au four, pour qu'il soit aussi sec que le Biscuit que l'on porte en mer; ensuite on le pile, puis on le mêle avec la moitié ou un tiers de Sel. Cela fait, on met quelques petites poignées de *Moyen de faire sortir de l'écume de la bouche d'un Cheval.*

Planches XXVI. & XXVII. ce mêlange dans la bouche du Cheval; on en frotte même auſſi le dedans de ſes levres. On bride après cela le Cheval, qui ſe ſentant la bouche & les levres agréablement piquotées, ne manque pas d'en faire ſortir de l'écume. Mais comme cette écume n'eſt pas naturelle, elle ne dure pas longtems, au-lieu que les bons Chevaux écument ſans cet artifice, à moins qu'ils ne ſoient bien fatigués.

Planche. XXVII.

Cavalier qui passage.

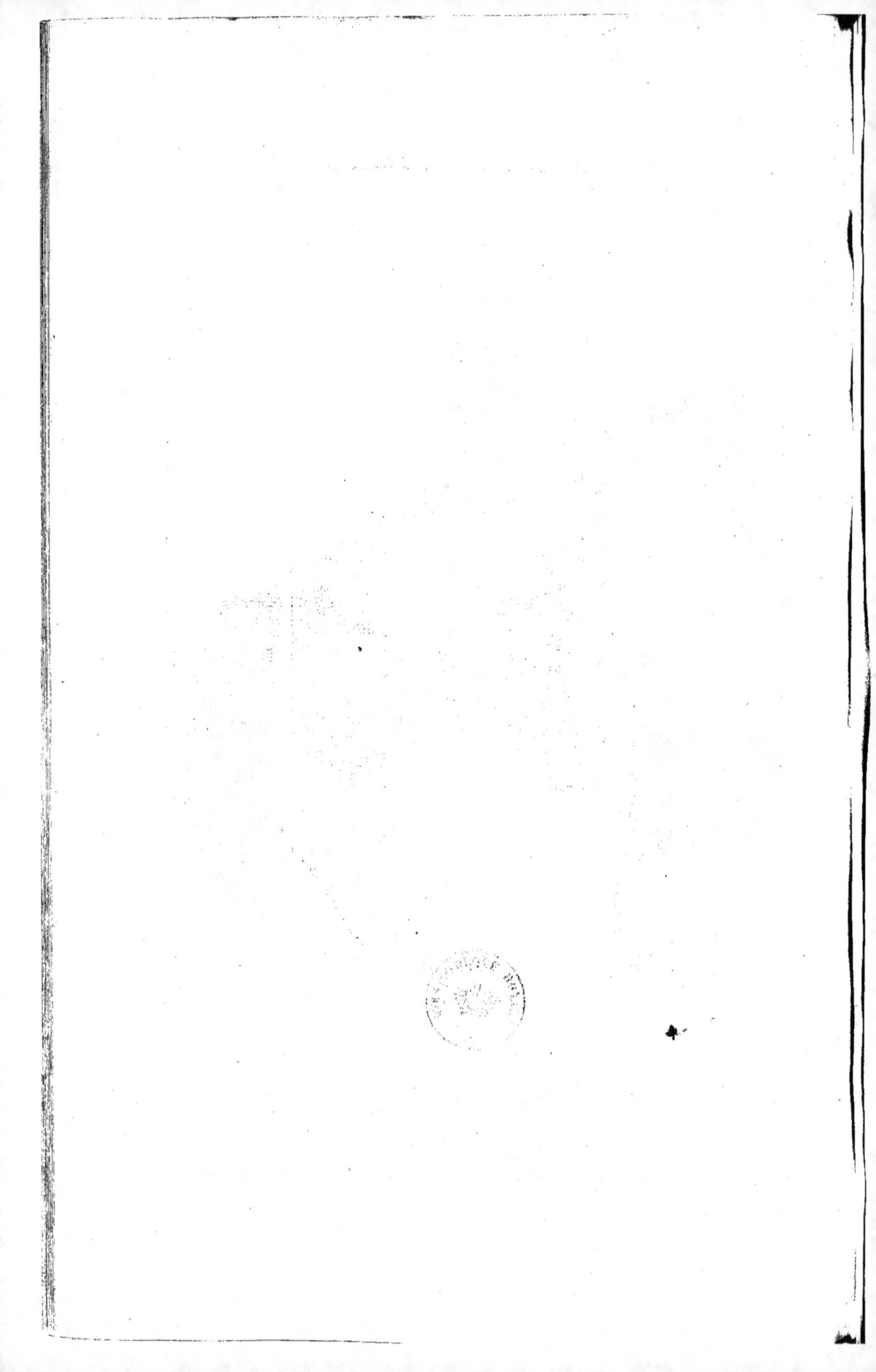

TABLE DES MATIERES.

A.

B.

Cheval.

Fa-

N.

O.

FIN.

www.ingramcontent.com/pod-product-compliance
Lightning Source LLC
LaVergne TN
LVHW021130200726
843510LV00001B/45